概率论与数理统计

主　编　哈金才　秦传东　范亚静
副主编　郭栋栋　曲美锋　张　枫
　　　　韩贵花

吉林大学出版社

图书在版编目（CIP）数据

概率论与数理统计／哈金才，秦传东，范亚静主编.
—长春：吉林大学出版社，2018.3
ISBN 978-7-5692-1861-9

Ⅰ.①概… Ⅱ.①哈… ②秦… ③范… Ⅲ.①概率论-高等学校-教材②数理统计-高等学校-教材 Ⅳ.①O21

中国版本图书馆 CIP 数据核字（2018）第 048440 号

书　　　名	概率论与数理统计
	GAILÜLUN YU SHULI TONGJI
作　　　者	哈金才　秦传东　范亚静　主编
策划编辑	黄凤新
责任编辑	黄凤新
责任校对	卢婵
装帧设计	三 A 文化
出版发行	吉林大学出版社
社　　　址	长春市人民大街 4059 号
邮政编码	130021
发行电话	010-69201648
网　　　址	http：//www.jlup.com.cn
电子邮箱	jdcbs@jlu.edu.cn
印　　　刷	三河市鑫鑫科达彩色印刷包装有限公司
开　　　本	880mm×1230mm　1/16
印　　　张	14.5
字　　　数	420 千字
版　　　次	2018 年 3 月第 1 版
印　　　次	2024 年 4 月第 2 次
书　　　号	ISBN 978-7-5692-1861-9
定　　　价	58.00 元

版权所有　翻印必究

前 言
PREFACE

随着社会的进步和科技的迅猛发展,数学已渗透到自然科学、工程、经济、金融、社会等各个领域,是各个学科进行科学研究的重要工具."概率论与数理统计"主要研究随机现象并揭示其统计规律,是广泛应用于社会、经济、科学等各个领域的定量和定性分析的一门数学学科,是学习其他大学数学课程的基础,也是理工类、经济管理类等各专业的必修基础课.

信息技术在新课程教学中的广泛应用,对数学教育工作者的教学理念、教学模式及学生的学习方法产生了革命性的影响,故为满足慕课、微课下高等教育教学的需求,编写适应新时代新型二维码电子资源教材迫在眉睫.

在本书编写过程中,编者结合多年的教学经验,吸收了国内外优秀教材的优点,结合学生多种不同的移动学习资源、学习方式改变的新趋势,将 MOOC 及智慧树学习平台、二维码数字化资源媒体进行有机结合,以"纸质教材+电子资源"的新方式对教材的内容和形式进行了新的设计.

本教材在新型设计方面主要具有以下几个特点:

(1)采用"纸质教材+二维码移动资源"的形式,数字移动资源做到内容丰富全面.纸质教材内容精练、典型,数字移动资源内容对纸质内容起到巩固、补充、拓展、加强的作用,形成以纸质教材为主,数字移动教学资源为辅助配合的综合知识体系.

(2)为创新课程思政教学理念,引导大学数学课堂混合式教学和个体化自主学习的结合,增加了典型应用性案例资源和统计学思想等设计,不仅拓展了学生的知识面,做到课内外电子资源的快速共享,还增强了学生理论知识的应用意识和实践能力.

(3)本教材综合其他教材的优点,对教学内容进行优化整合,使整个内容安排合理紧凑、例题问题典型、重点突出,使学生在学习过程中易学易懂.

(4) 对教学中的许多典型疑难问题进行答疑解惑,每章节给出重要内容概述和重要结论,通过宏观的描述,使学生迅速掌握知识要点,突出数学思维和数学思想方法,提高学生的自学能力.

(5) 目前很多版本的教材,内容大多偏重基础、概念和理论,讲究逻辑性和抽象性;而作为工程或工科类的教材,则应侧重于讲述统计方法在工程中的实践应用,我们整合教学团队多年积累的教学系列成果、应用性例题(结果)及多样化电子辅助教学资源(例如教学案例、教学大纲、电子教案、教学课件、习题课、章节内容概要、微课视频、课后习题解答、重要分布表、统计学家简介、概率统计发展简史以及考研试题解答等)方便学生随时运用.

(6) 本教材适应不同教学课时数的教学要求. 书中对部分内容进行了补充和删减,对于部分加"*"内容,教师可以根据不同专业和不同教学课时数选择教授,有些章节内容可供学生自学.

本教材编写的基本理念和目标:

(1) 为了从根本上改变教学模式和教学方法,只有创新教材模式,配备丰富、完善、全面的新电子资源,才能适应新时代大学数学课堂新模式多元化教学的需求.

(2) 增加新的电子移动资源,补充典型应用案例、例题、习题以及典型问题等,用较为通俗的语言阐释概率论的基本理论和数理统计思想方法,力求在简洁的基础上使学生能从整体上全面了解和掌握该课程的内容体系,使学生在其他学科的学习中也能灵活、自如地应用这些理论.

(3) 强调理论与实际应用相结合,强调理论和方法相结合,辅助教学资源紧密结合应用性.力求在实际应用方面做些有益的探索,也为其他学科的进一步学习打下一个良好的基础.

由于编者水平有限,书中存在的欠妥之处,敬请专家、同行、读者予以指正,以便修订和完善.

编 者

目录

第1章 随机事件及概率 ... 1
- §1.1 随机事件 ... 2
- §1.2 频率与概率 ... 7
- §1.3 古典概型 ... 11
- §1.4 条件概率 ... 17
- §1.5 全概率公式与贝叶斯公式 ... 20
- §1.6 独立性 ... 24
- 习题 ... 28

第2章 随机变量及其分布 ... 32
- §2.1 随机变量的定义 ... 33
- §2.2 离散型随机变量及其分布 ... 34
- §2.3 随机变量的分布函数 ... 38
- §2.4 连续型随机变量及其密度函数 ... 41
- §2.5 随机变量函数的分布 ... 46
- 习题 ... 49

第3章 多维随机变量及其分布 ... 52
- §3.1 二维随机变量 ... 53
- §3.2 边缘分布与条件分布 ... 59
- §3.3 随机变量的独立性 ... 68
- §3.4 二维随机变量函数的分布 ... 72
- 习题 ... 79

第4章 随机变量的数字特征 ... 83
- §4.1 数学期望 ... 84
- §4.2 方差 ... 89
- §4.3 协方差、矩 ... 93
- §4.4 相关系数 ... 99
- 习题 ... 102

第5章 大数定律与中心极限定理 ... 105
- §5.1 大数定律 ... 106
- §5.2 中心极限定理 ... 109
- 习题 ... 114

第6章 抽样分布 ... 116
- §6.1 随机样本 ... 117
- §6.2 经验分布函数 ... 121
- §6.3 抽样分布 ... 122
- 习题 ... 128

第7章　参数估计 ... 131
§7.1　参数的点估计 ... 132
§7.2　估计量的优良性 ... 139
§7.3　参数的区间估计 ... 144
习题 ... 152

*第8章　假设检验 ... 155
§8.1　假设检验的基本概念 ... 156
§8.2　一个正态总体均值与方差的检验 ... 164
§8.3　两个正态总体均值与方差的检验 ... 173
§8.4　检验的 p 值 ... 179
§8.5　分布拟合检验 ... 181
§8.6　非正态总体参数的大样本检验 ... 187
习题 ... 189

总复习 ... 191
附录 ... 205
参考文献 ... 226

第 1 章
随机事件及概率

"概率论与数理统计"是研究随机现象统计规律的一门数学分支学科. 由于随机现象广泛地存在于自然界和人类社会中, 使得"概率论与数理统计"成为广泛应用的一门学科, 与其他数学学科一样, "概率论与数理统计"有其自身一套严格的概念体系和严密的逻辑结构. 本章将介绍概率论的一些基本概念, 如样本空间、随机事件及其概率等, 还将介绍概率的性质、古典概型、条件概率、乘法公式、全概率公式与贝叶斯公式及事件的独立性等.

本章主要内容
  §1.1 随机事件
  §1.2 频率与概率
  §1.3 古典概型
  §1.4 条件概率
  §1.5 全概率公式与贝叶斯公式
  §1.6 独立性
  习　题

§1.1 随机事件

本节内容概要

1. 事件间的关系

(1) 包含关系:若属于 A 的样本点必属于 B,即事件 A 发生必然导致事件 B 发生,则称事件 B 包含事件 A,记为 $A \subset B$;

(2) 相等关系:若 $A \subset B$ 且 $B \subset A$,则称 A 与 B 相等,记为 $A = B$;

(3) 互不相容:若 $A \cap B = \varnothing$,即 A 与 B 不可能同时发生,则称 A 与 B 互不相容.

2. 事件的运算

事件 A 与 B 的并:事件 A 与 B 至少有一个发生,记为 $A \cup B$;

事件 A 与 B 的交:事件 A 与 B 同时发生,记为 $A \cap B$ 或 AB;

事件 A 对 B 的差:事件 A 发生而 B 不发生,记为 $A - B = A - AB = A\bar{B}$;

对立事件:事件 A 的对立事件,即"A 不发生",记为 $\bar{A}$.

3. 事件的运算性质

(1) 交换律.
$$A \cup B = B \cup A, A \cap B = B \cap A.$$

(2) 分配律.
$$A \cap (B \cup C) = (A \cap B) \cup (A \cap C), A \cup (B \cap C) = (A \cup B) \cap (A \cup C).$$

(3) 结合律.
$$A \cup (B \cup C) = (A \cup B) \cup C, A \cap (B \cap C) = (A \cap B) \cap C.$$

(4) 吸收律.
$$若 A \subset B,则有 A \cup B = B, A \cap B = A.$$

(5) 对偶律(棣莫弗公式).
$$\overline{A \cup B} = \bar{A} \cap \bar{B}, \qquad \overline{A \cap B} = \bar{A} \cup \bar{B},$$
$$\overline{\bigcup_{i=1}^{n} A_i} = \bigcap_{i=1}^{n} \overline{A_i}, \qquad \overline{\bigcap_{i=1}^{n} A_i} = \bigcup_{i=1}^{n} \overline{A_i},$$
$$\overline{\bigcup_{i=1}^{\infty} A_i} = \bigcap_{i=1}^{\infty} \overline{A_i}, \qquad \overline{\bigcap_{i=1}^{\infty} A_i} = \bigcup_{i=1}^{\infty} \overline{A_i}.$$

17 世纪中叶,法国贵族德·美黑在骰子赌博中,由于要将赌资进行合理的分配,但不知用什么样的比例分配才算合理,于是写信向当时的法国数学家帕斯卡请教.帕斯卡和数学家费马一起研究了德·美黑提出的关于骰子赌博的问题.1657 年,荷兰物理学家、数学家、天文学家克里斯蒂安·惠更斯试图自己解决这一问题,编写了《论机会游戏的计算》一书,这是最早有关概率论的著作.在概率问题的研究中,逐步出现了许多社会问题和工程技术问题,如人口统计、保险理论、天文观测、误差理论、产品检验和质量控制等,这些问题的提出促进了概率论的发展.从 17 世纪到 19 世纪,伯努利、棣莫弗、拉普拉斯、高斯、泊松、切比雪夫、马尔可夫等著名数学家都对概率论的发展作出了杰出贡献.概率论的奠基人伯努利,在概率论的第一本专著《推测术》(1713 年)中证明了"大数定律",后来柯尔莫哥洛夫在《概率论的基本概念》(1933 年)中定义了公理化结构.现在概率论在工程技术、社会学科、近代物理、自动控制、地震预报、气象预报、产品质量控制、农业试验、经济金融和管理科学等都有广泛应用.

1.1.1 随机现象

在对自然界和人类社会进行考察时,人们经常会遇到各种各样的现象,这些现象可分为不同性质的两类:确定性现象和随机现象(偶然现象).

一类是在一定条件下必然发生的现象,称为**确定性现象**,例如:

(1) 在标准大气压下,水加热到 100 ℃ 就会沸腾;

(2) 边长为 a 的正方形,其面积必为 a^2;

(3) 太阳从东方升起.

另一类是在一定条件下可能出现这样的结果,也可能出现那样的结果,且我们事先不能准确判断会出现哪一个结果的现象,这类现象称为**随机现象或偶然现象**,例如:

(1) 掷一颗骰子,观察出现的点数;

(2) 新生婴儿的性别;

(3) 某天上午电话总机接到的呼叫次数.

在实际中,人们经常会遇到和处理随机现象,这种偶然发生的现象正是概率论的研究对象. 如何研究这些随机现象呢? 人们经过长期的实际观察发现,虽然个别随机现象没有规律,但性质相同的随机现象在大量试验中却呈现出明显的规律性. 这种规律性称为随机现象的**统计规律性**.

1.1.2 随机试验和样本空间

为了对随机现象的统计规律性进行研究,人们往往要对随机现象进行观察或试验,我们把对随机现象进行观察或试验统称为**随机试验**,简称为**试验(experiment)**,记为 E. 一般地,一个随机试验要求满足如下三个特点:

(1) 试验可以在相同的条件下重复进行;

(2) 试验的所有可能结果是明确的;

(3) 每次试验有且仅有其中一个结果出现,但在试验之前不能断定哪一个结果出现.

随机试验中的每一个可能的结果称为**样本点**,通常用 ω 表示. 样本点的特点是每次试验必出现一个且只能出现一个,任何两个样本点都不可能同时出现. 一个随机试验的所有可能的结果(样本点)是明确的,通常把一个随机试验的所有样本点组成的集合称为**样本空间(sample space)**,通常用 S 表示,样本空间也常用 Ω 表示.

对于一个具体的随机试验来说,样本空间可以根据试验的内容来决定.

例 1.1 在掷一颗骰子观察其出现的点数的试验中,试验的所有的可能结果有 6 种:1 点,2 点,……,6 点,样本空间为 $S=\{1\text{点},2\text{点},\cdots\cdots,6\text{点}\}$,记为 $\omega_i = \{\text{出现} i \text{点}\}$,$i=1,2,\cdots,6$,则样本空间也可表示为 $S=\{\omega_1,\omega_2,\cdots,\omega_6\}$ 或将样本空间简记为 $S=\{1,2,\cdots,6\}$.

例 1.2 试验 E:某射手向一目标射击,直到击中目标为止,记录射手所需射击次数,则样本空间可表示为 $S=\{1,2,\cdots\}$.

例 1.3 试验 E:观察一个新灯泡的寿命. 用 t 表示"灯泡的寿命为 t 小时",则样本空间可表示为 $S=\{t \mid t \geq 0\}$.

通过上面的例子我们可以看到,随机试验的样本空间中可能有有限个样本点,可能有可列无穷多个样本点,也可能有不可列无穷多个样本点. 只有有限个样本点的样本空间称为**有限样本空间**，包含无穷多个样本点的样本空间称为**无限样本空间**.

1.1.3 随机事件

在一个随机试验中，可能发生也可能不发生的结果称为**随机事件**，简称为**事件**(event)，样本空间的任意子集都是一个事件，通常用大写字母 A,B,C 等表示. 例如在例 1.1 中，$A=\{$出现 6 点$\}$，$B=\{$出现偶数点$\}$，$C=\{$出现的点数大于 3$\}$ 等都是随机事件.

对于一个随机试验来说，它的每一个结果（样本点）是一个最简单的随机事件，我们把它称为**基本事件**，如上述事件 A. 所以，样本空间也称为**基本事件空间**. 除基本事件外，还有由若干个可能结果（样本点）组成的事件，相对于基本事件，我们称这种事件为**复合事件**，如上述事件 B,C 等.

每次试验中一定发生的事件称为**必然事件**，用 S 表示. 例如在例 1.1 中，事件"点数小于 7"是必然事件. 每次试验中一定不发生的事件称为**不可能事件**，用 $\varnothing$ 表示. 例如在例 1.1 中，事件"点数大于 6"是不可能事件. 必然事件和不可能事件本质上不是随机事件，但为了今后研究问题的方便，通常把必然事件和不可能事件视为随机事件的两种极端情形.

根据样本空间的定义，样本空间是随机试验的所有可能结果（样本点）构成的集合，每一个样本点即该集合中的一个元素. 一个随机事件则是由该事件所要求的特征的那些可能结果所构成的，所以随机事件是样本空间中具有相同特征的样本点构成的集合，它可以看成样本空间的一个子集合. 对于基本事件来说，可以用以样本空间中样本点为元素的单点集来表示. 对于复合事件来说，可以用以样本空间中若干个样本点为元素的集合来表示. **当且仅当随机事件 A 中某一个样本点出现时，称事件 A 发生**. 由于样本空间 S 包含所有可能结果（样本点），所以样本空间作为一个事件是必然发生的，即**必然事件**. 空集 $\varnothing$ 作为样本空间的子集不含任何样本点，作为一个事件总是不可能发生，即**不可能事件**. 这也是我们用 S 表示必然事件，用 $\varnothing$ 表示不可能事件的原因.

1.1.4 事件的关系及其运算

在一个随机试验中，一般有很多随机事件，有的随机事件可能很复杂，为了利用简单事件来研究复杂事件，我们需要研究同一试验中的各种事件之间的关系和运算. 由于事件是样本空间的某一个子集，因此，事件之间的关系与运算和集合论中集合之间的关系与运算是一致的. 定义事件的关系与运算如下.

(1) 事件的包含：（图 1.1）若事件 A 的发生必然导致事件 B 的发生，即属于 A 的每个样本点也都属于 B，则称事件 B 包含事件 A，或称事件 A 包含于事件 B，记作 $B \supset A$ 或 $A \subset B$. 显然，对于任意随机事件 A 有 $\varnothing \subset A \subset S$.

例如，在例 1.1 中记 $A=\{$出现 6 点$\}$，$B=\{$出现偶数点$\}$，则有 $A \subset B$.

(2) 事件的相等：若事件 A 包含事件 B，且事件 B 也包含事件 A，则称事件 A 与事件 B 相等，即事件 A 与事件 B 的样本点完全相同，记作 $A=B$.

例如，在例 1.1 中，若记 $A=\{$出现 2,4,6 点$\}$，$B=\{$出现偶数点$\}$，则有 $A=B$.

(3) 事件的并（或和）：（图 1.1）若 A 和 B 是两个随机事件，"事件 A 和事件 B 至少有一个发生"是一个随机事件，这一事件称作事件 A 与事件 B 的并（或和），记作 $A \cup B$，当 A,B 互斥时，$A \cup B$ 常写为 $A+B$.

例如，设某种产品的合格与否是由该产品的长度与直径是否合格所决定的，记作 $A=\{$产品不合格$\}$，$B=\{$产品的长度不合格$\}$，$C=\{$产品的直径不合格$\}$，则

$$A = B \cup C.$$

类似地,可定义 n 个事件的并 $A_1 \cup A_2 \cup \cdots \cup A_n = \bigcup_{i=1}^{n} A_i$ 的运算.

(4) 事件的交(或积):(图 1.1)若 A 和 B 是两个随机事件,"事件 A 和事件 B 同时发生"是一个随机事件,这一事件称作事件 A 与事件 B 的交(或积),记作 $A \cap B$(或简写为 AB).

例如,设某种产品的合格与否是由该产品的长度与直径是否合格所决定的,记作 $A = \{$产品合格$\}$,$B = \{$产品的长度合格$\}$,$C = \{$产品的直径合格$\}$,则

$$A = B \cap C.$$

类似地,可定义 n 个事件的交 $A_1 \cap A_2 \cap \cdots \cap A_n = \bigcap_{i=1}^{n} A_i$ 的运算.

(5) 事件的差:(图 1.1)若 A 和 B 是两个随机事件,"事件 A 发生且事件 B 不发生"是一个随机事件,这一事件称作事件 A 与事件 B 的差. 它是由属于 A 但不属于 B 的那些样本点构成的集合,记作 $A - B$.

例如,若记 $C = \{$产品的长度合格但产品的直径不合格$\}$,$A = \{$产品的长度合格$\}$,$B = \{$产品的直径合格$\}$,则 $C = A - B$.

(6) 互不相容事件:(图 1.1)若事件 A 与事件 B 不能同时发生,也就是说,$A \cap B$ 是不可能事件,即若 $A \cap B = \varnothing$,则称事件 A 与事件 B **互不相容的**(或称事件 A 与事件 B 是**互斥**的). 显然,任意两个基本事件是互不相容的.

(7) 对立事件:(图 1.1)"事件 A 不发生"是一个随机事件,这一事件称作事件 A 的**对立事件**(或事件 A 的**逆事件**),记作 $\overline{A}$. 由于 A 也是 $\overline{A}$ 的对立事件,因此,A 与 $\overline{A}$ 互为对立事件.

例如,掷一枚骰子,记 $A = \{$掷出 1 点$\}$,则 $\overline{A} = \{$没有掷出 1 点$\}$. 对立事件满足下面关系式:

$$\overline{A} = S - A, \overline{\overline{A}} = A, A \cap \overline{A} = \varnothing, A \cup \overline{A} = S.$$

(8) 完备事件组:若 n 个事件 $A_1, A_2, \cdots, A_n$ 满足以下两个条件:

① $A_i A_j = \varnothing, i \neq j (i, j = 1, 2, \cdots, n)$;

② $\bigcup_{i=1}^{n} A_i = S$.

则称事件 $A_1, A_2, \cdots, A_n$ 构成样本空间 S 的一个**完备事件组**.

若可列个事件 $A_1, A_2, \cdots, A_n, \cdots$ 满足以下两个条件:

① $A_i A_j = \varnothing, i \neq j (i, j = 1, 2, \cdots, n, \cdots)$;

② $\bigcup_{i=1}^{\infty} A_i = S$.

则称可列个事件 $A_1, A_2, \cdots, A_n, \cdots$ 构成样本空间 S 的一个**完备事件组**.

显然,样本空间所有的基本事件构成一个完备事件组. 例如,掷一枚骰子,记作 $A_i = \{$掷出 i 点$\}$,$i = 1, 2, \cdots, 6$,则 $A_1, A_2, \cdots, A_6$ 构成一个完备事件组. 对于任一事件 A,A 和 $\overline{A}$ 构成 完备事件组.

事件的关系和运算常用图形(文氏图)来直观表示,如图 1.1 所示.

1.1.5 事件运算的性质

类似于集合运算的性质,可以证明,一般事件的运算满足如下运算规律,利用这些运算规律可以帮助我们化简一些复杂的事件.

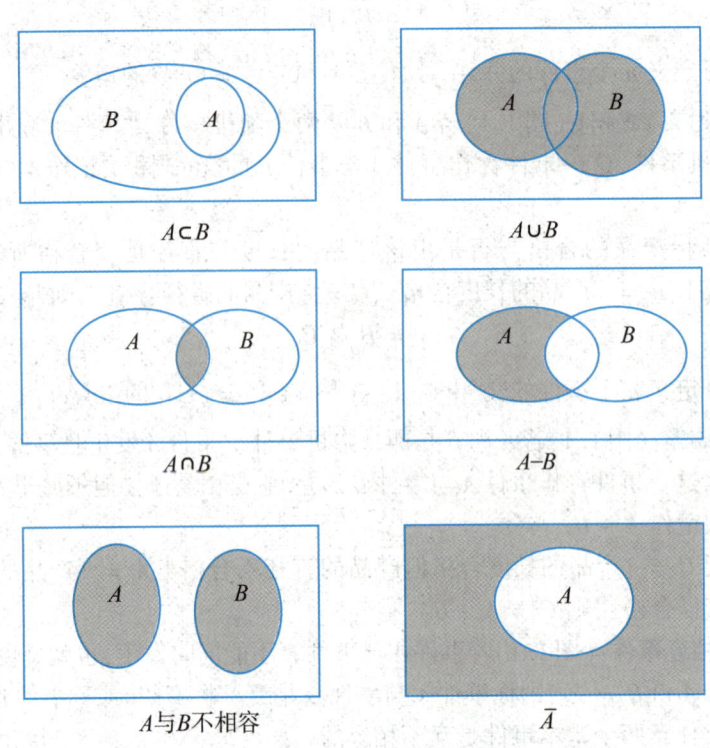

图 1.1 事件的关系与运算文氏图

(1) 交换律:$A \cup B = B \cup A, A \cap B = B \cap A$；

(2) 结合律:$A \cup (B \cup C) = (A \cup B) \cup C, A \cap (B \cap C) = (A \cap B) \cap C$；

(3) 分配律:$A \cap (B \cup C) = (A \cap B) \cup (A \cap C), A \cup (B \cap C) = (A \cup B) \cap (A \cup C)$；

(4) 差化积:$A - B = A\overline{B} = A - AB$；

(5) 吸收律:若 $A \subset B$，则有 $A \cup B = B, A \cap B = A$；

(6) 对偶律:$\overline{A \cup B} = \overline{A} \cap \overline{B}, \overline{A \cap B} = \overline{A} \cup \overline{B}$.

以上各运算律均可推广到有限个和可列个事件的情形，读者可通过复习集合论中的相关知识自行给出其证明.

例 1.4 掷一颗骰子，用 A_i 表示事件"出现 i 点", $i = 1,2,\cdots,6$, B 表示事件"出现偶数点", C 表示事件"出现的点数不小于 2"，则
$$B = A_2 + A_4 + A_6, \quad C = A_2 + A_3 + A_4 + A_5 + A_6 = \overline{A_1}.$$
且 $A_1, A_2, \cdots, A_6$ 构成一个完备事件组.

例 1.5 某人向一靶子射击 3 次，用 A_i 表示事件"第 i 次击中靶子", $i = 1,2,3$.

(1) 用语言描述下列事件：
$$\overline{A_1} \cup \overline{A_2} \cup \overline{A_3}, \overline{A_1 \cup A_2}, A_1 A_2 \overline{A_3} + \overline{A_1} A_2 A_3.$$

(2) 用 A_1, A_2, A_3 通过运算关系表示出下列事件：
$B = \{$三次射击恰好有一次击中靶子$\}$，
$C = \{$三次射击第一次不中而后两次中至少有一次击中$\}$，
$D = \{$三次射击至少有两次没有击中靶子$\}$.

解 (1) $\overline{A_1} \cup \overline{A_2} \cup \overline{A_3}$ 表示的事件是"三次射击中至少有一次没有击中靶子"；$\overline{A_1 \cup A_2}$ 表示的事件是"前两次没有击中靶子"；$A_1 A_2 \overline{A_3} + \overline{A_1} A_2 A_3$ 表示的事件是"恰好连续两次击中靶子".

(2) $B = A_1 \overline{A_2} \overline{A_3} + \overline{A_1} A_2 \overline{A_3} + \overline{A_1} \overline{A_2} A_3$,

$C = \overline{A_1}(A_2 \cup A_3)$,

$D = \overline{A_1} \overline{A_2} \cup \overline{A_1} \overline{A_3} \cup \overline{A_2} \overline{A_3}$.

§1.2 频率与概率

本节内容概要

1. 概率的公理化定义

定义在事件域上的一个实值函数 $P(\cdot)$ 若满足：

(1) 非负性：$P(A) \geq 0$；

(2) 规范性：$P(S) = 1$；

(3) 可列可加性：若 $A_1, A_2, \cdots, A_n, \cdots$ 两两互不相容，有 $P(\bigcup_{i=1}^{\infty} A_i) = \sum_{i=1}^{\infty} P(A_i)$，

则称 $P(A)$ 为事件 A 的概率.

2. 频率和概率

(1) 在 n 次重复试验中，记 n_A 为事件 A 出现的次数，称 $f_n(A) = \dfrac{n_A}{n}$ 为事件 A 出现的频率；

(2) 频率的稳定值就是概率；

(3) 当重复次数 n 较大时，可用频率作为概率的估计值.

3. 概率的性质

(1) $P(\varnothing) = 0$.

(2) 有限可加性：若有限个事件 $A_1, A_2, \cdots, A_n$ 互不相容，则有 $P(\bigcup_{i=1}^{n} A_i) = \sum_{i=1}^{n} P(A_i)$.

(3) 对立性：对任一事件 A，有 $P(\overline{A}) = 1 - P(A)$.

(4) 可减性：若 $A \supset B$，则 $P(A - B) = P(A) - P(B)$.

(5) 单调性：若 $A \supset B$，则 $P(A) \geq P(B)$.

(6) 可列可加性：对任意两个事件 A, B，有

$$P(A \cup B) = P(A) + P(B) - P(AB).$$

对任意 n 个事件，$A_1, A_2, \cdots, A_n$，有

$$P(\bigcup_{i=1}^{n} A_i) = \sum_{i=1}^{n} P(A_i) - \sum_{1 \leq i < j \leq n} P(A_i A_j) + \sum_{1 \leq i < j < k \leq n} P(A_i A_j A_k) + \cdots + (-1)^{n-1} P(A_1 A_2 \cdots A_n).$$

1.2.1 频率的定义及性质

在研究随机现象发生的规律性时，仅仅知道随机试验中可能出现哪些事件是不够的，还应该知道随机事件发生的可能性有多大. 虽然随机事件在一次试验中是否发生是不确定的，但在大量的重复试验中，它的发生却具有统计规律性，所以，我们可从大量重复试验出发来研究事件发生的可能性的大小. 为此，先介绍频率的概念.

定义1 设随机事件 A 在 n 次重复试验中发生了 n_A 次,n_A 称为**频数**(absolute frequence),称比值 $\dfrac{n_A}{n}$ 为随机事件 A 在 n 次重复试验中发生的**频率**(frequency),记为 $f_n(A)$,即

$$f_n(A) = \frac{n_A}{n}.$$

人们经过长期的实践发现,当试验次数 n 较小时,随机事件 A 发生的频率波动性较明显,但当重复试验次数 n 充分大时,频率的这种波动性明显减小,并且随着 n 的不断增大,A 发生的频率总在一确定的数值附近摆动,有稳定于一常数值的趋势. 这种性质称为**频率的稳定性**(频率的这种性质可以用后面介绍的大数定律加以证明).

历史上人们进行过投硬币的试验,用来观察"正面向上"这一事件发生的统计规律,其试验结果见表 1.1.

表 1.1 投硬币试验结果

试验者	投掷次数 n	正面向上次数 n_A	正面出现的频率 f_n
德·摩根	2 048	1 061	0.518 1
蒲 丰	4 040	2 048	0.506 9
皮尔逊	24 000	12 012	0.500 5
维 尼	30 000	14 994	0.499 8

从表 1.1 可以看出,当试验次数 n 较小时,正面出现的频率 f_n 在 0 与 1 之间波动的幅度较大,随着试验次数 n 的增大,正面出现的频率 f_n 波动的幅度越来越小,而逐渐稳定于确定的常数值 0.5.

设随机试验 E 的样本空间为 S,在 n 次重复试验中,由频率的定义不难得到频率具有下述基本性质.

(1) **非负性**:对任何事件 A,有 $f_n(A) \geqslant 0$;

(2) **规范性**:S 是必然事件,则 $f_n(S) = 1$;

(3) **有限可加性**:对任意 m 个两两互不相容的事件 $A_1, A_2, \cdots, A_m$,有

$$f_n\left(\bigcup_{i=1}^{m} A_i\right) = \sum_{i=1}^{m} f_n(A_i).$$

1.2.2 概率的统计定义

定义2 在相同的条件下,重复进行 n 次试验,事件 A 发生的频率稳定地在某一确定的常数 p 附近摆动,则称常数 p 为事件 A 发生的**概率**,记为 $P(A)$. 一般说来,n 越大,摆动的幅度越小.

一个事件发生的频率与试验次数 n 有关,而一个事件发生的概率却是与试验次数 n 无关的,它完全由事件本身决定,是先于试验而客观存在的. 因此,频率与概率是两个完全不同的概念. 但是根据频率的稳定性,当试验次数 n 较大时,有 $f_n(A) \approx P(A)$. 因此在实际计算中,经常用试验次数较大时事件 A 发生的频率来近似计算事件 A 发生的概率.

1.2.3 概率的公理化定义

概率的统计定义表明,我们可以利用事件发生的频率来表征事件发生的可能性的大小,但是在实际中,我们不可能对每一个事件都做大量的试验,得到事件发生的频率. 同时,为了理论研究的需要,我们必须给概率一个更明确的定义. 受频率的稳定性和频率的性质的启发,下面给出事件概率的公理化定义.

> **定义3** 设 E 是随机试验, S 是它的样本空间. 对于随机试验 E 的每一个随机事件 A 赋予一个实数 $P(A)$,称此实数 $P(A)$ 为事件 A 的**概率(probability)**,集合函数 $P(\cdot)$ 满足下列**三条公理**.
>
> **公理1** **非负性**:对任意事件 A,有 $P(A) \geq 0$;
>
> **公理2** **规范性**: $P(S) = 1$;
>
> **公理3** **可列可加性**:对于任意可列个两两互不相容的事件 $A_1, A_2, \cdots, A_n, \cdots$ 有
> $$P\left(\bigcup_{i=1}^{\infty} A_i\right) = \sum_{i=1}^{\infty} P(A_i). \tag{1.1}$$

由定义3我们可以看到,概率公理化定义并没有考虑每一个事件 A 对应的概率 $P(A)$ 是怎样确定的以及概率值为多大? 而是要求集合函数 $P(\cdot)$ 应满足一些必要的条件,这些条件被总结为三个公理,它是对概率的现实直观进行的抽象. 利用概率的这三个公理,我们可以对概率进行进一步研究,得到概率的许多有用性质.

1.2.4 概率的性质

从概率的公理化定义出发,可以推导出概率的许多性质,这些性质有助于我们进一步理解概率的概念,同时它们也是概率计算的重要基础.

> **性质1** $P(\varnothing) = 0$.

证明 令 $A_i = \varnothing (i = 1, 2, \cdots)$,则 $\bigcup_{i=1}^{\infty} A_i = \varnothing$,且 $A_i A_j = \varnothing (i \neq j, i,j = 1, 2, \cdots)$. 由公理3知

$$P(\varnothing) = P\left(\bigcup_{i=1}^{\infty} A_i\right) = \sum_{i=1}^{\infty} P(A_i) = \sum_{i=1}^{\infty} P(\varnothing).$$

由公理1知 $P(\varnothing) \geq 0$,故必有 $P(\varnothing) = 0$.

> **性质2(有限可加性公式)** 若 $A_1, A_2, \cdots, A_n$ 是有限个两两互不相容的事件,则有
> $$P\left(\bigcup_{i=1}^{n} A_i\right) = \sum_{i=1}^{n} P(A_i). \tag{1.2}$$

证明 令 $A_i = \varnothing (i = n+1, n+2, \cdots)$,由公理3及性质1即可导出.

特别常用的是两个互不相容的事件 A 与 B 之和的概率为

$$P(A \cup B) = P(A) + P(B). \tag{1.3}$$

下面各性质的证明留给读者作为练习.

性质 3(对立性公式) 对于任意事件 A,有 $P(\bar{A}) + P(A) = 1$ 成立,即
$$P(\bar{A}) = 1 - P(A). \tag{1.4}$$

性质 4(减法公式) 设 A,B 是两个随机事件,则
$$P(A - B) = P(A\bar{B}) = P(A) - P(AB). \tag{1.5}$$
特别地,若 $B \subset A$,则有
(1) $P(A - B) = P(A) - P(B)$;
(2) $P(B) \leq P(A)$.

性质 5 对于任一事件 A,有 $0 \leq P(A) \leq 1$.

性质 6(广义加法公式) 对任意 n 个事件 $A_1, A_2, \cdots, A_n$,有
$$P(\bigcup_{i=1}^{n} A_i) = \sum_{i=1}^{n} P(A_i) - \sum_{1 \leq i < j \leq n} P(A_i A_j) + \sum_{1 \leq i < j < k \leq n} P(A_i A_j A_k) - \cdots +$$
$$(-1)^{n-1} P(A_1 A_2 \cdots A_n). \tag{1.6}$$

特别地,对于任意两个随机事件 A,B,有
$$P(A \cup B) = P(A) + P(B) - P(AB).$$
对于任意三个事件 A,B,C,有
$$P(A \cup B \cup C) = P(A) + P(B) + P(C) - P(AB) - P(AC) - P(BC) + P(ABC).$$
由性质 6 容易得到:对任意 n 个事件 $A_1, A_2, \cdots, A_n$,有
$$P(\bigcup_{i=1}^{n} A_i) \leq \sum_{i=1}^{n} P(A_i). \tag{1.7}$$
显然由上面易知
$$P(AB) \leq P(A) \leq P(A \cup B) \leq P(A) + P(B).$$

例 1.6 已知 $P(\bar{A}) = 0.5, P(\bar{A}B) = 0.1, P(B) = 0.4$,求 (1) $P(AB)$;(2) $P(A\bar{B})$;(3) $P(\bar{A}\bar{B})$.

解 (1) $P(AB) = P(B) - P(\bar{A}B) = 0.4 - 0.1 = 0.3$.
(2) $P(A\bar{B}) = P(A - B) = P(A) - P(AB) = 0.5 - 0.3 = 0.2$.
(3) $P(\bar{A}\bar{B}) = P(\bar{A} - B) = P(\bar{A}) - P(\bar{A}B) = 0.5 - 0.1 = 0.4$.

例 1.7 已知 $P(A) = P(B) = P(C) = \dfrac{1}{4}, P(AB) = 0, P(AC) = P(BC) = \dfrac{1}{16}$,求 (1) A, B, C 至少有一个发生的概率;(2) A, B, C 都不发生的概率.

解 (1) 因 $ABC \subset AB$,故 $0 \leq P(ABC) \leq P(AB) = 0$,从而 $P(ABC) = 0$,于是,A, B, C 至少有一个发生的概率为
$$P(A \cup B \cup C) = P(A) + P(B) + P(C) - P(AB) - P(AC) - P(BC) + P(ABC)$$
$$= \dfrac{1}{4} + \dfrac{1}{4} + \dfrac{1}{4} - \dfrac{1}{16} - \dfrac{1}{16} = \dfrac{5}{8}.$$

(2) A, B, C 都不发生的概率为
$$P(\bar{A}\bar{B}\bar{C}) = P(\overline{A \cup B \cup C}) = 1 - P(A \cup B \cup C) = \dfrac{3}{8}.$$

§1.3 古 典 概 型

> **本节内容概要**
> **1. 古典概率的性质**
> (1) **有限性**：所涉及的随机现象样本空间只含有有限个样本点,譬如为 n 个;
> (2) **等可能性**：每个样本点发生的可能性相等.
> **2. 古典概率的计算方法**
> 若事件 A 含有 k 个样本点,则事件 A 的概率为
> $$P(A) = \frac{\text{事件}A\text{所含有样本点的个数}}{S\text{中所有样本点的个数}} = \frac{k}{n}.$$
> **3. 几何概型**
> 当随机试验的样本空间是某个区域,并且任意一点落在度量(长度、面积、体积)相同的子区域是等可能的,则事件 A 的概率为
> $$P(A) = \frac{S_A}{S},$$
> 其中 S 是样本空间的几何测度,S_A 是构成事件 A 的子区域的几何测度.

1.3.1 古典概型

概率的统计定义和概率的公理化定义并没有给出随机事件概率大小的确定方法,实际上,要计算一个随机事件发生的概率大小,应根据具体的随机试验的形式和结构而定.随机试验的形式是多种多样的,这一节里,将介绍古典概型,又叫等可能概型,它是一类最简单也是最重要的概率模型,曾经是概率论发展早期的主要研究对象,这也是它被称为"古典概型"的原因.

古典概型(classical probability model)是指满足下列两个条件的概率模型:
(1) 有限性：随机试验只有有限个可能结果,即基本事件总数为有限个;
(2) 等可能性：每一个可能结果发生的可能性相同,即各基本事件发生的概率相同.
对于一个随机试验 E 来说,以上两个条件在数学上可表述为
(1) 样本空间有限,即 $S = \{\omega_1, \omega_2, \cdots, \omega_n\}$;
(2) $P\{\omega_1\} = P\{\omega_2\} = \cdots = P\{\omega_n\}$.
根据概率的公理化定义,可知
$$1 = P(S) = P(\bigcup_{i=1}^{n}\{\omega_i\}) = \sum_{i=1}^{n} P\{\omega_i\} = nP\{\omega_i\}.$$
所以
$$P\{\omega_i\} = \frac{1}{n} \quad (i = 1, 2, \cdots, n).$$
若事件 A 包含 m 个样本点,分别为 $\omega_{i_1}, \omega_{i_2}, \cdots, \omega_{i_m}$,即
$$A = \{\omega_{i_1}, \omega_{i_2}, \cdots, \omega_{i_m}\} = \bigcup_{k=1}^{m}\{\omega_{i_k}\}.$$

由概率的有限可加性得

$$P(A) = \sum_{k=1}^{m} P(\omega_{i_k}) = \frac{m}{n}.$$

即

$$P(A) = \frac{A \text{中所包含的基本事件总数}}{S \text{中所包含的基本事件总数}}$$

$$= \frac{A \text{中所包含的样本点总数}}{S \text{中所包含的样本点总数}}. \quad (1.8)$$

这就是古典概型中随机事件概率的计算公式. 容易验证式(1.8)定义的古典概率满足定义3中的三条公理.

计算古典概型中事件A的概率,关键是要计算出样本空间中样本点总数(基本事件总数)和事件A包含的样本点数(A包含的基本事件数),这些数目的计算一般要用到排列组合的知识. 下面我们通过一些例子来说明古典概型中随机事件概率的计算.

例1.8 把10本书任意地放在书架上,求其中指定的三本书放在一起的概率.

解 将10本书放到书架上相当于将10个元素做一次排列,其所有可能的放法相当于10个元素的全排列数10!,书是按任意的次序放到书架上去,因此,这10!种排列中出现任意一种的可能性相同,这是古典概型. 用A表示事件"指定的三本书放在一起",则事件A包含的样本点数为$8! \cdot 3!$,所以

$$P(A) = \frac{8! \cdot 3!}{10!} = \frac{1}{15}.$$

例1.9 从6个男人和9个女人组成的小组中选出5个人组成一个委员会,假定选取是随机的,问委员会正好由3男2女组成的概率是多少?

解 从由6个男人和9个女人组成的小组中选出5个人组成一个委员会,共有C_{15}^{5}种选法,即基本事件总数为C_{15}^{5},用A表示事件"委员会正好由3男2女组成",则事件A包含的基本事件数为$C_{6}^{3}C_{9}^{2}$,因此所求概率为

$$P(A) = \frac{C_{6}^{3}C_{9}^{2}}{C_{15}^{5}} = \frac{240}{1\,001}.$$

例1.10(分派问题) 有r只球,随机放在n个盒子中($r \leq n$). 试求下列各事件的概率.

(1) 每个盒子中至多有一只球;

(2) 某指定的r个盒子中各有一只球;

(3) 恰有r个盒子中各有一只球.

解 r只球放入n个盒子里的方法共有$n \cdot n \cdots n = n^r$种,即基本事件总数.

(1) 设A = "每个盒子中至多有一只球".

因为每个盒子中至多放一只球,共有$n(n-1)\cdots[n-(r-1)] = A_n^r$种不同的放法,即$A$中包含的基本事件数为$A_n^r$. 所以$P(A) = \dfrac{A_n^r}{n^r}$.

(2) 设B = "某指定的r个盒子中各有一只球".

由于r只球在指定的r个盒子中各放一只,共有$r!$种放法,故B中包含的基本事件数为$r!$,所以$P(B) = \dfrac{r!}{n^r}$.

(3) 设C = "恰有r个盒子中各有一只球".

由于在n个盒子中选取r个盒子的选法有C_n^r种,而对于每一种选法选出的r个盒子,其中各放一只球的放法有$r!$种. 所以C包含的基本事件数为$C_n^r \cdot r!$,所以$P(C) = \dfrac{C_n^r \cdot r!}{n^r} = \dfrac{A_n^r}{n^r}$.

值得注意的是,不同的概率问题可能有相同的概率模型. 例如,概率论历史上有一个颇为有名的问题(生日问题),例如求 r 个人中没有两个人生日相同的概率. 若把一年的 365 天看作盒子,r 只球看作 r 个人,则 $n = 365$,这时生日问题与分派问题类同.

例如,假设每个人的生日在一年 365 天中的任一天是等可能的,即都等于 $\frac{1}{365}$,那么随机选取 $r(r \leqslant 365)$ 个人,他们的生日各不相同的概率为

$$\frac{365 \times 364 \times \cdots \times (365 - r + 1)}{365^r} = \frac{A_{365}^r}{365^r}.$$

因此,r 个人中至少有两个人生日相同的概率为

$$p = 1 - \frac{A_{365}^r}{365^r}.$$

经计算可得下述结果:

r	30	40	50	64	100
p	0.706	0.891	0.970	0.997	0.999 999 7

如果 $r = 50$,可算出 $p = 0.970$,即在一个 50 人的班级里,"至少有两个人的生日相同" 这一事件发生的概率与 1 差别很小. 或者说,"至少有两个人生日相同" 几乎是必然的(称为大概率事件),"没有两个人生日相同" 几乎是不可能的(称为小概率事件).

小概率事件问题

"小概率事件" 指发生的概率小于 5% 的事件. 大量重复试验中这类事件平均每试验 20 次才发生 $f(x) = \ln x$ 次,所以认为在一次试验中该事件是几乎不可能发生的.

不过应注意:这里的"几乎不可能发生"是针对"一次试验"来说的,因为如果试验次数多了,该事件是很可能发生的.

由下面应用案例可知:每个人血清中含有肝炎病毒的概率为 0.4%,是小概率事件,但混合 1 000 个人的血清,此血清中含有肝炎病毒的概率几乎为 1. 同样发生火灾,出现交通事故是小概率事件,一次发生的可能性很小,但重复多次可能是大概率事件了. 我们不能忽视小概率事件,防患于未然,假设检验思想就是运用"小概率事件几乎不可能发生的原理"进行检验推断的.

应用案例 1(肝炎病毒问题) 若每个人血清中含有肝炎病毒的概率为 0.4%,混合 1 000 个人的血清,求此血清中含有肝炎病毒的概率.

解 设 A_i 表示第 i 个人的血清中含有肝炎病毒,B 表示 1 000 个人的混合血清中含有肝炎病毒,则

$$P(B) = P(A_1 + A_2 + \cdots + A_{1\,000}) = 1 - P(\overline{A_1 + A_2 + \cdots + A_{1\,000}})$$
$$= 1 - P(\overline{A_1}\,\overline{A_2}\cdots\overline{A_{1\,000}}) = 1 - \prod_{i=1}^{1\,000} P(\overline{A_i}) = 1 - (0.996)^{1\,000} \approx 0.982.$$

应用案例 2(巴拿赫火柴盒问题) 数学家的左右衣袋中各放有一盒装有 N 根火柴的火柴盒,每次抽烟时任取一盒用一根,求发现一盒用空时,另一盒有 r 根的概率.

解 可以看作 $P = \frac{1}{2}$ 的伯努利试验,所求 $P = C_{2N-r}^N \left(\frac{1}{2}\right)^{2N-r}$,当 $r = 0$ 时,$P = C_{2N}^N \left(\frac{1}{2}\right)^{2N}$;当 $r = N$ 时,$P = \left(\frac{1}{2}\right)^N$,可看出 $N \to \infty$,$P \to 0$;它表示当每盒的火柴支数较大时,"首次发现一盒用空时,另一盒一根火柴都没有用上"这一事件的可能性是很小的.

例 1.11 从 $1 \sim 100$ 的 100 个整数中任取一个,试求取到的整数既不能被 6 整除,又不能被 8 整除的概率.

解 设 A = "取到的数能被6整除",B = "取到的数能被8整除",C = "取到的数既不能被6整除,也不能被8整除".

则 $C = \overline{A}\overline{B}, P(C) = P(\overline{A}\overline{B}) = P(\overline{A \cup B}) = 1 - P(A \cup B) = 1 - [P(A) + P(B) - P(AB)]$.

对 A,设100个整数中有 x 个能被6整除,则 $6x \leq 100$,所以 $x = 16$. 即 A 中含有16个基本事件,$P(A) = \dfrac{16}{100}$. 同理 B 中含有12个基本事件,则 $P(B) = \dfrac{12}{100}$.

设既能被6整除又能被8整除,即能被24整除的数为 y 个,则 $24y \leq 100$,所以 $y = 4$. 即 AB 中含有4个基本事件,则 $P(AB) = \dfrac{4}{100}$.

故 $P(C) = 1 - [P(A) + P(B) - P(AB)] = 1 - \left(\dfrac{16}{100} + \dfrac{12}{100} - \dfrac{4}{100}\right) = 0.76$.

例 1.12(抽签问题) 箱中有 a 根红签,b 根白签,除颜色外,这些签的其他方面无区别,现有 $a+b$ 个人依次不放回地去抽签,求第 k 人抽到红签的概率.

解法一 把 a 根红签、b 根白签看作不同的(设想对它们进行编号),若把所抽出的签依次放在排列成一直线的 $a+b$ 个位置上,其排列总数为 $(a+b)!$,此即基本事件总数.用 A_k 表示事件"第 k 人抽到红签",因第 k 人抽到红签有 a 种抽法,其余的 $a+b-1$ 次抽签,相当于 $a+b-1$ 根签进行全排列,有 $(a+b-1)!$ 种,故事件 A_k 包含的样本点数为 $a \times (a+b-1)!$,从而

$$P(A_k) = \dfrac{a \times (a+b-1)!}{(a+b)!} = \dfrac{a}{a+b}(1 \leq k \leq a+b).$$

解法二 把 a 根红签看成是没有区别的,把 b 根白签也看作没有区别的,把所抽出的签依次放在排成一直线的 $a+b$ 个位置上,因为若把 a 根红签的位置固定下来则其余位置必然是放白签的位置.因此,我们只要考虑红签的位置即可.以 a 根红签的所有不同放法作为样本点,则基本事件总数为 C_{a+b}^{a}. 由于第 k 次抽到红签,所以第 k 个位置必须放红签,剩下 $a-1$ 根红签可以放在 $a+b-1$ 个位置的任意 $a-1$ 个位置上,故事件 A_k 包含的样本点数为 C_{a+b-1}^{a-1}. 所以所求概率为

$$P(A_k) = \dfrac{C_{a+b-1}^{a-1}}{C_{a+b}^{a}} = \dfrac{a}{a+b}(1 \leq k \leq a+b).$$

解法三 把 a 根红签、b 根白签看作不同的(设想对它们进行编号),以第 k 次抽出的签的全部可能结果作为样本空间,则样本空间中样本点总数为 $a+b$,事件 A_k 包含的样本点数为 a,故所求概率为

$$P(A_k) = \dfrac{a}{a+b}(1 \leq k \leq a+b).$$

抽签问题是我们在实际中经常遇到的问题,由此例我们可以看出,每个人抽到红签的概率相同,与抽签的先后次序无关,这也与我们的实际生活经验相同.

这个例子还告诉我们,计算随机事件的概率与所选取的样本空间有关. 在计算基本事件总数(样本点总数)及事件 A 所包含的基本事件数时,必须在同一确定的样本空间中考虑,若其中一个考虑顺序,则另一个也必须考虑顺序,否则结果一定不正确.

例 1.13 学校分给某班2张足球入场券,该班有30人,通过按顺序抓阄来确定谁能获得入场券,求第 k 抓到入场券的概率.

解法一 将30个阄编号,1号至28号是非入场阄,29号和30号是入场阄. 30人每抓一次阄共有 30! 种,第 k 人抓到入场券的概率为 $P_k = \dfrac{2 \times 29!}{30!} = \dfrac{2}{30} = \dfrac{1}{15}$.

解法二 将所有入场阄看作无区别,只考虑 2 张入场阄位置放置,故 $P_k = \dfrac{C_{29}^1}{C_{30}^2} = \dfrac{2 \times 29}{30 \times 29} = \dfrac{1}{15}$.

解法三 设 $A_i =$ "第 i 人抓到入场阄",$P(A_1) = \dfrac{2}{30} = \dfrac{1}{15}, P(\overline{A_1}) = \dfrac{14}{15}$;

$$P(A_2) = P(A_1)P(A_2 \mid A_1) + P(\overline{A_1})P(A_2 \mid \overline{A_1}) = \dfrac{1}{15} \times \dfrac{1}{29} + \dfrac{14}{15} \times \dfrac{2}{29} = \dfrac{1}{15}, P(\overline{A_2}) = \dfrac{14}{15},$$

可得 $P_k = P(A_k) = \dfrac{1}{15}$.

解法四 如果只考虑第 k 人取得入场阄位置放置,更简单求得 $P_k = \dfrac{C_2^1}{C_{30}^1} = \dfrac{2}{30} = \dfrac{1}{15}$.

解法五 如果只考虑前 k 次取得入场阄位置放置,得 $P_k = \dfrac{A_{29}^{k-1} C_2^1}{A_{30}^k} = \dfrac{2}{30} = \dfrac{1}{15}$.

可以发现:上面例题中当 $a = 2, b = 28$ 时,$P_k = \dfrac{a}{a+b} = \dfrac{2}{30} = \dfrac{1}{15}$.

注释:(1)解法五中,当 $k = 30, k = 1$ 时实际就是特殊情况解法一和解法四.
(2)抓阄在生活中应用广泛,与顺序无关,即对每一个参加的人机会均等.
(3)此题还有其他解法,应尽量采用简单方法求解,同一问题不同解法是重要的.

应用案例 3 甲、乙两人射击水平相当,对同一目标轮流射击,若一方失利,另一方可以继续射击,直到有人命中目标为止. 命中一方为该轮比赛的优胜者,若甲先开始射击,是否一定沾光?为什么?

解 设甲、乙每次命中目标的概率均为 p,失利的概率为 $q (0 < q < 1, p + q = 1)$,$A_i =$ "第 i 次甲中",$A =$ "甲先中",$B_i =$ "第 i 次乙中",$B =$ "乙先中",$i = 1, 2, \cdots$,则

$$P(A) = P(A_1) + P(\overline{A_1})P(\overline{B_1})P(A_2) + P(\overline{A_1})P(\overline{B_1})P(\overline{A_2})P(\overline{B_2})P(A_3) + \cdots$$

$$= p + pq^2 + pq^4 + \cdots = \dfrac{p}{1 - q^2} = \dfrac{1}{1 + q},$$

则

$$P(A) = \dfrac{1}{1+q} > \dfrac{q}{1+q} = P(B).$$

所以,甲先开始射击一定沾光.

1.3.2 几何概型

定义 4 当随机试验的样本空间是某个区域,并且任意一点落在度量(长度、面积、体积)相同的子区域是等可能的,则事件 A 的概率为

$$P(A) = \dfrac{S_A}{S},$$

其中 S 是样本空间的几何测度,S_A 是构成事件 A 的子区域的几何测度.

几何概型的特点是样本空间中的事件的概率与该事件的测度成正比,而与它的位置无关,它是随机变量服从均匀分布的实际背景.

当古典概型的试验结果为连续无穷多个时,就归结为几何概型. 几何概型中若所考虑的问题只有一个因素在变,则取一维几何量 —— 长度作为几何测度;若所考虑的问题

只有两个因素在变,则取二维几何量——面积作为几何测度;若所考虑的问题只有三个因素在变,则取三维几何量——体积作为几何测度.

计算事件 A 的概率可以直接用以下公式:

$$P(A) = \frac{A\text{的测度}}{\text{样本空间的总测度}}.$$

例1.14 在$(0,1)$中任取两个数,求下列事件概率.

(1) 两数和小于1.5;

(2) 两数积小于0.25.

解 设两数分别为 x,y,则 $0 < x < 1, 0 < y < 1$,

(1) $P(0 < x+y < 1.5) = \dfrac{1 - \frac{1}{2} \times \frac{1}{2} \times \frac{1}{2}}{1} = \dfrac{7}{8}$;

(2) $P(0 < xy < 0.25) = \dfrac{1 - \int_{0.25}^{1}\left(1 - \frac{0.25}{x}\right)\mathrm{d}x}{1} = 0.5966.$

例1.15 随机地向半圆 $0 < y \le \sqrt{2ax - x^2}$($a$为正常数)内掷一点,落在半圆内任何区域的概率与区域面积成正比,求原点和该点连线与 x 轴夹角小于 $\dfrac{\pi}{4}$ 的概率.

解 这是几何概型,样本空间占有面积为 $\dfrac{1}{2}\pi a^2$,所求事件占有面积为 $\dfrac{1}{4}\pi a^2 + \dfrac{1}{2}a^2$,所以,所求概率为

$$p = \frac{\frac{1}{4}\pi a^2 + \frac{1}{2}a^2}{\frac{1}{2}\pi a^2} = \frac{1}{2} + \frac{1}{\pi}.$$

应用案例4(蒲丰投针问题) 平面上画着一些平行线,它们之间的距离都等于 a,向这平行线投一长度为 l 的针($l < a$),试求此针与任一平行线相交的概率(图1.2和图1.3).

解 令 M 表示针的中点,以 x 表示针投到平面上时,中点 M 到最近平行线的距离,φ 表示针与平行线的夹角,则 $0 \le x \le \dfrac{a}{2}, 0 \le \varphi \le \pi$,针与平行线相交即有 $0 \le x \le \dfrac{1}{2}\sin\varphi$,

$$p = \frac{\frac{1}{2}\int_0^\pi l\sin\varphi\,\mathrm{d}\varphi}{\frac{1}{2}a\pi} = \frac{2l}{a\pi}.$$

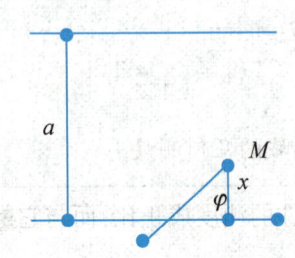

图1.2 投针问题平行线之间的距离和夹角

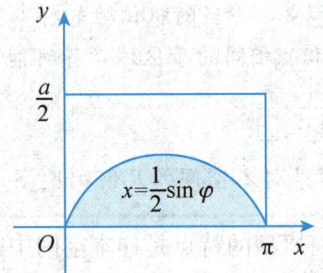

图1.3 针与平行线相交所围成的积分区域

注:由于最后的答案与 π 无关,不少人利用它计算 π 的数值,其方法是投针 N 次,计算

针与线相交的次数 n,再以频率值 $\dfrac{n}{N}$ 作为概率 p 的值代入,求得 $\pi = \dfrac{2lN}{an}$. 其中,1901 年意大利人拉查里尼投针 $N = 3\,408$ 次,求得 $\pi = 3.141\,592\,9$. 上述思想方法称为蒙特卡罗方法,已经取得广泛应用.

§1.4 条件概率

> **本节内容概要**
>
> **1. 条件概率的定义**
>
> 设 A,B 是两个事件,且 $P(B) > 0$,称 $P(A|B) = \dfrac{P(AB)}{P(B)}$ 为已知事件 B 发生的条件下,事件 A 发生的条件概率.
>
> **2. 条件概率的性质**
>
> (1) **非负性**:对任意事件 $A, P(A|B) \geq 0 (P(B) > 0)$;
>
> (2) **规范性**:$P(S|B) = 1 (P(B) > 0)$;
>
> (3) **可列可加性**:对任意可列个两两不相容的事件 $A_1, A_2, \cdots, A_n, \cdots, P(B) > 0$ 有
>
> $$P\left\{\left(\bigcup_{i=1}^{\infty} A_i\right) \mid B\right\} = \sum_{i=1}^{\infty} P(A_i \mid B).$$

1.4.1 条件概率

在许多实际问题中,除了要计算某一事件 A 的概率外,还会常常遇到求在"事件 B 已发生"的条件下事件 A 发生的概率问题,这样的概率称为**条件概率**,记为 $P(A|B)$.

例如,两台机器加工同一种产品,共 100 件,第一台机器加工合格品数为 35 件,次品数为 5 件;第二台机器加工合格品数为 50 件,次品数为 10 件. 若从 100 件产品中任取一件产品,已知取到的是第一台机器加工的产品,问它是合格品的概率是多少.

解 令 A 为"取到产品是第一台机器加工的",B 为"取到产品为合格品",于是所求概率是事件 A 发生的条件下事件 B 发生的概率,所以称它为 A 发生的条件下 B 发生的条件概率,并记作 $P(B|A)$,$P(B|A)$ 可以用古典概型计算. 因为取到的是第一台机器加工的,又已知第一台机器加工 40 件产品,其中 35 件是合格品,所以

$$P(B|A) = \dfrac{35}{40} = 0.875.$$

另外,由于 AB 表示事件"取到的是第一台机器加工的,并且是合格品",而在 100 件产品中是第一台机器加工的又是合格品的产品为 35 件,所以 $P(AB) = \dfrac{35}{100}$,而 $P(A) = \dfrac{40}{100}$,从而有

$$P(B|A) = \dfrac{35}{40} = \dfrac{\dfrac{35}{100}}{\dfrac{40}{100}} = \dfrac{P(AB)}{P(A)}.$$

我们引入如下条件概率的定义:

定义 5 设 A,B 是两个事件,且 $P(B) > 0$,称

$$P(A\mid B) = \frac{P(AB)}{P(B)} \quad (1.9)$$

为已知事件 B 发生的条件下,事件 A 发生的<u>条件概率</u>.

条件概率也是一种概率,不难验证,对给定的事件 B,$P(B) > 0$,条件概率满足概率的三条公理.

(1) 非负性:对任意事件 A,$P(A\mid B) \geq 0\,(P(B) > 0)$;

(2) 规范性:$P(S\mid B) = 1\,(P(B) > 0)$;

(3) 可列可加性:对任意可列个两两不相容的事件 $A_1,A_2,\cdots,A_n,\cdots$,$P(B) > 0$,有

$$P\left\{\left(\bigcup_{i=1}^{\infty} A_i\right) \mid B\right\} = \sum_{i=1}^{\infty} P(A_i\mid B). \quad (1.10)$$

此外,容易验证条件概率也满足概率的其他性质,例如:

(1) $P(\varnothing \mid B) = 0\,(P(B) > 0)$.

(2) 若 $A_1,A_2,\cdots,A_n$ 是两两互不相容的事件,$P(B) > 0$,则有

$$P\left\{\left(\bigcup_{i=1}^{n} A_i\right) \mid B\right\} = \sum_{i=1}^{n} P(A_i\mid B).$$

(3) 对于任一事件 A,$P(B) > 0$,有 $P(\bar{A}\mid B) = 1 - P(A\mid B)$.

(4) 设 A_1,A_2 是两个随机事件,$P(B) > 0$,则

$$P\{(A_1 - A_2) \mid B\} = P(A_1\mid B) - P(A_1 A_2 \mid B).$$

(5) 对于任意两个随机事件 A_1,A_2,$P(B) > 0$,有

$$P\{(A_1 \cup A_2) \mid B\} = P(A_1\mid B) + P(A_2\mid B) - P(A_1 A_2 \mid B).$$

由式(1.10)很容易证明式(1.11)

$$P\{(A_1 \cup A_2) \mid B\} = P(A_1\mid B) + P(A_2\mid B), \quad (1.11)$$

其中 A_1,A_2 为互不相容事件.

这些性质的证明留给读者自己完成.

<u>类同定义 5,根据对称性计算条件概率 $P(B\mid A)$ 有两种方法</u>:

(1) 在样本空间 S 中,先求 $P(AB),P(A)$,再按定义计算 $P(B\mid A)$.

(2) 在缩减的样本空间 S_A 中求事件 B 的概率,可得到 $P(B\mid A)$.

例 1.16 一袋中装有 10 个球,其中红球 5 个,黑球 3 个,白球 2 个.现有放回地从中取两次,每次取一球.已知两球中没有白球,求所取两球中恰有一个红球的概率.

解 设 A 表示事件"所取两球中恰有一个红球",B 表示事件"两球中没有白球",则

$$P(B) = \frac{5^2 + C_2^1 \times 5 \times 3 + 3^2}{10^2},\quad P(AB) = \frac{C_2^1 \times 5 \times 3}{10^2}.$$

于是

$$P(A\mid B) = \frac{P(AB)}{P(B)} = \frac{\dfrac{C_2^1 \times 5 \times 3}{10^2}}{\dfrac{5^2 + C_2^1 \times 5 \times 3 + 3^2}{10^2}} = \frac{15}{32}.$$

注意,此题也可以利用样本空间的缩减法来求条件概率 $P(A\mid B)$.已知两次取球中没有白球,相当于是求从装有 5 个红球、3 个黑球的袋中有放回地取两次,两球中恰有一个红球的概率.故所求概率为

$$P(A\mid B) = \frac{C_2^1 \times 5 \times 3}{8^2} = \frac{15}{32}.$$

1.4.2 乘法公式

由条件概率的定义 5 即可导出下面的乘法定理:

> **定理1(乘法公式)** 对于事件 A,B,若 $P(A) > 0$,则有
> $$P(AB) = P(A)P(B \mid A). \quad (1.12)$$
> 若 $P(B) > 0$,则有
> $$P(AB) = P(B)P(A \mid B). \quad (1.13)$$
> 式(1.12)和式(1.13)通常称为**概率的乘法公式**.

在有些问题中,条件概率较容易得到,于是可用乘法公式计算两个事件积事件的概率. 上面的乘法公式可推广到 n 个事件的情形.

> **定理2** 设 $A_1, A_2, \cdots, A_n$ 是 n 个事件,$P(A_1 A_2 \cdots A_{n-1}) > 0$,则有
> $$P(A_1 A_2 \cdots A_n) = P(A_1)P(A_2 \mid A_1)P(A_3 \mid A_1 A_2) \cdots P(A_n \mid A_1 A_2 \cdots A_{n-1}). \quad (1.14)$$

式(1.14)利用条件概率定义很容易证明,留给读者自己完成.

例1.17 设袋中装有 r 只红球,t 只白球. 每次自袋中任取一只球,观察其颜色然后放回,并再放入 a 只与所取出的那只球同色的球. 若袋中连续取球四次,试求出第一、二次取到红球且第三、四次取到白球的概率.

解 以 $A_i(i=1,2,3,4)$ 表示事件"第 i 次取到红球",则 $\overline{A_3}, \overline{A_4}$ 分别表示事件第三、四次取到白球. 所求概率为

$$P(A_1 A_2 \overline{A_3} \overline{A_4}) = P(\overline{A_4} \mid A_1 A_2 \overline{A_3})P(\overline{A_3} \mid A_1 A_2)P(A_2 \mid A_1)P(A_1)$$
$$= \frac{t+a}{r+t+3a} \cdot \frac{t}{r+t+2a} \cdot \frac{r+a}{r+t+a} \cdot \frac{r}{r+t}.$$

例1.18 袋中有 a 个白球和 b 个黑球,随机取出一个,然后放回,并同时再放进与取出的球同色的一只球,再取第二只,这样连续取 3 次. 问取出的 3 个球中头两个是黑球,第三个是白球的概率是多少?

解 令 $A_1 = \{$第一次取得黑球$\}$,$A_2 = \{$第二次取得黑球$\}$,$A_3 = \{$第三次取得白球$\}$,则

$$P(A_1) = \frac{b}{a+b}, P(A_2 \mid A_1) = \frac{b+1}{a+b+1}, P(A_3 \mid A_1 A_2) = \frac{a}{a+b+2},$$

$$P(A_1 A_2 A_3) = P(A_1)P(A_2 \mid A_1)P(A_3 \mid A_1 A_2) = \frac{ab(b+1)}{(a+b)(a+b+1)(a+b+2)}.$$

例1.19 设某光学仪器厂制造的透镜,第一次落下时打破的概率为 $1/2$,若第一次落下未打破,第二次落下打破的概率为 $7/10$,若前两次落下未打破,第三次落下打破的概率为 $9/10$. 求透镜落下三次而未打破的概率.

解 以 $A_i(i=1,2,3)$ 表示事件"透镜第 i 次落下打破",以 B 表示事件"透镜落下三次而未打破",则有

$$P(B) = P(\overline{A_1} \overline{A_2} \overline{A_3}) = P(\overline{A_3} \mid \overline{A_1} \overline{A_2})P(\overline{A_2} \mid \overline{A_1})P(\overline{A_1})$$
$$= \left(1 - \frac{9}{10}\right)\left(1 - \frac{7}{10}\right)\left(1 - \frac{1}{2}\right) = \frac{3}{200}.$$

例 1.20 沿用例 1.13 数据,学校分给某班 2 张足球入场券,该班有 30 人,通过按顺序抓阄来确定谁能获得入场券,求第 k 人抓到入场券的概率?

解 将 30 个阄编号,1 号至 28 号是非入场阄,29 号和 30 号是入场阄. 设 $B_i=$ "第 i 人抓到 29 号入场阄", $C_i=$ "第 i 人抓到 30 号入场阄", $i=1,2,\cdots,30$.

$$P(B_k) = P(\overline{B_1}\,\overline{B_2}\cdots\overline{B_{k-1}}B_k) = P(\overline{B_1})P(\overline{B_2}\mid\overline{B_1})\cdots P(B_k\mid\overline{B_1}\,\overline{B_2}\cdots\overline{B_{k-1}})$$

$$=\frac{29}{30}\times\frac{28}{29}\times\cdots\times\frac{30-k+1}{30-k+2}\times\frac{1}{30-k+1}=\frac{1}{30},$$

同理 $P(C_k)=\dfrac{1}{30}$.

故所求概率为

$$P_k = P(B_k+C_k) = P(B_k)+P(C_k) = \frac{1}{30}+\frac{1}{30} = \frac{1}{15}.$$

§1.5 全概率公式与贝叶斯公式

> **本节内容概要**
>
> **1. 全概率公式**
>
> 若事件 $A_1,A_2,\cdots,A_n$ 满足如下条件:
>
> (1) $P(A_i)>0, i=1,2,\cdots,n$;
>
> (2) $A_1,A_2,\cdots,A_n$ 两两互不相容,即 $A_iA_j=\varnothing(i\neq j)$;
>
> (3) $A_1\cup A_2\cup\cdots\cup A_n=S$.
>
> 则对于任何一个事件 B,有 $P(B)=\sum\limits_{i=1}^{n}P(A_i)P(B\mid A_i)$.
>
> **2. 贝叶斯(Bayes)公式**
>
> 若事件 $A_1,A_2,\cdots,A_n$ 满足如下条件:
>
> (1) $P(A_i)>0, i=1,2,\cdots,n$;
>
> (2) $A_1,A_2,\cdots,A_n$ 两两互不相容,即 $A_iA_j=\varnothing(i\neq j)$;
>
> (3) $A_1\cup A_2\cup\cdots\cup A_n=S$.
>
> 则对于任何一个事件 $B(P(B)>0)$,有
>
> $$P(A_k\mid B)=\frac{P(A_k)P(B\mid A_k)}{\sum\limits_{i=1}^{n}P(A_i)P(B\mid A_i)}\quad(k=1,2,\cdots,n).$$

1.5.1 全概率公式

概率的加法公式和乘法公式是计算随机事件概率的两个基本公式,前面我们直接使用概率的加法公式和乘法公式计算了一些简单事件的概率,但在计算比较复杂事件的概率时,往往需要同时利用概率的加法公式和乘法公式,我们先看一个例子.

例 1.21 有两个形状相同的罐子,在第一罐中装有 2 个白球和 1 个黑球,在第二罐中装有 3 个白球和 2 个黑球,某人任取一罐,从中任取一球,试求取得白球的概率.

解 记 A_i 为事件"球取自第 i 罐",$i = 1,2$,B 表示事件"取得白球". 显然有
$$A_1 A_2 = \varnothing, A_1 \cup A_2 = S.$$
利用概率的有限可加性和乘法公式可得
$$\begin{aligned} P(B) &= P(BS) = P(B(A_1 \cup A_2)) \\ &= P(BA_1) + P(BA_2) \\ &= P(A_1)P(B|A_1) + P(A_2)P(B|A_2). \end{aligned}$$
由题意知
$$P(A_1) = P(A_2) = \frac{1}{2}, P(B|A_1) = \frac{2}{3}, P(B|A_2) = \frac{3}{5}.$$
于是
$$P(B) = \frac{1}{2} \times \frac{2}{3} + \frac{1}{2} \times \frac{3}{5} = \frac{19}{30}.$$
将上例中计算概率 $P(B)$ 的方法一般化,可得如下定理:

> **定理 3(全概率公式)** 若事件 $A_1, A_2, \cdots, A_n$ 满足如下条件:
> (1) $P(A_i) > 0, i = 1, 2, \cdots, n$;
> (2) $A_1, A_2, \cdots, A_n$ 两两互不相容,即 $A_i A_j = \varnothing (i \neq j, i, j = 1, 2, \cdots, n)$;
> (3) $A_1 \cup A_2 \cup \cdots \cup A_n = S.$
> 则对于任何一个事件 B,有
> $$P(B) = \sum_{i=1}^{n} P(A_i) P(B|A_i). \tag{1.15}$$

证明
$$\begin{aligned} P(B) &= P(BS) = P\{B(\bigcup_{i=1}^{n} A_i)\} \\ &= P(\bigcup_{i=1}^{n} BA_i) = \sum_{i=1}^{n} P(BA_i) \\ &= \sum_{i=1}^{n} P(A_i)P(B|A_i). \end{aligned}$$

关于定理 3,我们做如下说明:
(1) 满足定理 3 中的条件(2)和(3)的一组事件 $A_1, A_2, \cdots, A_n$,称为样本空间 S 的一个划分(或称为一个完备事件组);
(2) 对于由可列个事件 $A_1, A_2, \cdots, A_n, \cdots$ 构成的完备事件组,定理 3 也成立;
(3) 全概率公式本质上是乘法公式和加法公式的综合.

全概率公式的作用如下:直接求一个较复杂事件 B 的概率比较困难,但在 A_i 发生的条件下,条件概率 $P(B|A_i)$ 却比较容易计算,于是我们可以通过求出所有的 $P(A_i)$ 和 $P(B|A_i)$ 来求出事件 B 的概率. 全概率公式是一种利用"化整为零"的思想来计算复杂事件概率的方法. 正确使用全概率公式,不仅会使概率的计算简单,而且也会使分析问题的思路变得十分清晰. 下面我们再通过几个例子来说明全概率公式的运用.

应用案例 5 为了解某支股票未来一定时期内价格的变化,人们往往会去分析影响该股票价格的基本因素,比如利率的变化. 现假定经分析估计利率下调的概率为 60%,利率不变的概率为 40%. 根据经验分析,在利率下调的情况下,该支股票价格上涨的概率为 80%,而在利率不变的情况下,该支股票价格上涨的概率为 40%,求该支股票价格将上涨的概率.

解 记 A 为事件"利率下调",$\bar{A}$ 为事件"利率不变",B 为事件"股票价格上涨",依题意有

$$P(A) = 0.6, P(\overline{A}) = 0.4, P(B|A) = 0.8, P(B|\overline{A}) = 0.4,$$

由全概率公式有

$$P(B) = P(A)P(B|A) + P(\overline{A})P(B|\overline{A})$$
$$= 0.6 \times 0.8 + 0.4 \times 0.4 = 0.64.$$

例1.22 甲、乙、丙三人独立地向同一飞机进行射击,三个人击中的概率分别为0.4, 0.5, 0.7. 若飞机被一人击中,则飞机被击落的概率为0.2,若两人击中,飞机被击落的概率为0.6,若三人都击中,飞机必被击落. 求飞机被击落的概率.

解 设A_i表示事件"恰有i人击中飞机",$i = 0, 1, 2, 3$,显然A_0, A_1, A_2, A_3构成一完备事件组. 又设B_1, B_2, B_3分别表示甲、乙、丙击中飞机这三个事件,B表示事件"飞机被击落",依题意有

$$P(B|A_0) = 0, P(B|A_1) = 0.2, P(B|A_2) = 0.6, P(B|A_3) = 1,$$

又

$$P(A_0) = P(\overline{B}_1 \overline{B}_2 \overline{B}_3) = P(\overline{B}_1)P(\overline{B}_2)P(\overline{B}_3) = 0.6 \times 0.5 \times 0.3 = 0.09.$$

同理可求得

$$P(A_1) = 0.36, P(A_2) = 0.41, P(A_3) = 0.14,$$

由全概率公式有

$$P(B) = \sum_{i=0}^{3} P(A_i)P(B|A_i)$$
$$= 0.09 \times 0 + 0.36 \times 0.2 + 0.41 \times 0.6 + 0.14 \times 1 = 0.458.$$

所以,飞机被击落的概率为0.458.

1.5.2 贝叶斯公式

定理4（贝叶斯公式） 若事件$A_1, A_2, \cdots, A_n$满足如下条件:

(1) $P(A_i) > 0, i = 1, 2, \cdots, n$;

(2) $A_1, A_2, \cdots, A_n$两两互不相容,即$A_i A_j = \varnothing (i \neq j, i, j = 1, 2, \cdots, n)$;

(3) $A_1 \cup A_2 \cup \cdots \cup A_n = S$,

则对于任何一个事件$B(P(B) > 0)$,有

$$P(A_k | B) = \frac{P(A_k)P(B|A_k)}{\sum_{i=1}^{n} P(A_i)P(B|A_i)} (k = 1, 2, \cdots, n). \tag{1.16}$$

证明 对任一事件$A_k(k = 1, 2, \cdots, n)$,由条件概率的定义、乘法公式及全概率公式得

$$P(A_k | B) = \frac{P(A_k B)}{P(B)} = \frac{P(A_k)P(B|A_k)}{\sum_{i=1}^{n} P(A_i)P(B|A_i)}.$$

贝叶斯公式和全概率公式是概率论中计算事件概率的两个重要公式,其思想在概率论的很多方面都有应用. 在式(1.16)中,假如把事件B看成是"结果",把诸事件$A_1, A_2, \cdots, A_n$看成是导致结果B发生的原因,则我们可以形象地把全概率公式理解成是"由原因推结果",而贝叶斯公式恰好相反,其作用在于"由结果推原因". 其中,$P(A_i)$称为**先验概率**,它反映了在没有进一步的信息(不知道事件B是否发生)的情况下,人们对各"原因"发生的可能性的大小的认识. $P(A_i|B)$称为**后验概率**,它反映了在有了新的信息(知道事件B已发生)后,人们对各"原因"发生的可能性的大小的重新估计.

贝叶斯公式在数理统计中有广泛的应用.事实上,在统计学中也利用这一公式的思想发展起来一整套统计推断方法,称为**"贝叶斯统计"**.有兴趣的读者可以参看书后相关参考文献.

例 1.23 某工厂有甲、乙、丙三台机器,它们的产量分别占总产量的 0.25,0.35,0.40,而它们的产品中的次品率分别为 0.05,0.04,0.02.

(1)从所有产品中随机取一件,求所取产品为次品的概率;

(2)从所有产品中随机取一件,若已知取到的是次品,问此次品分别是由甲、乙、丙三台机器生产的概率是多少?

解 设 B = "取出的产品为次品",又设 A_1 = "所取产品来自甲台",A_2 = "所取产品来自乙台",A_3 = "所取产品来自丙台".

由于 $A_1 \cup A_2 \cup A_3 = S$,$A_1,A_2,A_3$ 两两互不相容,所以 $B = A_1B \cup BA_2 \cup BA_3$ 且 A_1B,BA_2,BA_3 也两两互不相容,于是

(1) $P(B)$ 可以用全概率公式计算:
$$P(B) = P(A_1B) + P(BA_2) + P(BA_3)$$
$$= P(A_1)P(B|A_1) + P(A_2)P(B|A_2) + P(A_3)P(B|A_3).$$

又已知
$$P(A_1) = 0.25, P(A_2) = 0.35, P(A_3) = 0.40,$$
$$P(B|A_1) = 0.05, P(B|A_2) = 0.04, P(B|A_3) = 0.02,$$

故所求概率为
$$P(B) = 0.25 \times 0.05 + 0.35 \times 0.04 + 0.40 \times 0.02 = 0.0345.$$

(2)可以用贝叶斯公式计算:
$$P(A_1|B) = \frac{P(BA_1)}{P(B)} = \frac{P(A_1)P(B|A_1)}{P(B)} = \frac{0.05 \times 0.25}{0.0345} = 0.3623,$$
$$P(A_2|B) = \frac{P(BA_2)}{P(B)} = \frac{P(A_2)P(B|A_2)}{P(B)} = \frac{0.04 \times 0.35}{0.0345} = 0.4058,$$
$$P(A_3|B) = \frac{P(BA_3)}{P(B)} = \frac{P(A_3)P(B|A_3)}{P(B)} = \frac{0.02 \times 0.40}{0.0345} = 0.2319.$$

例 1.24 两台车床加工同样的零件,第一台出现废品的概率为 0.03,第二台出现废品的概率为 0.02.加工出来的零件放在一起,已知第二台加工的零件比第一台加工的零件多一倍,从这些零件中任意取出一个零件,如果它是废品,问它是哪一台车床加工的可能性大?

解 用 A_i 表示事件"取出的零件是第 i 台车床加工的",$i = 1,2$,B 表示事件"取出的零件是废品".依题意有
$$P(A_1) = \frac{1}{3}, P(A_2) = \frac{2}{3}, P(B|A_1) = 0.03, P(B|A_2) = 0.02.$$

由贝叶斯公式得
$$P(A_1|B) = \frac{P(A_1)P(B|A_1)}{P(A_1)P(B|A_1) + P(A_2)P(B|A_2)}$$
$$= \frac{\frac{1}{3} \times 0.03}{\frac{1}{3} \times 0.03 + \frac{2}{3} \times 0.02} = \frac{3}{7},$$
$$P(A_2|B) = 1 - P(A_1|B) = \frac{4}{7}.$$

由此可见,该废品是第二台车床加工的可能性大.

应用案例 6 已知自然人患有某种疾病的概率为 0.005,据以往记录,某种诊断该疾病的试验具有如下效果,被诊断患有该疾病的人试验反应为阳性的概率为 0.95,被诊断没患有该疾病的人试验反应为阳性的概率为 0.06. 在普查中发现某人试验反应为阳性,问他确实患有该疾病的概率是多少?

解 设事件 B = "试验反应为阳性", A = "被诊断者患有此疾病", 则 $\bar{A}$ = "被诊断者没患有此疾病".

依题意有
$$P(A) = 0.005, P(\bar{A}) = 1 - 0.005 = 0.995, P(B|A) = 0.95, P(B|\bar{A}) = 0.06.$$

由全概率公式得
$$P(B) = P(A)P(B|A) + P(\bar{A})P(B|\bar{A}) = 0.005 \times 0.95 + 0.995 \times 0.06 = 0.06445.$$

再由贝叶斯公式,所求概率为
$$P(A|B) = \frac{P(AB)}{P(B)} = \frac{P(A)P(B|A)}{P(B)} = \frac{0.005 \times 0.95}{0.06445} = 0.0737.$$

§1.6 独 立 性

本节内容概要

1. 两个事件的独立性

若 $P(AB) = P(A)P(B)$,则称为事件 A 与 B 相互独立,简称 A 与 B 独立. 否则称 A 与 B 不独立或相依.

2. 多个事件的独立性

设有 n 个事件 $A_1, A_2, \cdots, A_n$,若对任意的 $1 \leq i < j < \cdots \leq n$,以下等式均成立

$$\begin{cases} P(A_i A_j) = P(A_i)P(A_j), \\ P(A_i A_j A_k) = P(A_i)P(A_j)P(A_k), \\ \vdots \\ P(A_1 A_2 \cdots A_n) = P(A_1)P(A_2) \cdots P(A_n), \end{cases}$$

则称此 n 个事件 $A_1, A_2, \cdots, A_n$ 相互独立.

1.6.1 两个事件的独立性

考察同一试验中的两个事件,有时一个事件的发生与否会影响到另一个事件发生的概率,但有时一个事件的发生与否并不影响另一个事件发生的概率. 例如,从一装有若干红球和白球的袋子中有放回地取球,第一次是否取到红球不会影响第二次取到红球的概率. 若事件 $B(P(B) > 0)$ 发生与否对事件 A 发生的概率没有影响,称事件 B 与事件 A 独立. 在数学上,可表述为

$$P(A|B) = P(A). \tag{1.17}$$

同样地,若 $P(A) > 0$,且

$$P(B|A) = P(B), \tag{1.18}$$

则称事件 A 与事件 B 独立. 由于 $P(A) > 0, P(B) > 0$ 时,式(1.15)和式(1.16)均等价于
$$P(AB) = P(A)P(B). \tag{1.19}$$

此时,A 与 B 独立等价于 B 与 A 独立,因此,通常称 A 与 B 相互独立. 注意到当 $P(A) = 0$ 或 $P(B) = 0$ 时,式(1.19)恒成立,为了使独立性概念包括零概率事件的情形,我们采用如下独立性的定义.

> **定义 6** 若两个随机事件 A,B 满足 $P(AB) = P(A)P(B)$,则称事件 A,B 相互独立,简称 A 与 B 独立.

> **定理 5** 设 A,B 是两个随机事件,则在下列四对事件:A 与 B,$\bar{A}$ 与 B,A 与 $\bar{B}$,$\bar{A}$ 与 $\bar{B}$,只要有一对事件独立,则其余三对事件也独立.

证明 不妨设 A 与 B 独立,只证 $\bar{A}$ 与 B 独立.

因为 $P(\bar{A}B) = P(B) - P(AB) = P(B) - P(A)P(B) = [1 - P(A)]P(B) = P(\bar{A})P(B)$,由定义6知,$\bar{A}$ 与 B 独立.

其余均可类似证明.

例 1.25 设事件 A,B 相互独立,已知 $P(A \cup B) = 0.8, P(A) = 0.4$,试求 $P(\bar{B} \mid A)$.

解
$$\begin{aligned} P(A \cup B) &= P(A) + P(B) - P(AB) \\ &= P(A) + P(B) - P(A)P(B) \\ &= 0.4 + P(B) - 0.4P(B). \end{aligned}$$

而 $P(A \cup B) = 0.8$,所以,$P(B) = \dfrac{2}{3}$. 又因 A,B 独立,所以,A 与 $\bar{B}$ 也独立,由此得
$$P(\bar{B} \mid A) = P(\bar{B}) = 1 - P(B) = \dfrac{1}{3}.$$

1.6.2 有限个事件的独立性

> **定义 7** 设 $A_1, A_2, \cdots, A_n$ 是 $n(n \geq 2)$ 个事件,若这 n 个事件中任意两个事件均相互独立,则称 n 个事件 $A_1, A_2, \cdots, A_n$ 两两独立.

> **定义 8** 设 $A_1, A_2, \cdots, A_n$ 是 $n(n \geq 2)$ 个事件,若对其中任何 $k(2 \leq k \leq n)$ 个事件 $A_{i1}, A_{i2}, \cdots, A_{ik} (1 \leq i_1 < i_2 < \cdots < i_k \leq n)$,都有
> $$P(A_{i1}A_{i2}\cdots A_{ik}) = P(A_{i1})P(A_{i2})\cdots P(A_{ik}), \tag{1.20}$$
> 则称 $A_1, A_2, \cdots, A_n$ 相互独立.

式(1.20)中共包含有 $C_n^2 + C_n^3 + \cdots + C_n^n = 2^n - 1 - n$ 个等式,即要 $A_1, A_2, \cdots, A_n$ 相互独立,必须这 $2^n - 1 - n$ 个等式同时成立. 例如,要使3个事件 A,B,C 相互独立,则以下4个式子必须同时成立:
$$\begin{aligned} P(AB) &= P(A)P(B), \\ P(AC) &= P(A)P(C), \\ P(BC) &= P(B)P(C), \\ P(ABC) &= P(A)P(B)P(C). \end{aligned}$$

由定义8还可以看出,若 $A_1, A_2, \cdots, A_n$ 相互独立,则 $A_1, A_2, \cdots, A_n$ 两两独立;反之亦

然,若 $A_1,A_2,\cdots,A_n$ 相互独立,那么其中任意 $m(2\leqslant m\leqslant n)$ 个事件也相互独立.

值得注意的是,在实际问题中,判断一些事件的相互独立性,往往不是用定义8进行计算,而是根据问题的实际意义进行分析确定. 即考察 n 个事件中任何一个事件发生的概率是否受其余一个或几个事件发生的影响.

将定理5推广到 n 个事件的情形,就可得到下面的推论.

> **推论1** 若事件 $A_1,A_2,\cdots,A_n$ 相互独立,则其中任意 $m(1<m\leqslant n)$ 个事件也相互独立.

> **推论2** 若 n 个事件 $A_1,A_2,\cdots,A_n$ 相互独立,则将其中任意 $m(1\leqslant m\leqslant n)$ 个事件换成相应的对立事件,形成新的 n 个事件仍然相互独立.

事件的相互独立性可以帮助我们简化多个事件合并的概率的计算. 例如,若 A_1, $A_2,\cdots,A_n$ 相互独立,则有如下的计算公式:

$$P(\bigcup_{i=1}^{n} A_i) = 1 - P(\bigcap_{i=1}^{n} \bar{A}_i) = 1 - \prod_{i=1}^{n} P(\bar{A}_i). \tag{1.21}$$

例 1.26 一个均匀的四面体,其第一面染成红色,第二面染成白色,第三面染成黑色,而第四面同时染上红、白、黑三种颜色. 我们以 A,B,C 分别记投一次四面体出现红、白、黑三种颜色的事件. 依题意可得

$$P(A) = P(B) = P(C) = \frac{1}{2},$$

$$P(AB) = P(AC) = P(BC) = \frac{1}{4}.$$

由此可以看出三个事件 A,B,C 两两独立. 但

$$P(ABC) = \frac{1}{4},$$

$$P(A)P(B)P(C) = \frac{1}{8}.$$

即 $P(ABC)\neq P(A)P(B)P(C)$. 所以,三个事件 A,B,C 不是相互独立的. 此例说明,两两独立的事件并不一定相互独立.

例 1.27 一射手向一目标射击三次,假定各次射击之间相互独立,且第一、二、三次射击的命中概率分别为 0.4,0.5,0.7,求下列事件的概率:

(1) 三次射击中恰有一次命中目标;

(2) 三次射击中至少有一次命中目标.

解 用 A_i 表示"第 i 次命中目标", $i=1,2,3$,则"三次射击中恰有一次命中目标"这一事件可表示为 $A_1\bar{A}_2\bar{A}_3 + \bar{A}_1 A_2\bar{A}_3 + \bar{A}_1\bar{A}_2 A_3$,"三次射击中至少有一次命中目标"这一事件可表示为 $A_1\cup A_2\cup A_3$.

(1) $P(A_1\bar{A}_2\bar{A}_3 + \bar{A}_1 A_2\bar{A}_3 + \bar{A}_1\bar{A}_2 A_3)$

$= P(A_1\bar{A}_2\bar{A}_3) + P(\bar{A}_1 A_2\bar{A}_3) + P(\bar{A}_1\bar{A}_2 A_3)$

$= P(A_1)P(\bar{A}_2)P(\bar{A}_3) + P(\bar{A}_1)P(A_2)P(\bar{A}_3) + P(\bar{A}_1)P(\bar{A}_2)P(A_3)$

$= 0.4\times 0.5\times 0.3 + 0.6\times 0.5\times 0.3 + 0.6\times 0.5\times 0.7 = 0.36.$

(2) $P(A_1\cup A_2\cup A_3)$

$= 1 - P(\bar{A}_1)P(\bar{A}_2)P(\bar{A}_3)$

$= 1 - 0.6\times 0.5\times 0.3 = 0.91.$

例 1.28 由 n 个人组成的小组,在同一时间分别独立地破译某一个密码,假定每个人能译出密码的概率均为 0.7,若要以 99.9% 的把握译出密码,问 n 至少为多少?

解 用 A_i 表示"第 i 人能译出密码",$i=1,2,\cdots,n$,B 表示"密码能被译出",则 $A_1,A_2,\cdots,A_n$ 相互独立,且 $B=\bigcup_{i=1}^{n}A_i$,依题意有

$$P(B)=P(\bigcup_{i=1}^{n}A_i)$$
$$=1-P(\bigcap_{i=1}^{n}\overline{A_i})=1-\prod_{i=1}^{n}P(\overline{A_i})$$
$$=1-0.3^n\geqslant 0.999.$$

所以
$$n\geqslant \frac{-3}{\lg 0.3}=5.73.$$

因此,n 至少为 6 人才能保证以 99.9% 的把握译出密码.

元件(系统)能够正常工作的概率 $p(0<p<1)$ 称为元件(系统)的可靠性(图 1.4 和图 1.5),系统可靠性问题研究成为一门新的科学——**可靠性理论**.

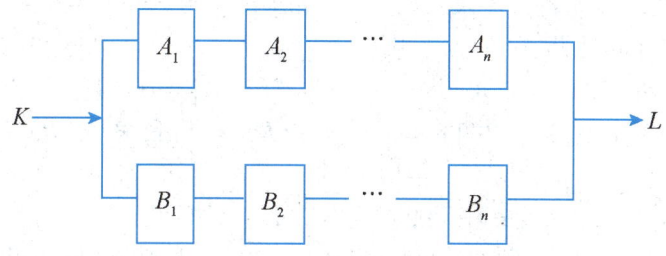

图 1.4 输入 K 到输出 L 的元件串并联系统 1

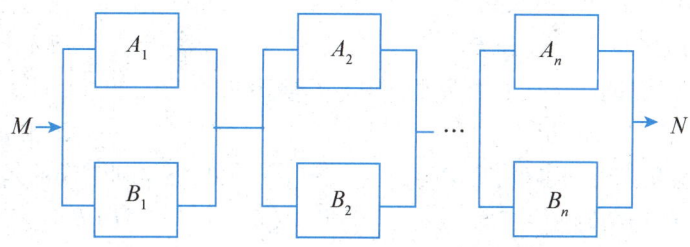

图 1.5 输入 M 到输出 N 的元件串并联系统 2

应用案例 7(可靠性问题) 设系统 KL 与 MN 如图 1.4 和图 1.5 所示,如果每个元件可靠性均为 $p(0<p<1)$,且每个系统中各个元件是否正常工作是相互独立的,问哪个系统的可靠性较大?

分析:(1) 当 n 个电子元件串联时,$P(A)=P(A_1A_2\cdots A_n)=P(A_1)\cdots P(A_n)=p^n\to 0$.

(2) 当 n 个电子元件并联时,$P(A)=P(A_1\cup A_2\cup\cdots\cup A_n)=1-P(\overline{A_1})\cdots P(\overline{A_n})=1-(1-p)^n\to 1$.

注释:简单并联系统并的元件越多,系统可靠性越稳定,串联系统则相反.

解 设 $A_i=$"第 i 个元件正常工作",$B_i=$"第 i 个元件正常工作",$i=1,2,\cdots,n$;$A=$"系统 KL 正常工作",$B=$"系统 MN 正常工作",则

$$P(A)=P(A_1A_2\cdots A_n\cup B_1B_2\cdots B_n)$$
$$=P(A_1A_2\cdots A_n)+P(B_1B_2\cdots B_n)-P(A_1A_2\cdots A_nB_1B_2\cdots B_n)$$
$$=2p^n-p^{2n}=p^n(2-p^n),$$

$$P(B) = P[(A_1 \cup B_1)\cdots(A_n \cup B_n)]$$
$$= P(A_1 \cup B_1)\cdots P(A_n \cup B_n) = (2p - p^2)^n = p^n(2-p)^n.$$

易知,当 $n \geq 2$ 时,$P(B) > P(A)$.

习 题

一、单项选择题

1. 甲、乙两人参加某数学课程考试,设事件 A,B 分别表示甲、乙两人通过该课程考试,则"两人至少有一人没通过该课程考试"的事件可以表示为( ).

A. $\bar{A} \cap \bar{B}$ B. $\bar{A}B \cup A\bar{B}$ C. $\overline{A \cup B}$ D. $\overline{A \cap B}$

2. 事件 $A \cup B$ 的意义是( ).

A. 事件 A 与事件 B 同时发生   B. 事件 A 发生,但事件 B 不发生

C. 事件 B 发生,但事件 A 不发生   D. 事件 A 与事件 B 至少有一个发生

3. 设事件 A,B 满足 $P(A|B) = 1$,则( ).

A. $A \supset B$ B. $B \supset A$ C. $P(B|\bar{A}) = 0$ D. $P(AB) = P(B)$

4. 设 A,B 为两事件,$0 < P(A) < 1, 0 < P(B) < 1$,且 $P(A|B) + P(\bar{A}|\bar{B}) = 1$,则( ).

A. A,B 互斥   B. A,B 相互独立   C. A,B 不相互独立   D. A,B 互逆

5. 设 A,B,C 是三个相互独立的事件,且 $0 < P(C) < 1$,则下列四对事件中,不相互独立的是( ).

A. $A - C$ 与 $\bar{C}$ B. AB 与 $\bar{C}$ C. $A - B$ 与 $\bar{C}$ D. $A \cup B$ 与 $\bar{C}$

6. 设 A,B 为随机事件,且 $B \supset A$,则 $\overline{A \cup B}$ 等于( ).

A. $\bar{A}$ B. $\bar{B}$ C. $\overline{AB}$ D. $\bar{A} + \bar{B}$

7. 设 A,B 为互为对立事件,且 $P(A) > 0, P(B) > 0$,则下列错误的是( ).

A. $P(A) = 1 - P(B)$ B. $P(AB) = P(A)P(B)$

C. $P(\overline{AB}) = 1$ D. $P(A \cup B) = 1$

8. 设 A,B 为两个随机事件,且 $P(A) > 0$,则 $P[(A \cup B)]|A = ($).

A. $P(AB)$ B. $P(A)$ C. $P(B)$ D. 1

9. 设 A,B 为两个事件,且 $B \supset A$,则下列式子正确的是( ).

A. $P(A) = P(A \cup B)$ B. $P(AB) = P(B)$

C. $P(B|A) = P(B)$ D. $P(B - A) = P(B) - P(A)$

10. 设事件 A,B 相互独立,且 $P(A) > 0, P(B) > 0$,则下列等式成立的是( ).

A. $P(A \cup B) = P(A) + P(B)$ B. $P(A \cup B) = 1 - P(\bar{A})P(\bar{B})$

C. $P(A \cup B) = P(A)P(B)$ D. $P(A \cup B) = 1$

二、填空题

1. 设 A,B 是两个互斥事件,已知 $P(A) = 0.3, P(A + B) = 0.7$,则 $P(B) = $ _____.

2. 一批产品中共有 a 件正品和 b 件次品,现从中随机抽取 n 件,则其中恰有 $k(k \leq b)$ 件次品的概率为 _____.

3. 设甲、乙、丙三人独立解决某问题,他们各自能解决的概率分别为 0.45, 0.55,

0.66,则此问题能够解决的概率是_____.

4. 设甲、乙、丙三人独立对目标进行射击,设 $P(A) = P(B) = P(C) = 1/2$,则 $P(\overline{ABC}) = $ _____.

5. 将红、黄、蓝 3 个球随机地放入 4 个盒子中,若每个盒子的容球数不限,则有 3 个盒子各放一个球的概率是_____.

6. 已知 A,B 是两个随机事件,$P(A) = \dfrac{1}{4}$,$P(B|A) = \dfrac{1}{3}$,$P(A|B) = \dfrac{1}{2}$,则 $P(A \cup B) = $ _____.

7. 设某个班级有 $2n$ 名男生及 $2n$ 名女生,将全班学生任意分成人数相等的两组,则每组中男、女生人数相等的概率为_____.

8. 设某个袋中装有 a 个白球和 b 个黑球,从中陆续取 3 个球(不放回),则 3 个球依次为黑球、白球、黑球的概率为_____.

9. 已知 $P(A) = 0.7$,$P(B) = 0.5$,$P(A-B) = 0.3$,则 $P(AB) = $ _____,$P(B-A) = $ _____.

10. 设 A,B,C 为三个随机事件,且 $P(A) = 0.9$,$A \supset B$,$A \supset C$,$P(\overline{B} \cup \overline{C}) = 0.8$,则 $P(A-BC) = $ _____.

11. 设 A,B,C 相互独立,且 $P(A) = P(B) = P(C) = 1/3$,则 $P(A \cup B \cup C) = $ _____.

12. 一袋中装有 5 只红球、3 只黑球,今从中任意取出 3 只球,则这 3 只球恰为两红一黑的概率是_____.

13. 已知 $P(A) = P(B) = P(C) = 0.5$,$P(AC) = P(BC) = 0.25$,$P(AB) = 0$,则 $P(\overline{ABC}) = $ _____.

14. 袋中有 50 个乒乓球,其中 10 个是黄球,40 个是白球. 今有两人依次随机地从袋中各取一球,取后不放回,则第二个人取到黄球的概率是_____.

15. 从 0,1,2,3,4 五个数字中任取三个数,则这三个数中不含 0 的概率为_____.

三、解答题

1. 写出下列随机试验的样本空间:
   (1) 抛掷一枚硬币三次,观察其正、反面;
   (2) 抛掷一枚硬币三次,观察其正面次数;
   (3) 一个人在一年中所接到的电话次数;
   (4) 一个灯泡的使用寿命.

2. 设 A,B,C 表示三个事件,用 A,B,C 的运算表示下列事件:
   (1) A,B,C 中恰好有一个发生;
   (2) A,B,C 中至少有两个发生;
   (3) A 发生,而 B,C 不发生;
   (4) A,B,C 中不多于两个发生;
   (5) A,B,C 中至少有两个不发生;
   (6) 三个事件都发生;
   (7) 三个事件不都发生;
   (8) 三个事件都不发生.

3. 若 A,B,C 是三个事件,满足等式 $A \cup C = B \cup C$,问 $A = B$ 是否成立?

4. 已知 $P(A) = 0.4$,$P(B) = 0.25$,$P(A-B) = 0.25$,求 $P(AB)$,$P(B-A)$,$P(\overline{A}\overline{B})$.

5. 已知 $P(A)=0.4$, $P(B\bar{A})=0.2$, $P(C\overline{AB})=0.1$, 求 $P(A\cup B\cup C)$.

6. 对于任意的随机事件 A,B,C, 证明: $P(AB)+P(AC)-P(BC)\leq P(A)$.

7. 袋中装有标着从 1 号到 10 号的 10 个球, 从中任取 3 个, 记录球的号码, 求:

(1) 最小号码为 5 的概率;

(2) 最大号码为 5 的概率;

(3) 最小号码小于 3 的概率.

8. 把 1,2,3,4,5,6 共 6 个数各写在一张纸片上, 从中任取 3 张纸片排成一个 3 位数. 试求:

(1) 所得 3 位数是偶数的概率是多少?

(2) 所得 3 位数不小于 200 的概率是多少?

9. 从 $0,1,2,\cdots,9$ 共 10 个数字中任意选出 4 个不同的数字, 求它们能组成一个 4 位偶数的概率.

10. 从 $0,1,2,\cdots,9$ 共 10 个数字中任取一个, 假定每个数字都以相同的概率被取到, 取后还原, 先后取 5 次, 求下列事件的概率:

(1) 5 个数字全不相同;

(2) 不含 0 和 9;

(3) 9 恰好出现 2 次.

11. 某城市共有 10 000 辆自行车, 其牌照编号从 00001 到 10000. 问事件"偶然遇到一辆自行车, 其牌照号码中有数字 8" 的概率为多大?

12. 从 1~1 000 的整数中随机地取出一个数, 求这个数能被 2 或 3 整除的概率.

13. 有 4 个球, 分别编有号码 1,2,3,4; 另有 4 个盒子, 也分别编有号码 1,2,3,4. 随机地把 4 个球放进 4 个盒子中, 每个盒子中只放一个球. 求至少有一个球恰好放进与其号码相同的盒子中的概率.

14. n 个朋友随机地围绕圆桌而坐, 求其中甲、乙两人坐在一起(座位相邻)的概率.

15. 从一副扑克牌(52 张)中任取 3 张(不重复), 计算取出的 3 张牌中至少有 2 张花色相同的概率.

16. 从 5 副不同的手套中任意地取 4 只, 求其中至少有两只手套配成一副的概率.

17. 甲、乙两人掷均匀的硬币, 其中甲掷 $n+1$ 次, 乙掷 n 次, 求"甲掷出正面的次数大于乙掷出正面的次数"这一事件的概率.

18. 利用概率模型证明下列恒等式:

(1) $C_n^r = C_{n-1}^r + C_{n-1}^{r-1}$;

(2) $C_n^r = \sum_{i=0}^{r} C_m^i C_{n-m}^{r-i}$ $(r\leq m)$.

19. 设 A,B,C 是随机事件, A,C 互不相容, $P(AB)=\dfrac{1}{2}$, $P(C)=\dfrac{1}{3}$, 求 $P(AB|\bar{C})$.

20. 某人打电话时忘记了电话号码的最后一位数字, 因而随意拨号, 问他拨号不超过 3 次就能接通电话的概率.

21. 袋中有一个红球和一个白球, 从中随机摸出一球, 若取出的是红球, 则把此红球放回袋中, 并加进一个红球, 然后从袋中再摸一个球, 若还是红球则仍把此红球放回袋中并加进一个红球, 如此反复进行, 直到摸出白球为止, 求第 n 次才摸出白球的概率.

22. 设 $0<P(B)<1$, 证明事件 A 与事件 B 独立的充要条件是 $P(A|B)=P(A|\bar{B})$.

23. 证明:若 $P(A)>0, P(B)>0$,则有

(1) 当 A 与 B 独立时,A 与 B 不是互斥的;

(2) 当 A 与 B 互斥时,A 与 B 不独立.

24. 从一副不含大小王的扑克牌中任取一张,记 $A=\{抽到K\}$,$B=\{抽到的牌是黑色的\}$,问事件 A,B 是否独立?

25. 设有两门高射炮,每一门击中目标的概率都是 0.6,(1) 求同时发射一发炮弹而击中飞机的概率是多少?(2) 又若有一架敌机入侵领空,欲以 99% 以上的概率击中它,问至少需要多少门高射炮?

26. 10 个乒乓球中有 7 个新球,第一次随机地取出 2 个,用完后放回去,第二次又随机地取出 2 个,求第二次取出的是 2 个新球的概率.

27. 某种产品的商标为"MAXAM",其中有两个字母已经脱落,有人捡起随意放回,求放回后仍为"MAXAM"的概率.

28. 有两箱同种类的零件,第一箱装 50 只,其中 10 只一等品;第二箱装 30 只,其中 18 只一等品,今从两箱中任挑出一箱,然后从该箱中取零件两次,每次任取一只,取后不放回. 试求:

(1) 第一次取到的零件是一等品的概率;

(2) 在第一次取到的零件是一等品的条件下,第二次取到的零件也是一等品的概率.

29. 有朋友自远方来,他坐火车、船、汽车、飞机来的概率分别为 0.3,0.2,0.1,0.4. 如果他坐火车来,迟到的概率为 0.25;坐船来,迟到的概率为 0.3;坐汽车来,迟到的概率为 0.1;坐飞机来,则不会迟到. 结果他迟到了,求他是坐火车来的概率.

第 2 章
随机变量及其分布

为了对随机现象做进一步探讨,充分运用数学工具来研究概率问题,我们需要引入随机变量的概念,它是概率论的基本重要概念之一,也是初学者比较难理解的一个基本概念.本章主要研究一维随机变量的分布函数、分布律、概率密度函数、常见的重要分布及随机变量函数的分布.

本章主要内容
  §2.1　随机变量的定义
  §2.2　离散型随机变量及其分布
  §2.3　随机变量的分布函数
  §2.4　连续型随机变量及其密度函数
  §2.5　随机变量函数的分布
  习　题

§2.1 随机变量的定义

本节内容概要

1. 随机变量的分类

按照随机变量取值情况分类：随机变量 $\begin{cases} 离散型 \\ 非离散型 \begin{cases} 连续型 \\ 其他 \end{cases} \end{cases}$

2. 随机变量的定义

设 S 是样本空间，对于任意的 $\omega \in S$，$X(\omega)$ 是一个实值的单值函数，则称 $X(\omega)$ 为随机变量.

引入随机变量的目的就是把随机试验的结果数量化. 第 1 章里我们看到，观察一个随机现象，出现的结果可以是数量性质的，也可以是非数量性质的，前者如电话总机在一定的时间内收到呼叫的次数是 0 次，1 次，……，后者如抛掷一枚硬币的"正面朝上"与"反面朝上"，人类的性别是"男"或者"女"，无论是数量性质还是非数量性质的每个结果我们都可以用一个数去表示. 也就是说，我们可以把试验结果所构成的样本空间映射到实数空间上，以便于利用数学工具深入地研究随机现象. 下面给出随机变量的定义.

定义 1 设 S 是样本空间，对于任意的 $\omega \in S$，$X(\omega)$ 是一个实值的单值函数，则称 $X(\omega)$ 为随机变量.

这样的变量 $X(\omega)$ 随着试验结果的不同而取不同的值，从而建立了样本空间中的元素（试验结果）与实数之间的对应关系，简单地说，就是把随机试验的结果数量化. 试验出现的结果是随机的，因而变量 $X(\omega)$ 的取值也是随机的. 一个试验对应一个随机变量，试验的每个结果对应着该变量的一个取值.

从定义 1 看到，随机变量 $X(\omega)$ 总是联系着一个样本空间 S. 为书写方便，不必每次都写出样本空间 S. 通常将随机变量 $X(\omega)$ 写为 X，省去 ω；而把 $\{\omega \mid X(\omega) \leq x\}$ 写为 $\{X \leq x\}$；等等. 另外，随机变量用大写字母 $X, Y, Z, \cdots$ 表示，它们的取值用英文小写字母 $x, y, z, \cdots$ 表示.

注 $\{\omega \mid X(\omega) = x\}$ 表示满足 $X(\omega) = x$ 的 ω 全体，$\{\omega \mid X(\omega) \leq x\}$ 表示满足 $X(\omega) \leq x$ 的 ω 全体.

(1) 电话总机时间 $(0, T)$ 内收到呼叫的次数是 0 次，1 次，……. 它的样本空间为 $S = \{0, 1, 2, \cdots\}$. 这样我们可引入变量 X 满足

$$X = X(k) = k, k = 0, 1, \cdots.$$

(2) 抛掷一枚硬币，观察正、反面出现的情况. 它的样本空间为 $S = \{\omega_1, \omega_2\}$，$\omega_1$ 与 ω_2 分别代表"正面朝上"和"反面朝上". 此例中的结果是非数量化的，但我们可以规定每个结果对应一个数，如"正面朝上"对应数"1"，"反面朝上"对应数"0"，那么试验的结果就可以认为是 $\{1, 0\}$. 这样我们可引入变量

$$X = X(\omega) = \begin{cases} 1, & \omega = \omega_1, \\ 0, & \omega = \omega_2. \end{cases}$$

(3) 考虑某厂生产的元器件的寿命 t,则对于每一个元器件的寿命,我们可引入变量 X 满足
$$X = t(t \in [0, +\infty)).$$
(4) 独立抛掷一枚硬币 n 次,观察正面向上的次数,这样我们可引入变量 X 满足
$$X = 0, 1, 2, \cdots, n.$$
对随机变量定义有以下几点说明:

(1) 随机变量 X 与普通的函数是有一定区别的. 首先,它是定义在抽象空间上的函数;其次,它的取值是随机的.

(2) 在同一概率空间上可以定义许多随机变量,只要它满足定义即可.

随机变量取值的情形是不同的,有的只取有限个数值(如 X 只取 0 与 1),或可列无穷多个(如 X 取 $0,1,2,3,\cdots$),这类随机变量称为离散型随机变量. 另一类随机变量则可以取值于某一区间中的任一数,这种随机变量称为非离散型的随机变量. 我们对常见的两种情形——离散型和连续型随机变量进行讨论.

§2.2 离散型随机变量及其分布

本节内容概要

1. 离散型随机变量的分布律

若离散型随机变量 X 的可能取值是 $x_1, x_2, \cdots, x_n, \cdots$,则称 $p_i = P\{X = x_i\}$ ($i = 1, 2, \cdots, n, \cdots$) 为 X 的概率分布律.

2. 分布律具有如下两条基本性质

(1) 非负性: $p(x_i) \geq 0$ ($i = 1, 2, \cdots, n, \cdots$);

(2) 规范性: $\sum_{i=1}^{+\infty} p(x_i) = 1$.

3. 常见的离散型随机变量的分布律

(1) 一点分布(退化分布)的分布律: $P\{X = c\} = 1$.

(2) 二点分布或称 0-1 分布的分布律:
$$P\{X = k\} = p^k (1-p)^{1-k} (k = 0, 1), 其中 0 < p < 1.$$

(3) 二项分布的分布律:
$$P\{X = k\} = C_n^k p^k (1-p)^{n-k} (k = 0, 1, 2, \cdots, n), 其中 0 < p < 1.$$
当 $n = 1$ 时,二项分布 $b(1, p)$ 为二点分布.

(4) 泊松分布的分布律:
$$p(k, \lambda) = P\{X = k\} = \frac{\lambda^k}{k!} e^{-\lambda} (\lambda > 0, k = 0, 1, \cdots).$$

(5) 超几何分布的分布律:
$$P\{X = m\} = \frac{C_M^m C_{N-M}^{n-m}}{C_N^n} (m = 0, 1, \cdots, l), 其中 l = \min\{M, n\}.$$

(6) 几何分布的分布律:
$$P\{X = k\} = (1-p)^{k-1} p (k = 1, 2, \cdots), 其中 0 < p < 1.$$

> **定义 2** 设 X 为随机变量,若它的取值是有限个或可列无穷多个,则称 X 为<u>离散型随机变量</u>.

容易知道,要掌握一个离散型随机变量 X 的统计规律,必须且只需知道 X 的所有可能取值以及取每一个可能值的概率.

设离散型随机变量 X 所有可能取值为 $x_k(k=1,2,\cdots)$,X 取各个可能值的概率,即事件 $\{X=x_k\}$ 的概率为

$$P\{X=x_k\}=p_k(k=1,2,\cdots). \tag{2.1}$$

由概率的定义,p_k 应满足如下两个条件:

(1) $p_k \geq 0(k=1,2,\cdots)$;

(2) $\sum_{k=1}^{\infty} p_k = 1.$ (2.2)

称式(2.1)为离散型随机变量 X 的<u>概率分布律</u>或<u>分布律</u>,X 的分布律见表 2.1.

表 2.1 X 的分布律

X	x_1	x_2	$\cdots$	x_k	$\cdots$
$P\{X=x_k\}$	p_1	p_2	$\cdots$	p_k	$\cdots$

下面举几个常见的离散型随机变量的例子.

单点分布(又叫退化分布)

单点分布的分布律见表 2.2.

表 2.2 单点分布的分布律

X	c
$P\{X=c\}$	1

显然随机变量 X 概率为 1 的取值为 c,故称为退化分布或单点分布.

两点分布(又叫 0-1 分布)

设随机变量 X 的分布律为

$$P\{X=k\}=p^k(1-p)^{1-k}, k=0,1(0<p<1),$$

则称 X 服从两点分布(0-1 分布).两点分布的分布律也可以表格形式给出(表 2.3).

表 2.3 两点分布的分布律

X	0	1
$P\{X=k\}$	$1-p$	p

对于一个随机试验,如果它的样本空间 S 只包含两个元素,即 $S=\{\omega_1,\omega_2\}$,我们总可以在 Ω 上定义一个服从两点分布的随机变量

$$X=X(\omega)=\begin{cases} 1, & \omega=\omega_1, \\ 0, & \omega=\omega_2, \end{cases}$$

来描述这个随机试验的结果.例如,对新生婴儿的性别登记、检查产品的质量是否合格及前面讲过的"抛掷一枚硬币"试验等都可以用两点分布的随机变量来描述.服从两点分布的随机变量是随处可见的,是经常遇到的一种分布.

例 2.1 一箱中装有 6 个产品,其中有 2 个是二等品,现从中随机地取出 3 个,试求取出的二等品个数 X 的概率分布.

解 随机变量 X 的可能取值是 0,1,2,在 6 个产品中任取 3 个,共 $C_6^3 = 20$ 种取法,故

$$P\{X=0\}=\frac{C_4^3}{C_6^3}=\frac{1}{5}, P\{X=1\}=\frac{C_4^2 C_2^1}{C_6^3}=\frac{3}{5}, P\{X=2\}=\frac{C_4^1 C_2^2}{C_6^3}=\frac{1}{5}.$$

所以，X 的概率分布为

X	0	1	2
p_i	$\frac{1}{5}$	$\frac{3}{5}$	$\frac{1}{5}$

例 2.2 设随机变量 X 的分布律为 $P\{X=n\} = c\left(\frac{1}{4}\right)^n (n=1,2,\cdots)$，试求常数 c.

解 由随机变量的性质，得 $1 = \sum_{n=1}^{\infty} P\{X=n\} = \sum_{n=1}^{\infty} c\left(\frac{1}{4}\right)^n$，该级数为等比级数，故有 $1 = \sum_{n=1}^{\infty} P\{X=n\} = \sum_{n=1}^{\infty} c\left(\frac{1}{4}\right)^n = c \cdot \dfrac{\frac{1}{4}}{1-\frac{1}{4}}$，所以 $c=3$.

二项分布

> **定义 3** 若随机变量 X 的分布律满足
> $$P\{X=k\} = C_n^k p^k (1-p)^{n-k} \quad (k=0,1,2,\cdots,n), \tag{2.3}$$
> 则称随机变量 X 服从参数为 n,p 的**二项分布**，记为 $X \sim b(n,p)$，其中 $0 < p < 1$，$q = 1-p$.
>
> 当 $n=1$ 时，二项分布 $b(1,p)$ 称为二点分布，或称 $0-1$ 分布.

事实上，$P\{X=k\} \geq 0$ 是显然的. 而由二项展开式知

$$\sum_{k=0}^{n} P\{X=k\} = \sum_{k=0}^{n} C_n^k p^k (1-p)^{n-k} = (p+q)^n = 1.$$

由此可见，随机变量 X 取值 k 的概率恰好是 $(p+q)^n$，是二项展开式的第 $k+1$ 项，这就是二项分布名称的由来.

例 2.3 某人进行射击，设每次射击的命中率为 0.01，独立射击 400 次，试求至少击中两次的概率.

解 将每次射击看成一次试验，设击中的次数为 X，则 X 服从二项分布，即 $X \sim b(400, 0.01)$，且 X 的分布律为

$$P\{X=k\} = C_{400}^k (0.01)^k (0.99)^{400-k} \quad (k=0,1,2,\cdots,400),$$

于是所求的概率为

$$P\{X \geq 2\} = 1 - P\{X=0\} - P\{X=1\}$$
$$= 1 - (0.99)^{400} - 400 \times (0.01) \times (0.99)^{399}.$$

直接计算上式是麻烦的，下面给出一个 n 很大，p 很小时的近似计算公式，这就是著名的二项分布的泊松逼近.

> **定理 1（泊松定理）** 若 $\lim\limits_{n \to \infty} np_n = \lambda \geq 0 \ (0 < p_n < 1)$，则
> $$\lim_{n \to \infty} b(k;n,p_n) = \lim_{n \to \infty} C_n^k p_n^k (1-p_n)^{n-k} = \frac{\lambda^k}{k!} e^{-\lambda} \quad (k=0,1,2,\cdots,n). \tag{2.4}$$

证明 当 $k \geq 1$ 时，则

$$b(k;n,p_n) = \frac{n(n-1)\cdots(n-k+1)}{k!} p_n^k (1-p_n)^{(n-k)}$$
$$= \frac{\lambda_n^k}{k!} \left(1-\frac{1}{n}\right)\left(1-\frac{2}{n}\right)\cdots\left(1-\frac{k-1}{n}\right)\left(1-\frac{\lambda_n}{n}\right)^{n \cdot \frac{n-k}{n}},$$

其中 $\lambda_n = np_n$. 那么对任意的 k 有
$$\lim_{n\to\infty}\lambda_n^k = \lambda^k,$$
$$\lim_{n\to\infty}\left(1 - \frac{\lambda_n}{n}\right)^n = e^{-\lambda},$$
$$\lim_{n\to\infty}\left(1 - \frac{1}{n}\right)\left(1 - \frac{2}{n}\right)\cdots\left(1 - \frac{k-1}{n}\right) = 1.$$

故
$$\lim_{n\to\infty} b(k;n,p_n) = \frac{\lambda^k}{k!}e^{-\lambda}.$$

定理 1 说明:若 np_n 恒等于常数 λ,或 p_n 足够小,n 足够大时,则
$$b(k;n,p_n) \approx e^{-\lambda_n}\frac{\lambda_n^k}{k!}, \tag{2.5}$$

其中 $\lambda_n = np_n(k = 0,1,2,\cdots,n)$.

泊松分布

> **定义 4** 若随机变量 X 的分布律满足
> $$P\{X = k\} = \frac{\lambda^k}{k!}e^{-\lambda}(\lambda > 0, k = 0,1,\cdots),$$
> 则称随机变量 X 服从参数为 λ 的**泊松分布**,记为 $X \sim P(\lambda)$.

二项分布的泊松近似,一般应用于试验次数 n 很大,而每次试验中事件出现的概率很小时的伯努利试验. 实践表明,在一般情况下,当 $n \geq 50$,$np < 5$ 时,这种近似是很好的.

例 2.4 (续例 2.3)现在利用近似式(2.5)来计算例 2.3 中的概率 $P\{X \geq 2\}$.

解 因为
$$P\{X = k\} = C_n^k p^k (1-p)^{n-k} \approx \frac{\lambda^k}{k!}e^{-\lambda}(\lambda = np = 4),$$
于是
$$P\{X = 0\} \approx e^{-4}, P\{X = 1\} \approx 4e^{-4},$$
因此
$$P\{X \geq 2\} \approx 1 - e^{-4} - 4e^{-4} \approx 0.91.$$

这说明虽然每次射击的命中率很小(0.01),但如果射击 400 次,那么击中目标至少 2 次的可能性是很大的,所以不能轻视小概率事件.

例 2.5 从一大批规格相同的产品中抽出 200 个产品,每个产品是次品的概率为 0.005. 求:

(1) 这 200 个产品中最可能的次品数及概率;

(2) 次品数小于 6 的概率.

解 (1)设 X 表示次品数,则 $X \sim b(200,0.005)$,故最可能的次品数为 $[(n+1)p] = 1$,其概率为
$$b(200,0.005) = C_{200}^1 0.005 \times 0.995^{199}$$
$$\approx e^{-1}.$$

(2) 次品数小于 6 的概率为
$$P\{X \leq 5\} = 1 - \sum_{k=6}^{200} b(k,200,0.005)$$
$$\approx 1 - \sum_{k=6}^{\infty} p(k,1)$$
$$= 1 - 0.000\,594$$
$$= 0.999\,406.$$

两点分布说的是在一次试验中事件 A 要么发生,要么不发生,把这样的试验独立地进行 n 次,考虑 A 发生的次数,这就是伯努利试验,即二项分布. 那么当试验的次数很大,而每次 A 发生的概率很小时,由泊松定理知道 A 发生的次数近似服从泊松分布,这也就给出了我们判断一个分布是否服从泊松分布的基本准则. 例如,在一个时间间隔内某电话交换台收到的电话的呼唤次数;一本书一页中的印刷错误数;某地区一天内邮递遗失的信件数;某医院在一天内的急诊患者数;某地区一个时间间隔内发生交通事故的次数;在一个时间间隔内某种放射性物质发出的经过计数器的 α 粒子数,它们都满足"试验的次数很大,试验相互独立,且每次 A 发生的概率很小"这一条件,所以我们认为它们都是近似服从泊松分布的. 由以上的说明可知,在实际当中服从泊松分布的随机变量是很多的,这体现出泊松分布是一种重要分布.

超几何分布

设一堆同类产品共有 N 个,其中 M 个为次品,现从中任取 n 个,则这 n 个中所含的次品数 X 是一个离散型随机变量. 我们知道,X 的概率分布如下:

> **定义 5** 若随机变量 X 的分布律满足
> $$P\{X = m\} = \frac{C_M^m C_{N-M}^{n-m}}{C_N^n} (m = 0, 1, \cdots, l),$$
> 其中 $l = \min\{M, n\}$,我们称这个概率分布为**超几何分布**.

下面我们讨论超几何分布与二项分布的关系. 容易证明:对于任意给定的 $n, m (0 \leq m \leq n)$,若当 $N \to \infty$ 时, $\frac{M}{N} \to p (p > 0)$,则

$$\frac{C_M^m C_{N-M}^{n-m}}{C_N^n} \to C_n^m p^m (1-p)^{n-m} (N \to \infty). \tag{2.6}$$

我们可以利用上面的产品模型来理解式(2.6),即在废品率为确定数 p 的足够多产品中,任意抽取 n 个,其中恰有 m 个废品的情形. 由于产品数足够多,不放回与放回无大的区别(废品率可看作不变). 在这种情形下,正是典型的伯努利试验概型,故可用二项分布去刻画其概率分布律. 也就是说超几何分布的极限是二项分布.

§2.3 随机变量的分布函数

> **本节内容概要**
>
> **1. 分布函数的定义**
>
> 设 X 是一个随机变量,x 是任意实数,函数 $F(x) = P\{X \leq x\}$ 称为 X 的分布函数.
>
> **2. 分布函数的基本性质**
>
> (1) **单调性**:$F(x)$ 是单调非减函数,即对任意实数 $x_1 < x_2$,有 $F(x_1) \leq F(x_2)$.
>
> (2) **有界性**:对任意的 x,有 $0 \leq F(x) \leq 1$,且
> $$F(-\infty) = \lim_{x \to -\infty} F(x) = 0, F(+\infty) = \lim_{x \to +\infty} F(x) = 1.$$
>
> (3) **右连续性**:$F(x)$ 是 x 的右连续函数,即对任意的 x_0,有
> $$\lim_{x \to x_0^+} F(x) = F(x_0), \text{即 } F(x_0 + 0) = F(x_0).$$

对于非离散型随机变量,由于其可能取的值不能一一列举出来,因而不能用离散型的随机变量的分布律去描述. 例如某产品的寿命,它的取值不是有限的,也不是可列的,因而不能用离散型的随机变量去描述. 往往我们要求的是寿命落在某一区间的概率,即对于实数 $x_1 < x_2$,欲求 $P\{x_1 < X \leq x_2\}$,而

$$P\{x_1 < X \leq x_2\} = P\{X \leq x_2\} - P\{X \leq x_1\},$$

故研究 X 落在一个区间上的概率问题,转化为研究对任意实数 x,求概率 $P\{X \leq x\}$ 的问题. 下面引入随机变量分布函数的概念.

注 虽然对于离散型随机变量,可以用分布律全面描述它,但为了从数学上统一地对随机变量进行研究,这里,我们对离散型和非离散型随机变量统一地定义了分布函数.

定义 6 设 X 是一个随机变量,x 是任意实数,函数 $F(x) = P\{X \leq x\}$ 称为随机变量 X 的**分布函数**. 有时为了强调是 X 所对应的 $F(x)$,也记作 $F_X(x)$.

显然对于任意实数 $x_1 < x_2$,有

$$\begin{aligned}P\{x_1 < X \leq x_2\} &= P\{X \leq x_2\} - P\{X \leq x_1\} \\ &= F(x_2) - F(x_1).\end{aligned}$$

因此,由 X 的分布函数就求得 X 落在任一区间 $(x_1, x_2]$ 上的概率. 分布函数完整地描述了随机变量的分布规律. 分布函数是一个普通函数,正是由于这个缘故,我们可充分利用数学工具来研究随机变量. 分布函数 $F(x)$ 具有以下的基本性质.

性质 1 (1) $F(x)$ 是单调不减函数;
(2) $0 \leq F(x) \leq 1$,且 $F(-\infty) = \lim\limits_{x \to -\infty} F(x) = 0$, $F(+\infty) = \lim\limits_{x \to +\infty} F(x) = 1$;
(3) $F(x+0) = F(x)$,即 $F(x)$ 是右连续的.

证明 (1) 设 $x_1 < x_2$,则 $F(x_2) - F(x_1) = P\{x_1 < X \leq x_2\} \geq 0$,所以 $F(x)$ 单调不减.

(2) 由于 $F(x) = P\{-\infty < X \leq x\}$,故 $0 \leq F(x) \leq 1$. 又 $\bigcap\limits_{n=1}^{\infty}(X \leq -n) = \varnothing$,且

$$(X \leq -n) \supset (X \leq -(n+1)),$$

所以

$$\lim_{n \to \infty} F(-n) = \lim_{n \to \infty} P\{X \leq -n\} = P(\varnothing) = 0.$$

又 $\bigcup\limits_{n=1}^{\infty}(X \leq n) = S$,且 $(X \leq n) \subset (X \leq n+1)$,故

$$\lim_{n \to \infty} F(n) = \lim_{n \to \infty} P\{X \leq n\} = P(S) = 1.$$

(3) 对任意的 $x \in \mathbf{R}$,由于 $F(x)$ 单调不减,要证明 $F(x)$ 右连续,只需证明:

$$\lim_{n \to \infty} F\left(x + \frac{1}{n}\right) = F(x).$$

事实上

$$F\left(x + \frac{1}{n}\right) = P\left\{X \leq x + \frac{1}{n}\right\},$$

而 $\bigcap\limits_{n=1}^{\infty}\left(X \leq x + \frac{1}{n}\right) = (X \leq x)$,且 $\left(X \leq x + \frac{1}{n}\right) \supset \left(X \leq x + \frac{1}{n+1}\right)$,所以由概率的连续性可得

$$\lim_{n \to \infty} F\left(x + \frac{1}{n}\right) = \lim_{n \to \infty} P\left\{X \leq x + \frac{1}{n}\right\} = P\{X \leq x\} = F(x),$$

所以 $F(x)$ 是右连续的.

反之,若实值函数 $F(x), x \in \mathbf{R}$,满足性质 1 的(1)(2)(3),则必存在一个概率空间上的随机变量 X,以 $F(x)$ 为其分布函数,此证明过程略. 因此(1)(2)(3)完全刻画了一个随机变量的分布函数.

例 2.6 设随机变量 X 的分布律为

X	-1	0	1
p_k	$\dfrac{1}{4}$	$\dfrac{1}{2}$	$\dfrac{1}{4}$

求 X 的分布函数,并求 $P\left\{X \leqslant -\dfrac{1}{2}\right\}; P\left\{-\dfrac{1}{2} < X \leqslant \dfrac{1}{2}\right\}; P\{0 \leqslant X \leqslant 1\}$.

解 由概率的有限可加性,可得

$$F(x) = \begin{cases} 0, & x < -1, \\ \dfrac{1}{4}, & -1 \leqslant x < 0, \\ \dfrac{1}{2} + \dfrac{1}{4} = \dfrac{3}{4}, & 0 \leqslant x < 1, \\ \dfrac{1}{4} + \dfrac{1}{2} + \dfrac{1}{4} = 1, & x \geqslant 1. \end{cases}$$

$F(x)$ 的图形是一条阶梯形曲线,如图 2.1 所示,它在 $x = -1, 0, 1$ 处有跳跃点,跳跃值分别是 $1/4, 1/2, 1/4$.

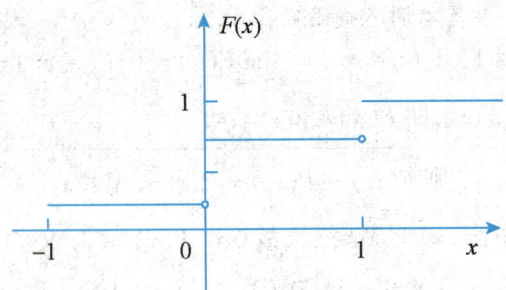

图 2.1 X 的分布函数图像

则

$$P\left\{X \leqslant -\dfrac{1}{2}\right\} = F\left(-\dfrac{1}{2}\right) = \dfrac{1}{4},$$

$$P\left\{-\dfrac{1}{2} < X \leqslant \dfrac{1}{2}\right\} = F\left(\dfrac{1}{2}\right) - F\left(-\dfrac{1}{2}\right) = \dfrac{3}{4} - \dfrac{1}{4} = \dfrac{1}{2},$$

$$P\{0 \leqslant X \leqslant 1\} = F(1) - F(0) + P\{X = 0\} = 1 - \dfrac{3}{4} + \dfrac{1}{2} = \dfrac{3}{4}.$$

一般,若离散型随机变量 X 的分布律为

$$P\{X = x_k\} = p_k (k = 1, 2, \cdots),$$

则 X 的分布函数为

$$F(x) = P\{X \leqslant x\} = \sum_{x_k \leqslant x} P\{X = x_k\},$$

即

$$F(x) = \sum_{x_k \leqslant x} p_k.$$

这里的和式是指所有满足 $x_k \leqslant x$ 的 k 对应的所有 p_k 求和. 分布函数 $F(x)$ 在 $x = x_k$ 处有跳跃,其跳跃值为 $p_k = P\{X = x_k\}$.

§2.4 连续型随机变量及其密度函数

本节内容概要

1. 连续型随机变量的概率密度

若存在一个非负可积函数 $f(x)$,使得对任意实数 x,有 $F(x)=\int_{-\infty}^{x}f(t)\mathrm{d}t$,则称 $f(x)$ 为 X 的概率密度函数,简称为**密度函数**.

密度函数 $f(x)$ 具有如下**两条基本性质**.

(1) 非负性:$f(x)\geq 0$;　　(2) 规范性:$\int_{-\infty}^{+\infty}f(x)\mathrm{d}x=1$.

2. 常见连续型随机变量的分布

(1) 均匀分布.

若 X 的密度函数和分布函数分别为

$$f(x)=\begin{cases}\dfrac{1}{b-a},&a<x<b,\\0,&\text{其他},\end{cases} F(x)=\begin{cases}0,&x<a,\\\dfrac{x-a}{b-a},&a\leq x<b,\\1,&x\geq b,\end{cases}$$

则称 X 服从区间 (a,b) 上的均匀分布,记作 $X\sim U(a,b)$.

(2) 指数分布.

若 X 的密度函数和分布函数分别为

$$f(x)=\begin{cases}\lambda\mathrm{e}^{-\lambda x},&x\geq 0,\\0,&x<0,\end{cases}$$

则称 X 服从指数分布,记作 $X\sim E(\lambda)$,其中参数 $\lambda>0$.

(3) 正态分布.

① 若连续型随机变量 X 的概率密度为

$$f(x)=\dfrac{1}{\sqrt{2\pi}\sigma}\mathrm{e}^{-\frac{(x-\mu)^2}{2\sigma^2}}\ (-\infty<x<\infty),$$

则称 X 服从正态分布,记作 $X\sim N(\mu,\sigma^2)$,其中参数 $-\infty<\mu<+\infty,\sigma>0$.

② 称 $\mu=0,\sigma=1$ 时的正态分布 $N(0,1)$ 为标准正态分布,记 U 为标准正态变量.

③ $\Phi(x)$ 满足:$\Phi(-x)+\Phi(x)=1$.

对于非离散型的随机变量,其中有一类很重要的且常见的类型,就是所谓的连续型随机变量.

定义 7　设随机变量 X 的分布数为 $F(x)$,若存在非负可积函数 $f(x)$,使得对任意实数 x 有

$$F(x)=\int_{-\infty}^{x}f(t)\mathrm{d}t, \tag{2.7}$$

则称 X 为**连续型随机变量**.其中 $f(x)$ 称为 X 的**概率密度函数**,有时也称为概率密度、分布密度或密度函数,有时也记作 $f_X(x)$.

由式(2.7)知连续型随机变量的分布函数是连续函数.

由定义知道,密度函数 $f(x)$ 具有以下**性质**:

> **性质 2** (1) $f(x) \geq 0$;
>
> (2) $\int_{-\infty}^{\infty} f(x) \mathrm{d}x = 1$;
>
> (3) $P\{x_1 < X \leq x_2\} = F(x_2) - F(x_1) = \int_{x_1}^{x_2} f(x) \mathrm{d}x$;
>
> (4) 若 $f(x)$ 在点 x 处连续,则有 $F'(x) = f(x)$.

由性质2的(2)可知,介于曲线 $y = f(x)$ 与 Ox 轴之间的面积等于1. 由性质2的(3)知, X 落在区间 $[x_1, x_2]$ 的概率 $P\{x_1 < X \leq x_2\}$ 等于 (x_1, x_2) 上曲线 $y = f(x)$ 之下曲边梯形的面积,如图2.2所示.

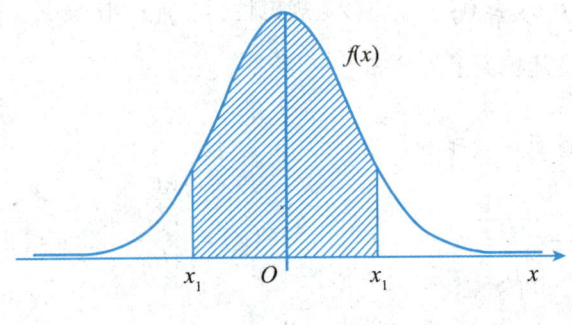

图 2.2 $P\{x_1 < X \leq x_2\}$

需要指出的是,对于连续型随机变量 X 来说,它取任一给定值 x_0 的概率为 0,即 $P\{X = x_0\} = 0$. 这是因为,设 X 的分布函数为 $F(x)$,令 $\Delta x > 0$,则由 $(X = x_0) \subset (x_0 - \Delta x < X \leq x_0)$ 得

$$0 \leq P\{X = x_0\} \leq P\{x_0 - \Delta x < X \leq x_0\} = F(x_0) - F(x_0 - \Delta x).$$

令 $\Delta x \to 0$,并注意到 X 为连续型随机变量,其分布函数 $F(x)$ 是连续的,得

$$P\{X = x_0\} = 0.$$

由此可知,对连续型随机变量 X,有

(1) $P\{x_1 < X \leq x_2\} = P\{x_1 \leq X \leq x_2\} = P\{x_1 \leq X < x_2\}$;

(2) 概率为 0 的事件不一定是不可能事件.同样,概率为 1 的事件不一定是必然事件.

常见的连续型随机变量的分布分为均匀分布、指数分布和正态分布.

均匀分布

> **定义 8** 若连续型随机变量的密度函数为
>
> $$f(x) = \begin{cases} \dfrac{1}{b-a}, & a \leq x \leq b, \\ 0, & \text{其他}, \end{cases}$$
>
> 则称 X 在区间 $[a, b]$ 上服从**均匀分布**,记作 $X \sim U[a, b]$.

可证, $f(x)$ 满足性质2 在区间 $[a, b]$ 上服从均匀分布的随机变量 X,具有下述意义的等可能性,即 X 落在 $[a, b]$ 的子区间内的概率只依赖于子区间的长度而与子区间的位置无关. $f(x)$ 的图形如图 2.3 所示.

事实上,对于任一长度为 l 的子区间 $[c, c+l]$ $(a \leq c < c+l \leq b)$,有

$$P\{c < X \leq c + l\} = \int_c^{c+l} f(x)\mathrm{d}x = \int_c^{c+l} \frac{1}{b-a}\mathrm{d}x = \frac{l}{b-a},$$

因此,服从均匀分布的随机变量 X 落在某区间的概率只与区间长度有关,而与位置无关.

易知,区间 $[a,b]$ 上服从均匀分布的随机变量 X 的分布函数为

$$F(x) = \begin{cases} 0, & x < a, \\ \dfrac{x-a}{b-a}, & a \leq x < b, \\ 1, & x \geq b. \end{cases}$$

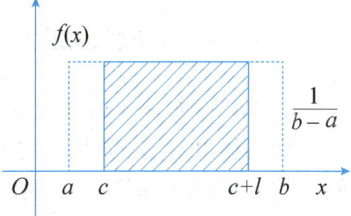

图 2.3 $P\{c < X \leq c + l\}$

在 $[a,b]$ 中随机掷质点,用 X 表示此质点的坐标,则一般地,可把 X 视为一个在 $[a,b]$ 上服从均匀分布的随机变量. 我们知道 $P\{X = c\} = 0 (a < c < b)$ 而 $(X = c)$ 是可能发生的,即概率为 0 的事件不一定是不可能事件.

指数分布

定义 9　若连续型随机变量 X 的概率密度函数为

$$f(x) = \begin{cases} \lambda\mathrm{e}^{-\lambda x}, & x \geq 0, \\ 0, & x < 0, \end{cases} \tag{2.8}$$

则称 X 服从参数 λ 的指数分布,记作 $X \sim E(\lambda)$,其中参数 $\lambda > 0$.

若令 $\lambda = \dfrac{1}{\theta}$,则连续型随机变量 X 的概率密度函数还可以写为

$$f(x) = \begin{cases} \dfrac{1}{\theta}\mathrm{e}^{-\frac{x}{\theta}}, & x \geq 0, \\ 0, & x < 0, \end{cases} \tag{2.9}$$

则称 X 服从参数 θ 的指数分布,记作 $X \sim E(\theta)$,其中 $\theta > 0$.

显然,指数分布的 $f(x)$ 也具有以下的基本性质:

(1) $f(x) \geq 0$;

(2) $\int_{-\infty}^{+\infty} f(x)\mathrm{d}x = \int_0^{+\infty} \lambda\mathrm{e}^{-\lambda x}\mathrm{d}x = -\int_0^{+\infty} \mathrm{e}^{-\lambda x}\mathrm{d}(-\lambda x) = 1.$

由指数分布的概率密度函数 (2.8) 很容易由分布函数的定义算得 X 的分布函数为

$$F(x) = \begin{cases} 1 - \mathrm{e}^{-\lambda x}, & x \geq 0, \\ 0, & x < 0. \end{cases}$$

在实践中,到某个特定事件发生所需的等待时间往往服从指数分布. 例如,某种电子元件直到损坏所需的时间(它的寿命)以及电话通话时间、随机服务系统中的服务时间等,在实践中通常均服从指数分布.

指数分布的随机变量在描述某种事物的寿命时,应具有"无记忆性",也就是要求这种事物无论何时应具有不衰老的特性,即要求已知事物在使用了时间 t 后,继续再使用一段时间 Δt 的概率仅仅与 Δt 有关,而与 t 无关.

正态分布

定义 10　若连续型随机变量 X 的概率密度为

$$f(x) = \frac{1}{\sqrt{2\pi}\sigma}\mathrm{e}^{-\frac{(x-\mu)^2}{2\sigma^2}} \quad (-\infty < x < \infty), \tag{2.10}$$

其中 μ,σ 为常数 $(\sigma > 0)$,则称 X 服从参数为 μ,σ 的 正态分布 或 高斯分布,记为 $X \sim N(\mu,\sigma^2)$.

$f(x)$ 的图形如图 2.4 所示,它具有以下的性质:

(1) 曲线关于 $x = \mu$ 对称,这表明 $\forall h > 0$,有
$P\{\mu - h < X \leq \mu\} = P\{\mu < X \leq \mu + h\}$;

(2) 当 $x = \mu$ 时取到最大值 $f(\mu) = \dfrac{1}{\sqrt{2\pi}\sigma}$.

x 离 μ 越远,$f(x)$ 的值越小,这表明对于同样长度的区间,当区间离 μ 越远,X 落在这个区间上的概率越小.μ 称为位置参数.

如果固定 μ,改变 σ,由于最大值 $f(\mu) = \dfrac{1}{\sqrt{2\pi}\sigma}$,可知当 σ 越小时图形变得越尖(图 2.5),因而 X 落在 μ 附近的概率越大.

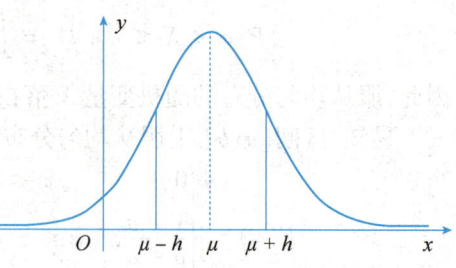

图 2.4　正态密度函数

随机变量 X 的分布函数为
$$F(x) = \frac{1}{\sqrt{2\pi}\sigma}\int_{-\infty}^{x} e^{-\frac{(t-\mu)^2}{2\sigma^2}} dt.$$

特别地,当 $\mu = 0, \sigma = 1$ 时称 X 服从**标准正态分布**,记为 $X \sim N(0,1)$(图 2.6).

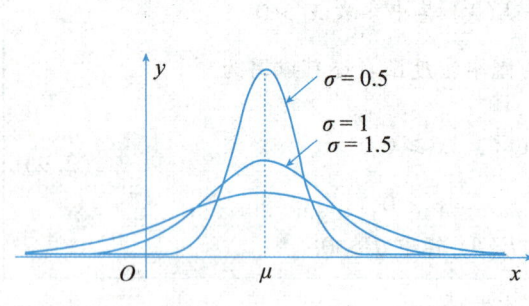

图 2.5　相同的 μ,不同 σ 的正态密度函数

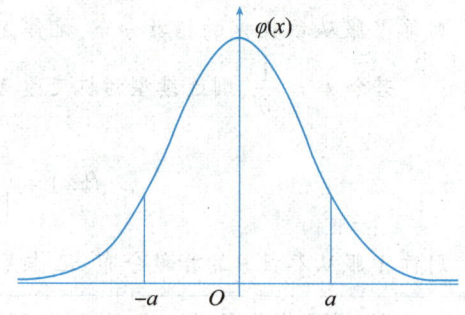

图 2.6　标准正态分布密度函数

用 $\varphi(x)$ 表示概率密度,即 $\varphi(x) = \dfrac{1}{\sqrt{2\pi}}e^{-\frac{x^2}{2}}$.用 $\Phi(x)$ 表示分布函数,即 $\Phi(x) = \dfrac{1}{\sqrt{2\pi}}\int_{-\infty}^{x} e^{-\frac{1}{2}t^2} dt$.易知 $\Phi(-a) = 1 - \Phi(a)$.

一般地,若 $X \sim N(\mu, \sigma^2)$,我们只要通过一个线性变换就可将它化成标准正态分布(书后附有标准正态分布表),这一结果在 2.5 节给出.

服从正态分布的随机变量在实践中有着广泛的应用.例如,理论与实践都证明测量误差 X 服从正态分布 $N(0, \sigma^2)$,σ 的小或大反映了密度函数的峰两旁的陡或平坦,亦即反映了测量的精度是高还是低.根据后面第 5 章讲到的中心极限定理,便可知具有这种特点的随机变量,一般都可以认为近似地服从正态分布,这正是正态分布在理论与实践上都极其重要的原因.

正态分布的名称为"正态"(normal,意为通常的、普通的,也可以理解为"正态",就是"正常状态",因为正态分布是自然界中出现得最经常、最普遍的一种分布),正态分布也称为"高斯分布",正态分布的密度曲线称为"钟形曲线",正态分布起源于误差分析,早期的天文学家通过长期对一些天体的观测收集了大量数据,并利用这些数据建立天体运动的物理模型,其中第谷与开普勒在建模中提出了一条原则"模型选择的最终标准是其与观测数据的符合程度",这个"符合程度"实质上蕴含了误差概率理论的问题.

一般来说,一个随机变量如果受到许多随机因素的影响,而其中每一个因素都不起主导作用(作用微小),则它服从正态分布.这是正态分布在实践中得以广泛应用的原因.例如,产品的质量指标,元件的尺寸,某地区成年男子的身高、体重,测量误差,射击目标的水平或垂直偏差,信号噪声,农作物的产量,等等,都服从或近似服从正态分布.

定理2 设 $X \sim N(\mu,\sigma^2)$,则 $Y = \dfrac{X-\mu}{\sigma} \sim N(0,1)$.

证明 $F(y) = P\{Y \leqslant y\} = P\left\{\dfrac{X-\mu}{\sigma} \leqslant y\right\} = P\{X \leqslant \mu + \sigma y\} = \dfrac{1}{\sqrt{2\pi}\sigma}\int_{-\infty}^{\mu+\sigma y} e^{-\frac{(t-\mu)^2}{2\sigma^2}}dt.$ 做变换 $u = \dfrac{t-\mu}{\sigma}$,则 $du = \dfrac{dt}{\sigma}$,代入上式,得 $F(y) = \dfrac{1}{\sqrt{2\pi}}\int_{-\infty}^{y} e^{-\frac{u^2}{2}}du = \Phi(y)$,从而 $Y = \dfrac{X-\mu}{\sigma} \sim N(0,1)$.

定理3 如果 $X \sim N(\mu,\sigma^2)$,分布函数 $F(x) = \Phi\left(\dfrac{x-\mu}{\sigma}\right)$ 对任意区间 $[a,b]$ 有

$$P\{a \leqslant X \leqslant b\} = \Phi\left(\dfrac{b-\mu}{\sigma}\right) - \Phi\left(\dfrac{a-\mu}{\sigma}\right).$$

标准正态分布表的使用见附录一附表2:

(1) 表中给出了 $x > 0$ 时 $\Phi(x)$ 的数值,当 $x < 0$ 时,利用正态分布的对称性,有 $\Phi(-x) = 1 - \Phi(x)$;

(2) 若 $X \sim N(0,1)$,则 $P\{a < X \leqslant b\} = \Phi(b) - \Phi(a)$;

(3) 若 $X \sim N(\mu,\sigma^2)$,则 $Y = \dfrac{X-\mu}{\sigma} \sim N(0,1)$.

故 X 的分布函数

$$F(x) = P\{X \leqslant x\} = P\left\{\dfrac{X-\mu}{\sigma} \leqslant \dfrac{x-\mu}{\sigma}\right\} = \Phi\left(\dfrac{x-\mu}{\sigma}\right);$$

$$P\{a < X \leqslant b\} = P\left\{\dfrac{a-\mu}{\sigma} < Y \leqslant \dfrac{b-\mu}{\sigma}\right\} = \Phi\left(\dfrac{b-\mu}{\sigma}\right) - \Phi\left(\dfrac{a-\mu}{\sigma}\right).$$

例2.7 设 $X \sim N(1,4)$,求 (1) $P\{0 \leqslant X < 1.6\}$;(2) $P\{|X-1| \leqslant 2\}$;(3) $P\{X \geqslant 2.3\}$.

解 因为 $\mu = 1, \sigma = 2$,故

$$P\{0 \leqslant X < 1.6\} = \Phi\left(\dfrac{1.6-1}{2}\right) - \Phi\left(\dfrac{0-1}{2}\right) = \Phi(0.3) - \Phi(-0.5)$$
$$= 0.6179 - [1 - \Phi(0.5)] = 0.6179 - (1 - 0.6915) = 0.3094;$$

$$P\{|X-1| \leqslant 2\} = P\{-1 \leqslant X \leqslant 3\} = P\left\{-1 \leqslant \dfrac{X-1}{2} \leqslant 1\right\}$$
$$= \Phi(1) - \Phi(-1) = 2\Phi(1) - 1 = 2 \times 0.8413 - 1 = 0.6826;$$

$$P\{X \geqslant 2.3\} = 1 - P\{X < 2.3\} = 1 - \Phi\left(\dfrac{2.3-1}{2}\right) = 1 - \Phi(0.65) = 1 - 0.7422$$
$$= 0.2587.$$

例2.8 设 $X \sim N(\mu,\sigma^2)$,求 $P\{\mu - k\sigma < X < \mu + k\sigma\}$ $(k = 1,2,3)$.

解 $P\{\mu - k\sigma < X < \mu + k\sigma\} = P\left\{-k < \dfrac{X-\mu}{\sigma} < k\right\} = \Phi(k) - \Phi(-k) = 2\Phi(k) - 1$,

$P\{|X-\mu| < \sigma\} = 2\Phi(1) - 1 = 0.6826$,

$$P\{|X-\mu|<2\sigma\} = 2\Phi(2) - 1 = 0.9544,$$
$$P\{|X-\mu|<3\sigma\} = 2\Phi(3) - 1 = 0.9974,$$
则有
$$P\{|X-\mu|\geq 3\sigma\} = 1 - P\{|X-\mu|<3\sigma\}$$
$$= 0.0026 < 0.003.$$

X 落在 $(\mu-3\sigma,\mu+3\sigma)$ 以外的概率小于 0.003，在实际问题中常认为它不会发生. 即 X 的取值几乎都落入以 μ 为中心，以 3σ 为半径的区间内，统计学中经常称为 3σ 准则(图 2.7).

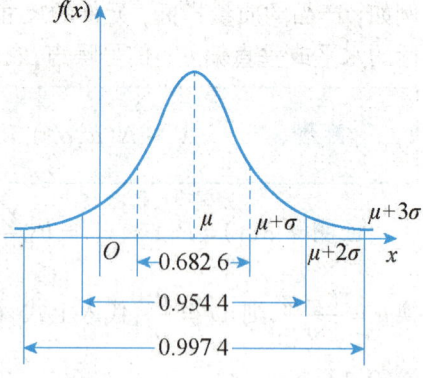

图 2.7　正态分布的 3σ 法则

例 2.9　公共汽车车门的高度是按男子与车门顶碰头的机会在 0.01 以下设计的，设男子身高 X(单位:cm)服从正态分布 $N(170,6^2)$，问车门高度为多少？

解　设公共汽车车门的高度为 h cm，由题设要求 $P\{X>h\}<0.01$. 而
$$P\{X>h\} = 1 - P\{X\leq h\} = 1 - \Phi\left(\frac{h-170}{6}\right),$$
即 $\Phi\left(\dfrac{h-170}{6}\right) > 0.99$.

查附表得 $\Phi(2.33) = 0.9902 > 0.99$. 故 $\dfrac{h-170}{6} > 2.33$，则 $h > 183.98$.

故车门的高度超过 183.98 cm 时，男子与车门碰头的机会小于 0.01.

§2.5　随机变量函数的分布

> **本节内容概要**
>
> **1.** 设连续随机变量 X 的密度函数为 $f_X(x)$，$Y = g(X)$
>
> 若 $y = g(x)$ 严格单调，其反函数 $h(y)$ 有连续导函数，则 $Y = g(X)$ 的密度函数为
> $$f_Y(y) = \begin{cases} f_X[h(y)]|h'(y)|, & a<y<b, \\ 0, & \text{其他}, \end{cases}$$
> 其中 $a = \min\{g(-\infty),g(+\infty)\}$，$b = \max\{g(-\infty),g(+\infty)\}$.
>
> **2. 正态变量的线性变换仍为正态变量**
>
> 若 X 服从正态分布 $N(\mu,\sigma^2)$，则当 $a\neq 0$ 时，有 $Y = aX + b \sim N(a\mu+b,a^2\sigma^2)$.

在许多问题中我们往往要考虑随机变量函数的分布问题. 令 $y = g(x)$ 是定义在实数域上的函数，X 是一随机变量，则 $Y = g(X)$ 也是一个随机变量. 本节讨论怎样由已知的随机变量 X 的分布求它的函数 $g(X)$ 的分布问题. 例如，假设空气分子的运动速度 V 是一个随机变量，已知它的分布，而我们要求它的动能的分布情况，即求随机变量 V 的函数 $\dfrac{1}{2}mV^2$ 的分布.

2.5.1 离散型随机变量函数的分布

离散型随机变量函数的分布比较容易求得. 设 X 是离散型随机变量,其分布律为

X	x_1	x_2	$\cdots$	x_k	$\cdots$
p_k	p_1	p_2	$\cdots$	p_k	$\cdots$

则 $Y = g(X)$ 也是一个离散型随机变量,此时 Y 的分布律可简单地表示为

Y	$g(x_1)$	$g(x_2)$	$\cdots$	$g(x_k)$	$\cdots$
p_k	p_1	p_2	$\cdots$	p_k	$\cdots$

当 $g(x_1), g(x_2), \cdots, g(x_k), \cdots$ 中有某些值相等时,则把那些相等的值分别合并,并把它们对应的概率相加即可.

例 2.10 设随机变量 X 的分布律为

X	-1	0	1
p_k	1/4	1/2	1/4

求 $Y = X^2$ 的分布律.

解 Y 的所有可能取值为 $0, 1$.
$$P\{Y = 0\} = P\{X^2 = 0\} = P\{X = 0\} = \frac{1}{2},$$
$$P\{Y = 1\} = P\{X^2 = 1\} = P\{X = 1\} + P\{X = -1\} = \frac{1}{4} + \frac{1}{4} = \frac{1}{2},$$

即 Y 为 $p = \frac{1}{2}$ 的两点分布.

2.5.2 连续型随机变量函数的分布

连续型随机变量函数的分布的推导相对复杂一些,下面我们分两种情形进行讨论.

1. 当 $g(x)$ 为严格单调函数情形

对于 $Y = g(X)$,其中 $g(\cdot)$ 是严格单调的特殊情况,下面给出一般的结果.

定理 4 设随机变量 X 的密度函数为 $f_X(x)$,函数 $g(x)$ 严格单调且可导,则 $Y = g(X)$ 的密度函数为
$$f_Y(y) = f_X[g^{-1}(y)] \, |[g^{-1}(y)]'|, \tag{2.11}$$
其中 $g^{-1}(y) = h(y)$ 是 $g(x)$ 的反函数.

证明 首先证 $g(x)$ 严格单调上升的情况. Y 的分布函数为
$$\begin{aligned} F_Y(y) &= P\{Y \leq y\} = P\{g(X) \leq y\} \\ &= P\{X \leq g^{-1}(y)\} \quad (y > 0) \\ &= F_X[g^{-1}(y)]. \end{aligned}$$

将 $F_Y(y)$ 对 y 求导,得 Y 的密度函数为
$$f_Y(y) = f_X[g^{-1}(y)][g^{-1}(y)]'.$$

当 $g(x)$ 严格单调下降时同理可得

$$f_Y(y) = f_X[g^{-1}(y)]\{-[g^{-1}(y)]'\}.$$

所以有

$$f_Y(y) = f_X[g^{-1}(y)]\,|[g^{-1}(y)]'|.$$

利用以上结果可以得到以下的定理.

定理 5 若 $X \sim N(\mu, \sigma^2)$,则 $Y = \dfrac{X-\mu}{\sigma} \sim N(0,1)$.

证明 $Y = \dfrac{X-\mu}{\sigma}$ 满足定理 5 的条件,$g^{-1}(y) = x = \sigma y + \mu$,$[g^{-1}(y)]' = \sigma$,利用式(2.11)得 Y 的密度函数为

$$f_Y(y) = \frac{1}{\sqrt{2\pi}} e^{-\frac{1}{2}y^2}.$$

因此 $Y = \dfrac{X-\mu}{\sigma}$ 服从标准正态分布 $N(0,1)$. 线性变换 $\dfrac{X-\mu}{\sigma}$ 称为随机变量 X 的标准化,Y 称为标准化随机变量. 服从任一正态分布的随机变量必定可以标准化,使其服从标准正态分布 $N(0,1)$. 此例也说明服从标准正态分布 $N(0,1)$ 的随机变量作了线性变换后仍服从正态分布.

进一步可以得到,若 $X \sim N(\mu, \sigma^2)$,则它的分布函数 $F(x)$ 可写成

$$\begin{aligned} F(x) &= P\{X \leqslant x\} \\ &= P\left\{\frac{X-\mu}{\sigma} \leqslant \frac{x-\mu}{\sigma}\right\} = \Phi\left(\frac{x-\mu}{\sigma}\right). \end{aligned}$$

此结果说明,一般形式的正态分布可以用标准正态分布表示.

例 2.11 若 $X \sim N(0,1)$,求 $Y = -X$ 的分布.

解 函数 $y = -x$ 满足定理 5 的条件,且

$$f_X(x) = \frac{1}{\sqrt{2\pi}} e^{-\frac{x^2}{2}} \quad (-\infty < x < \infty),$$

由定理 5 得

$$f_Y(y) = \frac{1}{\sqrt{2\pi}} e^{-\frac{(-y)^2}{2}} \times 1 = \frac{1}{\sqrt{2\pi}} e^{-\frac{y^2}{2}} \quad (-\infty < y < \infty),$$

因此,随机变量 $Y = -X$ 也服从标准正态分布.

例 2.12 若 $X \sim N(1, 2^2)$,求概率 $P\{0 \leqslant X \leqslant 1.6\}$.

解 由定理 5 得

$$\begin{aligned} P\{0 \leqslant X \leqslant 1.6\} &= \Phi\left(\frac{1.6-1}{2}\right) - \Phi\left(\frac{0-1}{2}\right) \\ &= \Phi(0.3) - \Phi(-0.5) = \Phi(0.3) - [1 - \Phi(0.5)] \\ &= 0.6179 - 1 + 0.6915 = 0.3094. \end{aligned}$$

所以对于正态分布的概率求解问题,可以先化为标准正态分布,然后通过查标准正态分布表求解,这就大大地简化了计算.

2. 当 $g(x)$ 为一般函数情形

当 $g(x)$ 为不满足定理 4 条件的一般函数情形时,我们可以先计算 $Y = g(X)$ 的分布函数,使其由 X 的分布函数表示出,然后再用求导的方法求出 Y 的密度. 下面举例来说明此种方法.

例 2.13 若已知随机变量 X 服从指数分布,其密度函数为

$$f(x) = \begin{cases} e^{-x}, & x > 0, \\ 0, & x \leq 0, \end{cases}$$

求 $Y = X^2$ 的密度函数.

解
$$\begin{aligned} F_Y(y) &= P\{Y \leq y\} \\ &= P\{X^2 \leq y\} = P\{0 < X \leq \sqrt{y}\} \quad (y > 0) \\ &= \int_0^{\sqrt{y}} e^{-x} dx, \end{aligned}$$

所以 Y 的密度函数为

$$f_Y(y) = F'_Y(y) = e^{-\sqrt{y}} \frac{1}{2\sqrt{y}} (y > 0);$$

当 $y \leq 0$ 时,由 $F_Y(y) = 0$ 得,$f_Y(y) = 0$. 故 $Y = X^2$ 的密度函数为

$$f_Y(y) = \begin{cases} \dfrac{e^{-\sqrt{y}}}{2\sqrt{y}}, & y > 0, \\ 0, & y \leq 0. \end{cases}$$

例 2.14 设 X 服从正态分布 $N(0,1)$,求 $Y = X^2$ 的密度函数.

解
$$\begin{aligned} F_Y(y) &= P\{Y \leq y\} = P\{X^2 \leq y\} \\ &= P\{-\sqrt{y} \leq X \leq \sqrt{y}\} \\ &= F_X(\sqrt{y}) - F_X(-\sqrt{y}), \end{aligned}$$

所以

$$\begin{aligned} f_Y(y) &= F'_Y(y) = \frac{1}{2\sqrt{y}} \left(\frac{1}{\sqrt{2\pi}} e^{-\frac{y}{2}} + \frac{1}{\sqrt{2\pi}} e^{-\frac{y}{2}} \right) \\ &= \frac{1}{\sqrt{2\pi}} y^{-\frac{1}{2}} e^{-\frac{y}{2}} (y > 0), \end{aligned}$$

当 $y \leq 0$ 时,由 $F_Y(y) = 0$ 得,$f_Y(y) = 0$. 因此,X^2 服从 $\Gamma\left(\dfrac{1}{2}, \dfrac{1}{2}\right)$ 分布,或者是自由度为 1 的 χ^2 分布.

习　题

一、单项选择题

1. 设 $y = f(x)$ 为随机变量 X 的概率密度函数,则一定成立的是(　　).
   A. $f(x)$ 的定义域为 $[0,1]$　　　　B. $f(x)$ 的值域为 $[0,1]$
   C. $f(x)$ 非负　　　　　　　　　　D. $f(x)$ 在 $(-\infty, +\infty)$ 内连续

2. 设 $F(x)$ 为随机变量 X 的分布函数,则不一定成立的是(　　).
   A. $F(x)$ 为不减函数　　　　　　　B. $F(x)$ 取值在 $[0,1]$ 内
   C. $F(-\infty) = 0$　　　　　　　　D. $F(x)$ 为连续函数

3. 若随机变量 X 的概率密度 $f(x)$ 为偶函数,$F(x)$ 是 X 的分布函数,则 $P\{|X| > 10\}$ 等于(　　).
   A. $2 - F(10)$　　B. $2F(10) - 1$　　C. $1 - 2F(10)$　　D. $2[1 - F(10)]$

4. 设随机变量 X 的分布函数为 $F(x)=\begin{cases}0, & x<0, \\ 1-0.8e^{-0.8x}, & x\geqslant 0,\end{cases}$ 则 X 为（　　）随机变量.

　　A. 离散型　　　　　　　　　　　B. 连续型
　　C. 既非离散型又非连续型　　　　D. 既是离散型又是连续型

5. 设随机变量 X 的概率密度函数 $f(x)=\dfrac{1}{2\sqrt{\pi}}e^{-\frac{(x+3)^2}{4}}(-\infty<x<+\infty)$，则服从标准正态分布 $N(0,1)$ 的随机变量是（　　）.

　　A. $\dfrac{X+3}{2}$　　B. $\dfrac{X+3}{\sqrt{2}}$　　C. $\dfrac{X-3}{2}$　　D. $\dfrac{X-3}{\sqrt{2}}$

6. 若随机变量 X 与 Y 均服从正态分布：$X\sim N(\mu,4^2),Y\sim N(\mu,5^2)$，又知 $p_1=P\{X\leqslant\mu-4\}$，$p_2=P\{Y\geqslant\mu-5\}$，则（　　）.

　　A. 对任何实数 μ，都有 $p_1=p_2$　　　B. 对任何实数 μ，都有 $p_1<p_2$
　　C. 只对 μ 的个别值才有 $p_1=p_2$　　D. 对任何实数 μ，都有 $p_1>p_2$

7. 设 $X\sim N(\mu,\sigma^2)$，则随着 σ 的增大，概率 $P\{|X-\mu|\leqslant\sigma\}$（　　）.

　　A. 单调增大　　B. 单调减少　　C. 保持不变　　D. 增减不定

二、填空题

1. 设随机变量 $X\sim N(5,25)$，则 $P\{X\leqslant 5\}=$ ＿＿＿＿＿．

2. 设掷一枚不均匀的硬币出现正面的概率为 $p(0<p<1)$，X 为直至掷到正反面都出现为止所需要的次数，则 X 的分布律为 ＿＿＿＿＿．

3. 设连续型随机变量 X 具有概率密度函数 $f(x)=\begin{cases}kx^2, & 0\leqslant x\leqslant 1, \\ 0, & 其他,\end{cases}$ 则常数 $k=$ ＿＿＿＿＿．

4. 设随机变量 X 的分布函数为 $F(x)=\begin{cases}0, & x\leqslant 0, \\ 1-a\cos x, & 0<x<\pi/2, \\ 1, & x\geqslant\pi/2,\end{cases}$ 则 $a=$ ＿＿＿＿＿．

5. 设随机变量 X 服从二项分布 $B(3,0.4)$，且 $Y=\dfrac{X(3-X)}{2}$，则 $P\{Y=1\}=$ ＿＿＿＿＿．

6. 设随机变量 X 服从参数为 λ 的泊松分布，已知 $P\{X=2\}=P\{X=3\}$，则 $\lambda=$ ＿＿＿＿＿．

7. 设随机变量 $X\sim N(2,\sigma^2)$，且 $P\{2\leqslant X\leqslant 4\}=0.3$，则 $P\{X\leqslant 0\}=$ ＿＿＿＿＿．

8. 设随机变量 X 服从均匀分布 $U(0,4)$，则对随机变量 X 独立观察两次，恰有一次 $X>1$ 的概率为＿＿＿＿＿．

9. 设 $\Phi(x)$ 是 $X\sim N(0,1)$ 的分布函数，则 $\Phi(-x)+\Phi(x)=$ ＿＿＿＿＿．

10. 设 $f(x)$ 是随机变量 X 的概率密度，则 $\int_{-\infty}^{+\infty}f(x)\mathrm{d}x=$ ＿＿＿＿＿．

11. 设 X 是连续型随机变量，C 为实常数，则 $P\{X=C\}=$ ＿＿＿＿＿．

12. 设 $X\sim N(0,1)$，且 $Y=\sigma X+\mu$，则 $Y\sim$ ＿＿＿＿＿．

13. 设 $X\sim N(\mu,\sigma^2)$，且 $Y=\dfrac{X-\mu}{\sigma}$，则 $Y\sim$ ＿＿＿＿＿．

三、解答题

1. 一袋中装有 5 只球,编号为 1,2,3,4,5,在袋中同时取 3 只,以 X 表示取出的 3 只球中的最大号码,写出随机变量 X 的分布律.

2. 将一粒骰子抛掷两次,以 X_1 表示两次所得点数之和,以 X_2 表示两次中得到的小点数,试分别求 X_1 和 X_2 的分布律.

3. 设在 15 个同类的零件中有两个次品,在其中取三次,每次任取一个,做不放回抽样. 以 X 表示取出次品数,求 X 的分布律.

4. 进行重复独立试验,每次试验成功的概率为 p,失败的概率为 $q = 1 - p(0 < 0 < 1)$.

(1) 将试验进行到出现一次成功为止,以 X 表示所需的试验次数,求 X 的分布律(此时称 X 服从以 p 为参数的几何分布).

(2) 将试验进行到出现 r 次成功为止,以 Y 表示所需的试验次数,求 Y 的分布律(此时称 Y 服从以 r,p 为参数的巴斯卡分布).

(3) 某篮球运动员的投篮命中率为 45%,以 X 表示他首次投中时累计已投篮的次数,写出 X 的分布律,并计算 X 取偶数的概率.

5. 设随机变量 X 的分布律为

$$P\{X=k\} = a\frac{\lambda^k}{k!}(k=0,1,2,\cdots),$$

其中,$\lambda > 0$ 为常数,试确定常数 a.

6. 在 110 指挥中心有 10 部电话,调查表明在任一时刻 t,每部电话被呼叫的概率为 0.1,问:

(1) 在同一时刻恰有 2 部电话被呼叫的概率是多少?

(2) 在同一时刻恰有 3 部电话被呼叫的概率是多少?

7. 设随机变量 X 的分布函数为

$$F_X(x) = \begin{cases} 0, & x < 1, \\ \ln x, & 1 \leq x < e, \\ 1, & x \geq e. \end{cases}$$

(1) 求 $P\{X<2\}$,$P\{0<X\leq 3\}$,$P\{2<X<5/2\}$.

(2) 求概率密度 $f_X(x)$.

8. 设 K 在 $(0,5)$ 服从均匀分布,求 x 的方程 $4x^2+4Kx+K+2=0$ 有实根的概率.

9. 设 $X \sim N(3,2^2)$.

(1) 求 $P\{2<X\leq 5\}$,$P\{-4<X\leq 10\}$,$P\{|X|>2\}$,$P\{X>3\}$.

(2) 确定 c,使得 $P\{X>c\} = P\{X\leq c\}$.

(3) 设 d 满足 $P\{X>d\} \geq 0.9$,问 d 至多为多少?

10. 一工厂生产的某种元件的寿命 X(单位:h)服从参数为 $\mu=160, \sigma(\sigma>0)$ 的正态分布. 若要求 $P\{120<X\leq 200\} \geq 0.80$,允许 σ 最大为多少?

11. 设随机变量 X 的分布律为

X	-2	-1	0	1	3
p_k	$\frac{1}{5}$	$\frac{1}{6}$	$\frac{1}{5}$	$\frac{1}{15}$	$\frac{11}{30}$

求 $Y=X^2$ 的分布律.

12. 设 $X \sim N(0,1)$.

(1) 求 $Y=e^X$ 的概率密度.

(2) 求 $Y=2X^2+1$ 的概率密度.

(3) 求 $Y=|X|$ 的概率密度.

第 3 章
多维随机变量及其分布

上一章我们讨论了一维随机变量及其分布,但是在实际问题中,随机试验的结果有时需要两个或者两个以上随机变量来描述.例如,研究某一大学的大学生身体发育状况时主要研究大学生身高和体重两个重要指标,研究某一地区的经济总量时就需要关注该地区的投资总额、消费总额及出口总额等经济指标,而这些经济指标之间是相互影响的,因此有必要将这些随机变量作为一个整体加以研究.

本章将讨论由两个或者两个以上随机变量构成的多维随机变量的分布,重点讨论二维随机变量的联合分布、边缘分布、条件分布、随机变量的独立性及随机变量函数的分布.

本章主要内容
　§3.1　二维随机变量
　§3.2　边缘分布与条件分布
　§3.3　随机变量的独立性
　§3.4　二维随机变量函数的分布
　习　题

§3.1 二维随机变量

本节内容概要

1. 二维随机变量(X,Y)的联合分布函数具有如下四条基本性质

(1) **单调性**：$F(X,Y)$分别对x或y是单调不减的.

(2) **有界性**：对任意的x和y，有$0 \leq F(x,y) \leq 1$，且
$$F(-\infty,-\infty) = F(-\infty,y) = F(x,-\infty) = 0, F(+\infty,+\infty) = 1.$$

(3) **右连续性**：对每个变量都是右连续的，即
$$F(x+0,y) = F(x,y), F(x,y+0) = F(x,y).$$

(4) **非负性**：对任意的$a<b, c<d$有
$$P\{a<X\leq b, c<Y\leq d\} = F(b,d) - F(a,d) - F(b,c) + F(a,c) \geq 0.$$

2. 联合分布律的基本性质

(1) 非负性：$p_{ij} \geq 0$； (2) 规范性：$\sum_{i=1}^{+\infty}\sum_{j=1}^{+\infty} p_{ij} = 1$.

3. 联合密度函数的基本性质

(1) 非负性：$f(x,y) \geq 0$； (2) 规范性：$\int_{-\infty}^{+\infty}\int_{-\infty}^{+\infty} f(x,y)\,dxdy = 1$.

4. 在$F(x,y)$偏导数存在的点上有$f(x,y) = \dfrac{\partial^2}{\partial x \partial y} F(x,y)$

5. 若G为平面上的一个区域，则有$P\{(X,Y) \in G\} = \iint\limits_G f(x,y)\,dxdy$

6. 二维正态分布

若二维随机变量(X,Y)的联合密度函数为

$$f(x,y) = \frac{1}{2\pi\sigma_1\sigma_2\sqrt{1-\rho^2}} \cdot \exp\left\{-\frac{1}{2(1-\rho^2)}\left[\frac{(x-\mu_1)^2}{\sigma_1^2} - 2\rho\frac{(x-\mu_1)(y-\mu_2)}{\sigma_1\sigma_2} + \frac{(y-\mu_2)^2}{\sigma_2^2}\right]\right\},$$

$(-\infty < x,y < +\infty)$，则称$(X,Y)$服从二维正态分布，记为$(X,Y) \sim N(\mu_1,\mu_2,\sigma_1^2,\sigma_2^2,\rho)$.

3.1.1 二维随机变量的分布函数

定义1 设随机试验E的样本空间为S，$X(\omega)$和$Y(\omega)$是定义在同一样本空间S上的随机变量，称向量$[X(\omega),Y(\omega)]$是样本空间S上的**二维随机变量**(或**二元随机变量**、**二维随机向量**)，简记为(X,Y). 类似地，也可给出n维随机变量$(X_1,X_2,\cdots,X_n)$的定义.

和讨论一维随机变量的方法类似，我们首先通过分布函数来研究二维随机变量.

定义 2 设 (X,Y) 为二维随机变量,对于任意的实数 x,y,二元函数
$$F(x,y) = P(\{X \leq x\} \cap \{Y \leq y\}) = P\{X \leq x, Y \leq y\} \quad (3.1)$$
称为二维随机变量 (X,Y) 的**联合分布函数**,或简称**分布函数**.

分布函数的概率含义:如果将二维随机变量 (X,Y) 看成是平面上随机点的坐标,那么分布函数 $F(x,y)$ 在点 (x,y) 处的函数值就是随机点 (X,Y) 落在如图 3.1 所示的以 (x,y) 为顶点而位于顶点左下方的广义矩形区域内的概率.

利用分布函数 $F(x,y)$,我们可以计算出二维随机变量 (X,Y) 落在如图 3.2 所示的矩形区域内(阴影部分)的概率为
$$P\{x_1 < X \leq x_2, y_1 < Y \leq y_2\} = F(x_2,y_2) - F(x_1,y_2) - F(x_2,y_1) + F(x_1,y_1). \quad (3.2)$$

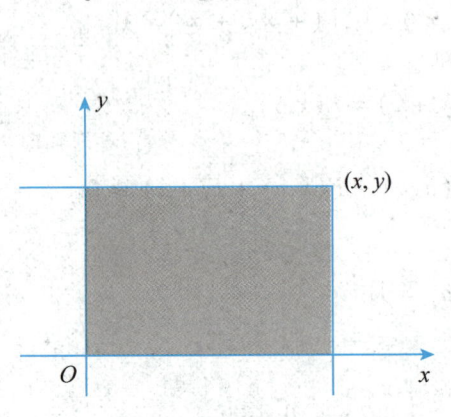
图 3.1 (X,Y) 落在以 (x,y) 为顶点左下方广义矩形区域的概率

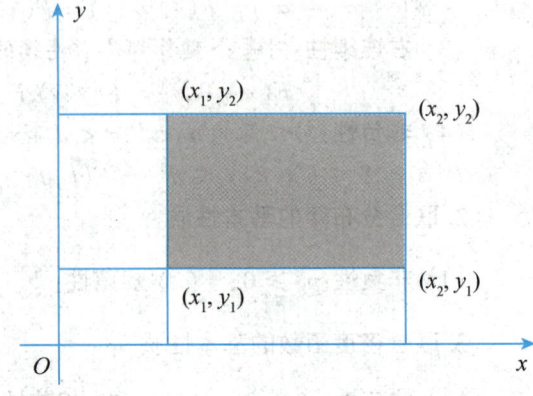
图 3.2 (X,Y) 落在矩形区域的概率

二维随机变量 (X,Y) 的分布函数 $F(x,y)$ 具有以下基本性质:

(1) $0 \leq F(x,y) \leq 1$,且

对于任意固定的 y,$F(-\infty, y) \stackrel{\Delta}{=} \lim\limits_{x \to -\infty} F(x,y) = 0$,

对于任意固定的 x,$F(x, -\infty) \stackrel{\Delta}{=} \lim\limits_{y \to -\infty} F(x,y) = 0$,

$F(-\infty, -\infty) \stackrel{\Delta}{=} \lim\limits_{\substack{x \to -\infty \\ y \to -\infty}} F(x,y) = 0$,

$F(+\infty, +\infty) \stackrel{\Delta}{=} \lim\limits_{\substack{x \to +\infty \\ y \to +\infty}} F(x,y) = 1$.

(2) $F(x,y)$ 关于 x,y 均为单调不减函数,即当 y 固定不变时,对任意的 $x_1 < x_2$,有 $F(x_1,y) \leq F(x_2,y)$;当 x 固定不变时,对任意的 $y_1 < y_2$,有 $F(x,y_1) \leq F(x,y_2)$.

(3) $F(x,y)$ 关于 x,y 均为右连续函数,即
$$F(x+0,y) = F(x,y), F(x,y+0) = F(x,y).$$

(4) 对任意的 $x_1 < x_2, y_1 < y_2$,有
$$F(x_2,y_2) - F(x_1,y_2) - F(x_2,y_1) + F(x_1,y_1) \geq 0.$$

性质(1)(2)(3)的证明是明显的,性质(4)由式(3.2)可得.

反过来还可证明:任一具有上述4个性质的二元函数,必定可以作为某二维随机变量的分布函数.

例 3.1 设二维随机变量 (X,Y) 的分布函数为
$$F(x,y) = A(B + \arctan x)(C + \arctan y), -\infty < x < +\infty, -\infty < y < +\infty.$$
求:(1) 常数 A, B, C;(2) $P\{X > 1\}$.

解 （1）利用分布函数的性质得

$$F(+\infty, +\infty) = A\left(B + \frac{\pi}{2}\right)\left(C + \frac{\pi}{2}\right) = 1,$$

$$F(-\infty, y) = A\left(B - \frac{\pi}{2}\right)(C + \arctan y) = 0,$$

$$F(x, -\infty) = A(B + \arctan x)\left(C - \frac{\pi}{2}\right) = 0.$$

由此可得 $A = \frac{1}{\pi^2}, B = \frac{\pi}{2}, C = \frac{\pi}{2}$. 于是 (X,Y) 的分布函数为

$$F(x,y) = \frac{1}{\pi^2}\left(\frac{\pi}{2} + \arctan x\right)\left(\frac{\pi}{2} + \arctan y\right), -\infty < x < +\infty, -\infty < y < +\infty.$$

(2) $P\{X > 1\} = 1 - P\{X \leq 1\} = 1 - P\{X \leq 1, Y < +\infty\}$

$$= 1 - F(1, +\infty) = 1 - \frac{1}{\pi^2}\left(\frac{\pi}{2} + \frac{\pi}{4}\right)\left(\frac{\pi}{2} + \frac{\pi}{2}\right) = \frac{1}{4}.$$

例 3.2 设 $F(x,y) = \begin{cases} 0, & x + y < 1, \\ 1, & x + y \geq 1, \end{cases}$ 问 $F(x,y)$ 能否成为某二维随机变量的分布函数?

解 容易验证 $F(x,y)$ 满足分布函数的性质(1)(2)(3), 但不满足分布函数性质(4), 这是因为, 取 $x_1 = 0, x_2 = 2, y_1 = 0, y_2 = 2$, 则

$$F(2,2) - F(0,2) - F(2,0) + F(0,0) = -1 < 0.$$

所以 $F(x,y)$ 不能成为某二维随机变量的分布函数.

3.1.2　二维离散型随机变量及其联合分布律

二维随机变量也分为二维离散型和二维非离散型. 首先我们给出二维离散型随机变量的概念.

> **定义 3**　设 (X,Y) 为二维随机变量, 若 (X,Y) 的所有可能取值为有限对或可列无限对, 则称 (X,Y) 为**二维离散型随机变量**.

同描述一维离散型随机变量的想法类似, 我们可以通过列出二维随机变量 (X,Y) 的所有可能取值及它取相应值的概率来描述二维离散型随机变量 (X,Y).

> **定义 4**　设 (X,Y) 所有可能的取值为 $(x_i, y_j), i,j = 1,2,\cdots$, 称
>
> $$p_{ij} = P\{X = x_i, Y = y_j\} \quad (i,j = 1,2,\cdots) \tag{3.3}$$
>
> 为二维随机变量 (X,Y) 的**联合分布律**(或**联合概率分布**), 简称**概率分布**.

利用二维随机变量的联合概率分布, 我们可求出 (X,Y) 在任意平面点集内取值的概率. 因此, 二维随机变量的联合概率分布完全描述了 (X,Y) 的整体性质.

二维随机变量的联合分布律也可用直观性较强的表格的形式来表示(表 3.1).

表 3.1　二维随机变量的联合分布律

X	Y				
	y_1	y_2	$\cdots$	y_j	$\cdots$
x_1	p_{11}	p_{12}	$\cdots$	p_{1j}	$\cdots$
x_2	p_{21}	p_{22}	$\cdots$	p_{2j}	$\cdots$
$\vdots$	$\vdots$	$\vdots$		$\vdots$	
x_i	p_{i1}	p_{i2}	$\cdots$	p_{ij}	$\cdots$
$\vdots$	$\vdots$	$\vdots$		$\vdots$	

随机变量的联合分布律满足如下性质：

(1) $p_{ij} \geqslant 0$；

(2) $\sum_{i=1}^{\infty} \sum_{j=1}^{\infty} p_{ij} = 1$.

二维离散型随机变量 (X,Y) 的联合分布函数为

$$F(x,y) = P\{X \leqslant x, Y \leqslant y\} = \sum_{x_i \leqslant x} \sum_{y_j \leqslant y} p_{ij}, \tag{3.4}$$

这里的和式是对一切满足 $x_i \leqslant x, y_j \leqslant y$ 的 i,j 来求和的.

例 3.3　箱内有大小相同的 6 个球，其中红、白、黑球的个数分别为 1,2,3 个，现从箱中随机地取出 2 个球，记 X 为取出的红球个数，Y 为取出的白球个数，求随机变量 (X,Y) 的联合分布律.

解　X 的所有可能取值为 $0,1$，Y 的所有可能取值为 $0,1,2$，则

$$P\{X=0, Y=0\} = \frac{C_3^2}{C_6^2} = \frac{1}{5},$$

$$P\{X=0, Y=1\} = \frac{C_2^1 C_3^1}{C_6^2} = \frac{2}{5},$$

$$P\{X=0, Y=2\} = \frac{C_2^2}{C_6^2} = \frac{1}{15},$$

$$P\{X=1, Y=0\} = \frac{C_1^1 C_3^1}{C_6^2} = \frac{1}{5},$$

$$P\{X=1, Y=1\} = \frac{C_1^1 C_2^1}{C_6^2} = \frac{2}{15},$$

$$P\{X=1, Y=2\} = 0.$$

所以 (X,Y) 的联合分布律见表 3.2.

表 3.2　(X,Y) 的联合分布律

X	Y		
	0	1	2
0	$\dfrac{1}{5}$	$\dfrac{2}{5}$	$\dfrac{1}{15}$
1	$\dfrac{1}{5}$	$\dfrac{2}{15}$	0

3.1.3 二维连续型随机变量及其联合概率密度

在二维非离散型随机变量中,我们重点介绍二维连续型随机变量,下面我们给出二维连续型随机变量的概念.

> **定义5** 设(X,Y)为二维随机变量,$F(x,y)$为(X,Y)的分布函数,若存在非负可积函数$f(x,y)$,使得对任意实数x,y有
>
> $$F(x,y) = \int_{-\infty}^{x} \int_{-\infty}^{y} f(u,v) \mathrm{d}v \mathrm{d}u, \tag{3.5}$$
>
> 则称(X,Y)为**二维连续型随机变量**,$f(x,y)$为(X,Y)的**联合概率密度函数**,简称**概率密度**.

由定义,$f(x,y)$具有以下**性质**:

(1) $f(x,y) \geqslant 0$;

(2) $\int_{-\infty}^{+\infty} \int_{-\infty}^{+\infty} f(x,y) \mathrm{d}x\mathrm{d}y = 1$.

可以证明:若二元函数$f(x,y)$满足性质(1)和性质(2),则$f(x,y)$必可成为某个二维连续型随机变量的概率密度函数.

(3) 设D为xOy平面上的一个区域,则(X,Y)落在D内的概率为

$$P\{(X,Y) \in D\} = \iint_D f(x,y) \mathrm{d}x\mathrm{d}y. \tag{3.6}$$

几何上,随机变量(X,Y)落在区域D内的概率是以D为底,以曲面$z = f(x,y)$为顶的一个曲顶柱体的体积.

(4) 在$f(x,y)$的连续点(x,y)处,有

$$\frac{\partial F(x,y)}{\partial x \partial y} = f(x,y). \tag{3.7}$$

例3.4 设二维随机变量(X,Y)的概率密度函数为

$$f(x,y) = \begin{cases} \dfrac{1}{2}, & 0 \leqslant x \leqslant 1, 0 \leqslant y \leqslant 2, \\ 0, & \text{其他}. \end{cases}$$

求随机变量X与Y中至少有一个小于$\dfrac{1}{2}$的概率.

解 所求概率为

$$P\left\{\left\{X < \dfrac{1}{2}\right\} \cup \left\{Y < \dfrac{1}{2}\right\}\right\} = 1 - P\left\{X \geqslant \dfrac{1}{2}, Y \geqslant \dfrac{1}{2}\right\}$$

$$= 1 - \int_{\frac{1}{2}}^{\infty} \int_{\frac{1}{2}}^{\infty} f(x,y) \mathrm{d}x\mathrm{d}y = 1 - \int_{\frac{1}{2}}^{1} \int_{\frac{1}{2}}^{2} \dfrac{1}{2} \mathrm{d}x\mathrm{d}y = \dfrac{5}{8}.$$

例3.5 设二维随机变量(X,Y)的概率密度为

$$f(x,y) = \begin{cases} k\mathrm{e}^{-3x-4y}, & x > 0, y > 0, \\ 0, & \text{其他}. \end{cases}$$

求:(1) 常数k;(2) 分布函数$F(x,y)$;(3) $P\{0 < X < 1, 0 < Y < 2\}$.

解 (1) 由概率密度函数的性质得

$$\int_0^{\infty} \int_0^{\infty} k\mathrm{e}^{-3x-4y} \mathrm{d}x\mathrm{d}y = \dfrac{k}{4} \int_0^{\infty} \mathrm{e}^{-3x} \mathrm{d}x = \dfrac{k}{12} = 1,$$

所以$k = 12$.

(2) 当 $x \leq 0$ 或 $y \leq 0$ 时，$F(x,y) = 0$，

当 $x > 0, y > 0$ 时，

$$F(x,y) = \int_0^x \left(\int_0^y 12\mathrm{e}^{-3t-4s} \mathrm{d}t \right) \mathrm{d}s$$
$$= 12 \left(\int_0^x \mathrm{e}^{-3t} \mathrm{d}t \right) \left(\int_0^y \mathrm{e}^{-4s} \mathrm{d}s \right)$$
$$= (1 - \mathrm{e}^{-3x})(1 - \mathrm{e}^{-4y}).$$

所以，(X,Y) 的分布函数为

$$F(x,y) = \begin{cases} (1 - \mathrm{e}^{-3x})(1 - \mathrm{e}^{-4y}), & x > 0, y > 0, \\ 0, & \text{其他} \end{cases}$$

(3) $P\{0 < X < 1, 0 < Y < 2\} = F(1,2) - F(0,2) - F(1,0) + F(0,0)$
$$= (1 - \mathrm{e}^{-3})(1 - \mathrm{e}^{-8}) = 1 - \mathrm{e}^{-3} - \mathrm{e}^{-8} + \mathrm{e}^{-11}.$$

3.1.4　两种重要的二维连续型随机变量的分布

1. 二维均匀分布

定义6　设 D 为平面上的一个有界区域，其面积记为 $S(D)$，若二元随机变量 (X,Y) 的联合概率密度函数为

$$f(x,y) = \begin{cases} \dfrac{1}{S(D)}, & (x,y) \in D, \\ 0, & \text{其他}, \end{cases} \tag{3.8}$$

则称 (X,Y) 在区域 D 上服从**均匀分布**。

若 (X,Y) 服从区域 D 上的均匀分布，则对于任意一个平面区域 G，有

$$P\{(X,Y) \in G\} = \iint_G f(x,y) \mathrm{d}x\mathrm{d}y = \iint_{G \cap D} \frac{1}{S(D)} \mathrm{d}x\mathrm{d}y = \frac{S(G \cap D)}{S(D)}.$$

这也说明，在有界区域 D 上服从均匀分布的随机变量 (X,Y) 落入区域 D 的任何部分内的概率只与这部分的面积大小有关而与其位置和形状无关。有界区域 D 经常称为 (X,Y) 的"**非 0 区域**"，(X,Y) 在区域 D 上的均匀分布主要因"**非 0 区域**" D 的不同而不同。

例 3.6　设 D 是由直线 $y = 1$ 和 $y = x^2$ 围成的区域，(X,Y) 服从 D 上的均匀分布，求关于 x 的方程 $x^2 + 2Xx - Y + 1 = 0$ 无实根的概率。

解　因为 $S(D) = \int_{-1}^{1} \left(\int_{x^2}^{1} \mathrm{d}y \right) \mathrm{d}x = \dfrac{4}{3}$，所以 (X,Y) 的联合概率密度函数为

$$f(x,y) = \begin{cases} \dfrac{3}{4}, & x^2 < y < 1, \\ 0, & \text{其他}, \end{cases}$$

方程 $x^2 + 2Xx - Y + 1 = 0$ 无实根等价于
$$\Delta = 4X^2 - 4(-Y + 1) < 0.$$

记 $G = \{(x,y) \mid x^2 + y - 1 < 0\}$，则所求概率为 $f(x,y)$，如图 3.3 所示阴影区域上的二重积分，即

$$p = P\{(X,Y) \in G\} = \iint_{G \cap D} \frac{3}{4} \mathrm{d}x\mathrm{d}y$$
$$= \int_{-\frac{\sqrt{2}}{2}}^{\frac{\sqrt{2}}{2}} \left(\int_{x^2}^{1-x^2} \frac{3}{4} \mathrm{d}y \right) \mathrm{d}x = \frac{\sqrt{2}}{2}.$$

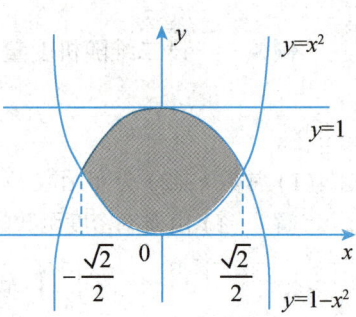

图 3.3　二维均匀分布 D 的区域

2. 二维正态分布

定义 7 若 (X,Y) 的概率密度函数为

$$f(x,y) = \frac{1}{2\pi\sigma_1\sigma_2\sqrt{1-\rho^2}} \cdot \exp\left\{-\frac{1}{2(1-\rho^2)}\left[\frac{(x-\mu_1)^2}{\sigma_1^2} - \frac{2\rho(x-\mu_1)(y-\mu_2)}{\sigma_1\sigma_2} + \frac{(y-\mu_2)^2}{\sigma_2^2}\right]\right\}, \quad (3.9)$$

其中 $\mu_1,\mu_2,\sigma_1,\sigma_2,\rho(\sigma_1>0,\sigma_2>0,-1<\rho<1)$ 皆为常数,则称 (X,Y) 服从参数为 $\mu_1,\mu_2,\sigma_1,\sigma_2,\rho$ 的**二维正态分布**,记作 $(X,Y) \sim N(\mu_1,\mu_2,\sigma_1^2,\sigma_2^2,\rho)$.

这里 $\exp\{*\}$ 是表示指数函数 $e^{\{*\}}$,如 $\exp\{x^2+1\} = e^{x^2+1}$.

二维正态分布是一种重要的多维分布,在概率论、数理统计、随机过程中都占有重要地位,后面将逐步介绍其概率密度函数中 5 个参数 $\mu_1,\mu_2,\sigma_1,\sigma_2,\rho$ 的意义及它们的许多重要性质.

§3.2 边缘分布与条件分布

本节内容概要

1. 边缘分布函数

$F_X(x),F_Y(y)$ 分别为 (X,Y) 关于 X 和 Y 的边缘分布函数,则

$$F_X(x) = P\{X \leq x\} = P\{X \leq x, Y < +\infty\} = F(x,+\infty).$$

同理,Y 的分布函数为 $F_Y(y) = F(+\infty,y)$.

2. 边缘分布律

若二维离散随机变量 (X,Y) 的联合分布律为 $\{p_{ij}\}$,则称 $p_{i\cdot} = \sum_{j=1}^{+\infty} p_{ij}(i=1,2,\cdots)$ 为 X 的边缘分布律,称 $p_{\cdot j} = \sum_{i=1}^{+\infty} p_{ij}(j=1,2,\cdots)$ 为 Y 的边缘分布律.

3. 边缘密度函数

若二维连续随机变量 (X,Y) 的联合密度函数为 $f(x,y)$,则

$$f_X(x) = \int_{-\infty}^{+\infty} f(x,y)\mathrm{d}y, \quad f_Y(y) = \int_{-\infty}^{+\infty} f(x,y)\mathrm{d}x.$$

4. 条件分布律

设 (X,Y) 是二维离散型随机变量,其联合概率分布为

$$p_{ij} = P\{X=x_i, Y=y_j\}(i,j=1,2,\cdots).$$

对固定的 j,若 $P\{Y=y_j\} > 0$,则称

$$P\{X=x_i \mid Y=y_j\} = \frac{P\{X=x_i, Y=y_j\}}{P\{Y=y_j\}} = \frac{p_{ij}}{p_{\cdot j}}(i=1,2,\cdots)$$

为在 $Y = y_j$ 的条件下 X 的条件分布律.

同样地,对固定的 i,若 $P\{X = x_i\} > 0$,则称

$$P\{Y = y_j \mid X = x_i\} = \frac{P\{X = x_i, Y = y_j\}}{P\{X = x_i\}} = \frac{p_{ij}}{p_{i\cdot}}(j = 1,2,\cdots)$$

为在 $X = x_i$ 的条件下 Y 的条件分布律.

3.2.1 边缘分布

1. 边缘分布函数

当将随机变量 (X,Y) 作为一个整体来研究时,可以用联合分布函数为 $F(x,y)$ 来描述此二维随机变量,而二维随机变量 (X,Y) 中的 X 和 Y 都是一维随机变量,也有各自的分布函数,X 和 Y 的分布函数分别记为 $F_X(x), F_Y(y)$,则

$$F_X(x) = P\{X \leqslant x\} = P\{X \leqslant x, Y < +\infty\} = F(x, +\infty). \tag{3.10}$$

同理,Y 的分布函数为

$$F_Y(y) = F(+\infty, y). \tag{3.11}$$

我们称 $F_X(x), F_Y(y)$ 分别为 (X,Y) 关于 X 和 Y 的**边缘分布函数**.

由此可以看出,联合分布函数完全确定了边缘分布函数.

对于离散型随机变量来说,若 (X,Y) 的联合分布律为

$$p_{ij} = P\{X = x_i, Y = y_j\}(i,j = 1,2,\cdots).$$

则

$$F_X(x) = \sum_{x_i \leqslant x} \sum_{j=1}^{\infty} p_{ij},$$

$$F_Y(y) = \sum_{y_j \leqslant y} \sum_{i=1}^{\infty} p_{ij}.$$

对于连续型随机变量来说,若 (X,Y) 的联合概率密度函数为 $f(x,y)$,则

$$F_X(x) = F(x, +\infty) = \int_{-\infty}^{x} \left[\int_{-\infty}^{+\infty} f(u,v) dv\right] du, \tag{3.12}$$

$$F_Y(y) = F(+\infty, y) = \int_{-\infty}^{y} \left[\int_{-\infty}^{+\infty} f(u,v) du\right] dv. \tag{3.13}$$

2. 二维离散型随机变量的边缘分布律

定义 8 设 (X,Y) 是二维离散型随机变量,其联合概率分布为

$$p_{ij} = P\{X = x_i, Y = y_j\}(i,j = 1,2,\cdots).$$

则 X 的概率分布为

$$P\{X = x_i\} = P\{X = x_i, -\infty < Y < +\infty\}$$

$$= \sum_{j=1}^{\infty} P\{X = x_i, Y = y_j\} = \sum_{j=1}^{\infty} p_{ij}(i = 1,2,\cdots). \tag{3.14}$$

称 $p_{i\cdot} = \sum_{j=1}^{\infty} p_{ij} = P\{X = x_i\}(i = 1,2,\cdots)$ 为 (X,Y) 关于 X 的**边缘分布律**(或**边缘概率分布**).

同理 $P\{Y = y_j\} = P\{-\infty < X < +\infty, Y = y_j\}$

$$= \sum_{i=1}^{\infty} P\{X = x_i, Y = y_j\} = \sum_{i=1}^{\infty} p_{ij} (j = 1, 2, \cdots). \quad (3.15)$$

称 $p_{\cdot j} = \sum_{i=1}^{\infty} p_{ij} = P\{Y = y_j\} (j = 1, 2, \cdots)$ 为 (X, Y) 关于 Y 的**边缘分布律**(或**边缘概率分布**).

边缘分布可用表格的形式表示出来(表 3.3),我们通常将边缘概率分布写在联合分布的边缘上,这也是边缘分布名称的由来.

表 3.3 联合分布律及边缘分布律

X	Y					
	y_1	y_2	$\cdots$	y_j	$\cdots$	$p_{i\cdot}$
x_1	p_{11}	p_{12}	$\cdots$	p_{1j}	$\cdots$	$p_{1\cdot}$
x_2	p_{21}	p_{22}	$\cdots$	p_{2j}	$\cdots$	$p_{2\cdot}$
$\vdots$	$\vdots$	$\vdots$		$\vdots$		$\vdots$
x_i	p_{i1}	p_{i2}		p_{ij}	$\cdots$	$p_{i\cdot}$
$\vdots$	$\vdots$	$\vdots$		$\vdots$		$\vdots$
$p_{\cdot j}$	$p_{\cdot 1}$	$p_{\cdot 2}$	$\cdots$	$p_{\cdot j}$	$\cdots$	1

3. 二维连续型随机变量的边缘概率密度

定义 9 设 (X, Y) 是二维连续型随机变量,其联合概率密度函数为 $f(x, y)$,由式(3.12)和式(3.13)可以看出 X 和 Y 均为一维连续型随机变量,且它们的概率密度函数分别为

$$f_X(x) = F'_X(x) = \int_{-\infty}^{+\infty} f(x, y) \mathrm{d}y,$$

$$f_Y(y) = F'_Y(y) = \int_{-\infty}^{+\infty} f(x, y) \mathrm{d}x, \quad (3.16)$$

分别称 $f_X(x), f_Y(y)$ 为 (X, Y) 关于 X 和关于 Y 的**边缘概率密度函数**.

例 3.7 袋中装有 2 只白球和 3 只黑球,从中摸球两次,每次摸一球,定义随机变量

$$X = \begin{cases} 1, & \text{第 1 次摸出白球}, \\ 0, & \text{第 1 次摸出黑球}, \end{cases}$$

$$Y = \begin{cases} 1, & \text{第 2 次摸出白球}, \\ 0, & \text{第 2 次摸出黑球}, \end{cases}$$

(1) 若摸球是有放回的,求 (X, Y) 的联合分布律及边缘分布律;
(2) 若摸球是不放回的,求 (X, Y) 的联合分布律及边缘分布律.

解 (1) 摸球是有放回时,(X, Y) 的联合分布律及边缘分布律见表 3.4.

表 3.4 (X,Y) 的联合分布律及边缘分布律（摸球是有放回时）

Y	X		
	0	1	$p_{\cdot j}$
0	$\frac{3}{5} \times \frac{3}{5}$	$\frac{2}{5} \times \frac{3}{5}$	$\frac{3}{5}$
1	$\frac{3}{5} \times \frac{2}{5}$	$\frac{2}{5} \times \frac{2}{5}$	$\frac{2}{5}$
$p_{i\cdot}$	$\frac{3}{5}$	$\frac{2}{5}$	1

（2）摸球是不放回时，(X,Y) 的联合分布律及边缘分布律见表 3.5.

表 3.5 (X,Y) 的联合分布律及边缘分布律（摸球是不放回时）

Y	X		
	0	1	$p_{\cdot j}$
0	$\frac{3}{5} \times \frac{2}{4}$	$\frac{2}{5} \times \frac{3}{4}$	$\frac{3}{5}$
1	$\frac{3}{5} \times \frac{2}{4}$	$\frac{2}{5} \times \frac{1}{4}$	$\frac{2}{5}$
$p_{i\cdot}$	$\frac{3}{5}$	$\frac{2}{5}$	1

此例中，在两种不同的摸球方式下，(X,Y) 关于 X 的边缘分布律是相同的，(X,Y) 关于 Y 的边缘分布律也是相同的，但 (X,Y) 的联合分布律却完全不同. 这说明联合概率分布可以确定边缘概率分布，但边缘概率分布并不能确定联合概率分布.

例 3.8 如图 3.4 所示，设 (X,Y) 服从区域 D 上的均匀分布，其中区域 D 由直线 $y = x$ 与曲线 $y = x^2$ 所围成，求边缘概率密度函数 $f_X(x), f_Y(y)$.

解 直线 $y = x$ 与曲线 $y = x^2$ 所围成的区域 D 为如图 3.4 所示的阴影部分，区域 D 的面积为

$$S(D) = \int_0^1 dx \int_{x^2}^x dy = \frac{1}{6}.$$

所以 (X,Y) 的联合概率密度函数为

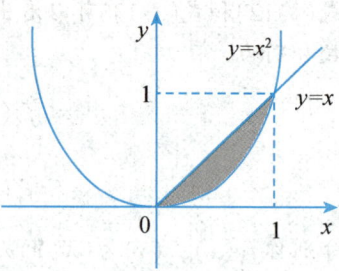

图 3.4 二维均匀分布 D 的区域

$$f(x,y) = \begin{cases} 6, & x^2 \leq y \leq x, \\ 0, & \text{其他}. \end{cases}$$

当 $x < 0$ 或 $x > 1$ 时，$f_X(x) = \int_{-\infty}^{+\infty} f(x,y) dy = 0$；

当 $0 \leq x \leq 1$ 时，$f_X(x) = \int_{-\infty}^{+\infty} f(x,y) dy = \int_{x^2}^x 6 dy = 6(x - x^2)$.

所以

$$f_X(x) = \begin{cases} 6(x - x^2), & 0 \leq x \leq 1, \\ 0, & \text{其他}. \end{cases}$$

同理

$$f_Y(y) = \int_{-\infty}^{+\infty} f(x,y)\mathrm{d}x = \begin{cases} \int_y^{\sqrt{y}} 6\mathrm{d}x, & 0 \leqslant y \leqslant 1, \\ 0, & 其他. \end{cases}$$

$$= \begin{cases} 6(\sqrt{y} - y), & 0 \leqslant y \leqslant 1, \\ 0, & 其他. \end{cases}$$

例 3.9　若 $(X,Y) \sim N(\mu_1, \mu_2, \sigma_1^2, \sigma_2^2, \rho)$，求 (X,Y) 关于 X 和 Y 的边缘概率密度函数 $f_X(x)$ 和 $f_Y(y)$.

解　令 $s = \dfrac{x - \mu_1}{\sigma_1}, t = \dfrac{y - \mu_2}{\sigma_2}$，则

$$f_X(x) = \int_{-\infty}^{+\infty} f(x,y)\mathrm{d}y = \int_{-\infty}^{+\infty} \frac{1}{2\pi\sigma_1\sigma_2\sqrt{1-\rho^2}} \mathrm{e}^{-\frac{1}{2(1-\rho^2)}(s^2 - 2\rho st + t^2)} \sigma_2 \mathrm{d}t$$

$$= \frac{\sigma_2 \mathrm{e}^{-\frac{s^2}{2}}}{2\pi\sigma_1\sigma_2\sqrt{1-\rho^2}} \int_{-\infty}^{+\infty} \mathrm{e}^{-\frac{(t-\rho s)^2}{2(1-\rho^2)}}\mathrm{d}t = \frac{\mathrm{e}^{-\frac{s^2}{2}}}{\sqrt{2\pi}\sigma_1} \int_{-\infty}^{+\infty} \frac{1}{\sqrt{2\pi}\sqrt{1-\rho^2}} \mathrm{e}^{-\frac{(t-\rho s)^2}{2(1-\rho^2)}}\mathrm{d}t$$

$$= \frac{1}{\sqrt{2\pi}\sigma_1} \mathrm{e}^{-\frac{s^2}{2}} = \frac{1}{\sqrt{2\pi}\sigma_1} \mathrm{e}^{-\frac{(x-\mu_1)^2}{2\sigma_1^2}}, \quad -\infty < x < +\infty.$$

同理可得

$$f_Y(y) = \frac{1}{\sqrt{2\pi}\sigma_2} \mathrm{e}^{-\frac{(y-\mu_2)^2}{2\sigma_2^2}}, \quad -\infty < y < +\infty.$$

同理：若 $(X,Y) \sim N(0,0,1,1,\rho)$，则 (X,Y) 关于 X 和 Y 的边缘概率密度函数 $f_X(x)$ 和 $f_Y(y)$ 分别为

$$f_X(x) = \frac{1}{\sqrt{2\pi}} \mathrm{e}^{-\frac{x^2}{2}}, \quad f_Y(y) = \frac{1}{\sqrt{2\pi}} \mathrm{e}^{-\frac{y^2}{2}}.$$

由此可以看出，$X \sim N(\mu_1, \sigma_1^2), Y \sim N(\mu_2, \sigma_2^2)$，即<u>二维正态分布的边缘分布是一维正态分布</u>.

此例中，边缘密度函数 $f_X(x)$ 和 $f_Y(y)$ 中均不含联合密度函数 $f(x,y)$ 中的参数 ρ，这也说明边缘分布一般来说是不能确定联合分布的.

3.2.2　条件分布

设一个班级的学生的身高（单位：cm）是服从正态分布的，其中男生的身高服从正态分布 $N(170,9)$，女生的身高服从正态分布 $N(162,9)$. 用 X 表示该班级学生的身高，定义随机变量 Y 为

$$Y = \begin{cases} 0, & 若为男生, \\ 1, & 若为女生. \end{cases}$$

显然随机变量 Y 的取值会对事件 $\{X \leqslant x\}$ 发生的概率产生影响. 例如，当 $Y = 0$ 时，$X \sim N(170,9)$，所以

$$P\{X \leqslant x \mid Y = 0\} = \int_{-\infty}^{x} \frac{1}{3\sqrt{2\pi}} \mathrm{e}^{-\frac{(u-170)^2}{2 \times 9}}\mathrm{d}u.$$

此时称 $P\{X \leqslant x \mid Y = 0\}$ 为在 $Y = 0$ 的条件下 X 的<u>条件分布函数</u>.

1. 二维离散型随机变量的条件分布律

定义 10 设 (X,Y) 是二维离散型随机变量,其联合概率分布为

$$p_{ij} = P\{X = x_i, Y = y_j\}(i,j = 1,2,\cdots).$$

(X,Y) 关于 X 和 Y 的边缘分布律分别为

$$P\{X = x_i\} = p_{i\cdot} = \sum_{j=1}^{\infty} p_{ij}(i = 1,2,\cdots).$$

$$P\{Y = y_j\} = p_{\cdot j} = \sum_{i=1}^{\infty} p_{ij}(j = 1,2,\cdots). \tag{3.17}$$

对固定的 j,若 $P\{Y = y_j\} > 0$,则称

$$P\{X = x_i \mid Y = y_j\} = \frac{P\{X = x_i, Y = y_j\}}{P\{Y = y_j\}} = \frac{p_{ij}}{p_{\cdot j}}(i = 1,2,\cdots) \tag{3.18}$$

为在 $Y = y_j$ 的条件下 X 的**条件分布律**.

同样地,对固定的 i,若 $P\{X = x_i\} > 0$,则称

$$P\{Y = y_j \mid X = x_i\} = \frac{P\{X = x_i, Y = y_j\}}{P\{X = x_i\}} = \frac{p_{ij}}{p_{i\cdot}}(j = 1,2,\cdots) \tag{3.19}$$

为在 $X = x_i$ 的条件下 Y 的**条件分布律**.

易知 $P\{X = x_i \mid Y = y_j\} = \dfrac{p_{ij}}{p_{\cdot j}}(i = 1,2,\cdots)$ 满足分布律的两个性质,即

① $P\{X = x_i \mid Y = y_j\} \geqslant 0$;

② $\sum\limits_{i=1}^{\infty} P\{X = x_i \mid Y = y_j\} = 1$.

同样地, $P\{Y = y_j \mid X = x_i\} = \dfrac{p_{ij}}{p_{i\cdot}}(j = 1,2,\cdots)$ 也满足分布律的两个性质.

若 $P\{Y = y_j\} > 0$,在 $Y = y_j(j = 1,2,\cdots)$ 的条件下 X 的条件分布函数为

$$P\{X \leqslant x \mid Y = y_j\} = \frac{P\{X \leqslant x, Y = y_j\}}{P\{Y = y_j\}} = \frac{\sum_{x_i \leqslant x} p_{ij}}{p_{\cdot j}}. \tag{3.20}$$

若 $P\{X = x_i\} > 0$,在 $X = x_i(i = 1,2,\cdots)$ 的条件下 Y 的条件分布函数为

$$P\{Y \leqslant y \mid X = x_i\} = \frac{P\{X = x_i, Y \leqslant y\}}{P\{X = x_i\}} = \frac{\sum_{y_j \leqslant y} p_{ij}}{p_{i\cdot}}. \tag{3.21}$$

例 3.10 设 (X,Y) 的联合分布律及边缘分布律见表 3.6.

表 3.6 (X,Y) 的联合分布律及边缘分布律

X	Y			$p_{i\cdot}$
	0	1	2	
0	0.1	0.2	0	0.3
1	0.3	0.05	0.1	0.45
2	0.15	0	0.1	0.25
$p_{\cdot j}$	0.55	0.25	0.2	1

① 求在 $X = 1$ 的条件下 Y 的条件分布律;② 求在 $Y = 0$ 的条件下 X 的条件分布律.

解 ① 在 $X=1$ 的条件下 Y 的条件分布律见表 3.7.

表 3.7 $X=1$ 的条件下 Y 的条件分布律

$Y=k$	0	1	2
$P\{Y=k\mid X=1\}$	$\dfrac{2}{3}$	$\dfrac{1}{9}$	$\dfrac{2}{9}$

② 同样可求得在 $Y=0$ 的条件下 X 的条件分布律见表 3.8.

表 3.8 $Y=0$ 的条件下 X 的条件分布律

$X=k$	0	1	2
$P\{X=k\mid Y=1\}$	$\dfrac{2}{11}$	$\dfrac{6}{11}$	$\dfrac{3}{11}$

2. 二维连续型随机变量的条件概率密度

对于二维连续型随机变量 (X,Y) 来说,由于对任意给定的 x,有 $P\{X=x\}=0$,因此不能直接利用条件概率公式来引入条件分布函数 $P\{Y\leqslant y\mid X=x\}$. 这时我们可以考虑用 $P\{Y\leqslant y\mid X=x\}=\lim\limits_{\Delta x\to 0^+}P\{Y\leqslant y\mid x-\Delta x<X\leqslant x\}$ 来定义条件分布函数 $P\{Y\leqslant y\mid X=x\}$.

当 (X,Y) 的联合概率密度函数和边缘密度函数均为连续函数时,则有

$$P\{y\leqslant y\mid X=x\}=\lim_{\Delta x\to 0^+}P\{Y\leqslant y\mid x-\Delta x<X\leqslant x\}$$

$$=\lim_{\Delta x\to 0^+}\frac{P\{x-\Delta x<X\leqslant x,Y\leqslant y\}}{P\{x-\Delta x<X\leqslant x\}}$$

$$=\lim_{\Delta x\to 0^+}\frac{\int_{x-\Delta x}^{x}\mathrm{d}u\int_{-\infty}^{y}f(u,v)\mathrm{d}v}{\int_{x-\Delta x}^{x}f_X(u)\mathrm{d}u}.$$

当 $f_X(x)>0$ 时,利用积分中值定理,有

$$P\{Y\leqslant y\mid X=x\}=\frac{\int_{-\infty}^{y}f(x,v)\mathrm{d}v}{f_X(x)}=\int_{-\infty}^{y}\frac{f(x,v)}{f_X(x)}\mathrm{d}v.$$

由一维随机变量分布函数与密度函数之间的关系,我们给出以下定义.

定义 11 设二维连续型随机变量 (X,Y) 的概率密度函数为 $f(x,y)$,(X,Y) 关于 X 和 Y 的边缘概率密度函数分别为 $f_X(x),f_Y(y)$,若对固定的 x,$f_X(x)>0$,则称 $\dfrac{f(x,y)}{f_X(x)}$ 为在给定 $X=x$ 的条件下 Y 的**条件密度函数**(或**条件概率密度**).记为 $f_{Y\mid X}(y\mid x)$,即

$$f_{Y\mid X}(y\mid x)=\frac{f(x,y)}{f_X(x)}. \tag{3.22}$$

在给定 $X=x$ 的条件下 Y 的条件分布函数为

$$P\{Y\leqslant y\mid X=x\}\stackrel{\Delta}{=}F_{Y\mid X}(y\mid x)=\int_{-\infty}^{y}f_{Y\mid X}(y\mid x)\mathrm{d}y. \tag{3.23}$$

类似地,若对固定的 y,$f_Y(y)>0$,则定义在给定 $Y=y$ 的条件下 X 的**条件密度函数**(或**条件概率密度**)为

$$f_{X\mid Y}(x\mid y)=\frac{f(x,y)}{f_Y(y)}. \tag{3.24}$$

在给定 $Y=y$ 的条件下 X 的条件分布函数为

$$P\{X \leq x \mid Y = y\} \stackrel{\Delta}{=\!=} F_{X\mid Y}(x \mid y) = \int_{-\infty}^{x} f_{X\mid Y}(x \mid y) \mathrm{d}x. \tag{3.25}$$

容易验证条件密度函数 $f_{Y\mid X}(y \mid x)$ 满足以下性质：

① $f_{Y\mid X}(y \mid x) \geq 0$；

② $\int_{-\infty}^{+\infty} f_{Y\mid X}(y \mid x) \mathrm{d}y = 1$；

③ 在 $f_{Y\mid X}(y \mid x)$ 的连续点 y 处有 $F'_{Y\mid X}(y \mid x) = f_{Y\mid X}(y \mid x)$；

④ 对任意的 $a < b$，有 $P\{a < Y \leq b \mid X = x\} = F_{Y\mid X}(b \mid x) - F_{Y\mid X}(a \mid x) = \int_a^b f_{Y\mid X}(y \mid x) \mathrm{d}y$，同样地，条件密度函数 $f_{X\mid Y}(x \mid y)$ 也有以上类似的性质.

例 3.11 设二维随机变量 (X, Y) 在区域 $D = \{(X, Y) \mid x^2 + y^2 \leq 1\}$ 上服从均匀分布，求：(1) $f_{Y\mid X}(y \mid x)$；(2) $f_{X\mid Y}(x \mid y)$；(3) $P\left\{Y \leq \dfrac{1}{2} \,\middle|\, X = \dfrac{1}{2}\right\}$.

解 (1) (X, Y) 的概率密度函数为

$$f(x, y) = \begin{cases} \dfrac{1}{\pi}, & x^2 + y^2 \leq 1, \\ 0, & \text{其他.} \end{cases}$$

于是其边缘密度函数为

$$f_X(x) = \int_{-\infty}^{+\infty} f(x, y) \mathrm{d}y = \begin{cases} \int_{-\sqrt{1-x^2}}^{\sqrt{1-x^2}} \dfrac{1}{\pi} \mathrm{d}y, & -1 \leq x \leq 1, \\ 0, & \text{其他.} \end{cases}$$

$$= \begin{cases} \dfrac{2}{\pi} \sqrt{1 - x^2}, & -1 \leq x \leq 1, \\ 0, & \text{其他.} \end{cases}$$

$$f_Y(x) = \int_{-\infty}^{+\infty} f(x, y) \mathrm{d}x = \begin{cases} \dfrac{2}{\pi} \sqrt{1 - y^2}, & -1 \leq y \leq 1, \\ 0, & \text{其他.} \end{cases}$$

当 $-1 < x < 1$ 时，$f_X(x) > 0$，此时

$$f_{Y\mid X}(y \mid x) = \dfrac{f(x, y)}{f_X(x)} = \begin{cases} \dfrac{1}{2\sqrt{1 - x^2}}, & -\sqrt{1 - x^2} \leq y \leq \sqrt{1 - x^2}, \\ 0, & \text{其他.} \end{cases}$$

(2) 当 $-1 < y < 1$ 时，$f_Y(y) > 0$，此时

$$f_{X\mid Y}(x \mid y) = \dfrac{f(x, y)}{f_Y(y)} = \begin{cases} \dfrac{1}{2\sqrt{1 - y^2}}, & -\sqrt{1 - y^2} \leq x \leq \sqrt{1 - y^2}, \\ 0, & \text{其他.} \end{cases}$$

(3) 由 (1) 知

$$f_{Y\mid X}\left(y \,\middle|\, \dfrac{1}{2}\right) = \begin{cases} \dfrac{1}{2\sqrt{1 - \left(\dfrac{1}{2}\right)^2}}, & -\sqrt{1 - \left(\dfrac{1}{2}\right)^2} \leq y \leq \sqrt{1 - \left(\dfrac{1}{2}\right)^2}, \\ 0, & \text{其他.} \end{cases}$$

于是所求概率为

$$P\left\{Y \leq \dfrac{1}{2} \,\middle|\, X = \dfrac{1}{2}\right\} = \int_{-\infty}^{\frac{1}{2}} f_{Y\mid X}\left(y \,\middle|\, \dfrac{1}{2}\right) \mathrm{d}y = \int_{-\frac{\sqrt{3}}{2}}^{\frac{1}{2}} \dfrac{\sqrt{3}}{3} \mathrm{d}y = \dfrac{3 + \sqrt{3}}{6}.$$

例 3.12 设 $(X,Y) \sim N(\mu_1,\mu_2,\sigma_1^2,\sigma_2^2,\rho)$，求 $f_{X|Y}(x|y)$ 和 $f_{Y|X}(y|x)$。

解 由例 3.9 知 $X \sim N(\mu_1,\sigma_1^2),Y \sim N(\mu_2,\sigma_2^2)$，于是

$$f_{X|Y}(x|y) = \frac{f(x,y)}{f_Y(y)}$$

$$= \frac{1}{\sqrt{2\pi}\sigma_1\sqrt{1-\rho^2}} \cdot \exp\left\{-\frac{1}{2(1-\rho^2)}\left(\frac{x-\mu_1}{\sigma_1}-\rho\frac{y-\mu_2}{\sigma_2}\right)^2\right\}$$

$$= \frac{1}{\sqrt{2\pi}\sigma_1\sqrt{1-\rho^2}} \cdot \exp\left\{-\frac{1}{2\sigma_1^2(1-\rho^2)}\left[x-\left(\mu_1+\rho\frac{\sigma_1}{\sigma_2}(y-\mu_2)\right)\right]^2\right\}.$$

由此可以看出，在 $Y=y$ 的条件下 X 的条件分布是正态分布

$$N\left[\mu_1+\rho\frac{\sigma_1}{\sigma_2}(y-\mu_2),\sigma_1^2(1-\rho^2)\right].$$

同样地，可以得到

$$f_{Y|X}(y|x) = \frac{1}{\sqrt{2\pi}\sigma_2\sqrt{1-\rho^2}} \cdot \exp\left\{-\frac{1}{2\sigma_2^2(1-\rho^2)}\left[y-\left(\mu_2+\rho\frac{\sigma_2}{\sigma_1}(x-\mu_1)\right)\right]^2\right\}.$$

即在 $X=x$ 的条件下，Y 的条件分布是正态分布 $N\left[\mu_2+\rho\frac{\sigma_2}{\sigma_1}(x-\mu_1),\sigma_2^2(1-\rho^2)\right]$。

例 3.13 设随机变量 $X \sim U(0,1)$，当给定 $X=x(0<x<1)$ 时，随机变量 Y 的条件密度函数为

$$f_{Y|X}(y|x) = \begin{cases} x, & 0<y<\frac{1}{x}, \\ 0, & \text{其他}. \end{cases}$$

求：(1) (X,Y) 的概率密度函数 $f(x,y)$；(2) 边缘密度函数 $f_Y(y)$。

解 (1) 因为 $X \sim U(0,1)$，所以 X 的概率密度为

$$f_X(x) = \begin{cases} 1, & 0<x<1, \\ 0, & \text{其他}. \end{cases}$$

于是，(X,Y) 的联合概率密度函数为

$$f(x,y) = f_{Y|X}(y|x) \cdot f_X(x) = \begin{cases} x, & 0<y<\frac{1}{x}, 0<x<1, \\ 0, & \text{其他}. \end{cases}$$

(2) (X,Y) 关于 Y 的边缘密度函数为

$$f_Y(y) = \int_{-\infty}^{+\infty} f(x,y)\,\mathrm{d}x$$

$$= \begin{cases} 0, & y \leq 0, \\ \int_0^1 x\,\mathrm{d}x, & 0<y<1, \\ \int_0^{1/y} x\,\mathrm{d}x, & y \geq 1, \end{cases}$$

$$= \begin{cases} 0, & y \leq 0, \\ \dfrac{1}{2}, & 0<y<1, \\ \dfrac{1}{2y^2}, & y \leq 1. \end{cases}$$

§3.3 随机变量的独立性

本节内容概要

1. 设 $F(x,y)$ 为 (X,Y) 的分布函数,X,Y 的边缘分布函数分别为 $F_X(x),F_Y(y)$,若对任意的实数 x,y,有
$$P\{\{X \leqslant x\} \cap \{Y = y\}\} = P\{X \leqslant x\}P\{Y \leqslant y\} \text{ 或 } F(x,y) = F_X(x)F_Y(y).$$
则称随机变量 X 和 Y 是相互独立的.

2. 若 (X,Y) 是离散型随机变量,则 X 与 Y 相互独立的充要条件是:对于 (X,Y) 所有可能的取值 (x_i,y_j),有
$$P\{X = x_i, Y = y_j\} = P\{X = x_i\}P\{Y = y_j\} \text{ 或 } p_{ij} = p_i.p_{.j}(i,j = 1,2,\cdots).$$
若 $X_1,X_2,\cdots,X_n$ 对其任意 n 个取值 $x_1,x_2,\cdots,x_n$,有
$$P\{X_1 = x_1, X_2 = x_2, \cdots, X_n = x_n\} = \prod_{i=1}^{n} P\{X_i = x_i\},$$
则称 $X_1,X_2,\cdots,X_n$ 相互独立. 否则称 $X_1,X_2,\cdots,X_n$ 不相互独立.

3. 若 (X,Y) 是连续型随机变量,则 X 与 Y 相互独立的充要条件是
$$f(x,y) = f_X(x)f_Y(y)$$
在平面上几乎处处成立.

设 n 维连续随机变量 $(X_1,X_2,\cdots,X_n)$ 的联合密度函数为 $f(x_1,x_2,\cdots,x_n)$,且 $f_{X_i}(x_i)$ 为 X_i 的边际密度函数. 若对于任意 n 个实数 $x_1,x_2,\cdots,x_n$,有
$$f(x_1,x_2,\cdots,x_n) = \prod_{i=1}^{n} f_{X_i}(x_i),$$
则称 $X_1,X_2,\cdots,X_n$ 相互独立. 否则称 $X_1,X_2,\cdots,X_n$ 不相互独立.

3.3.1 两个随机变量相互独立的定义

在第 1 章里我们介绍了随机事件独立性的概念,因为随机变量是用来描述随机事件的,我们自然会想到随机变量也应有类似的概念. 注意到:事件 A 和事件 B 相互独立等价于 $P(AB) = P(A)P(B)$. 受此启发,我们给出两个随机变量相互独立的概念,这是一个十分重要的概念,它在概率论中有非常重要的地位.

定义 12 设 $F(x,y)$ 为 (X,Y) 的分布函数,X,Y 的边缘分布函数分别为 $F_X(x)$,$F_Y(y)$,若对任意的实数 x,y,有
$$P\{\{X \leqslant x\} \cap \{Y = y\}\} = P\{X \leqslant x\}P\{Y \leqslant y\}, \tag{3.26}$$
即
$$F(x,y) = F_X(x)F_Y(y). \tag{3.27}$$
则称随机变量 X 和 Y 是 **相互独立** 的.

在前一节的讨论中,我们知道联合概率分布可以确定边缘概率分布,但边缘概率分

布一般来说是不能确定联合概率分布的. 由独立性的定义我们可以看出,当随机变量 X 和 Y 相互独立时,由边缘概率分布也可以确定联合概率分布.

例 3.14 证明:若随机变量 X 只取一个值 c,即 $P\{X=c\}=1$,则 X 与任意的随机变量 Y 独立(退化的随机变量与任意随机变量独立).

证明 X 的分布函数为

$$F_X(x) = \begin{cases} 0, & x < c, \\ 1, & x \geq c. \end{cases}$$

设 Y 的分布函数为 $F_Y(y)$,(X,Y) 的联合分布函数为 $F(x,y)$.

当 $x < c$ 时,$F(x,y) = P\{X \leq x, Y \leq y\} = 0 = F_X(x)F_Y(y)$.

当 $x \geq c$ 时,$F(x,y) = P\{X \leq x, Y \leq y\} = P\{Y \leq y\} = F_X(x)F_Y(y)$.

所以,对任意实数 x, y,都有 $F(x,y) = F_X(x)F_Y(y)$,故 X 与 Y 相互独立.

例 3.15 设 $X \sim N(0,1)$,$Y = |X|$,证明 X 与 Y 不独立.

证明 因为 $P\{X \leq 1, Y \leq 1\} = P\{X \leq 1, |X| \leq 1\}$
$= P\{X \leq 1, -1 \leq X \leq 1\} = P\{|X| \leq 1\}$.

又 $0 < P\{X \leq 1\} < 1$,所以 $P\{X \leq 1, Y \leq 1\} \neq P\{X \leq 1\}P\{Y \leq 1\}$. 即随机变量 X 与 Y 不独立.

3.3.2 独立性的判别定理

对于离散型随机变量 (X,Y) 来说,由于其联合分布函数与联合分布律可以相互唯一确定,于是我们有以下结论:

> **定理 1** 若 (X,Y) 是离散型随机变量,则 X 与 Y 相互独立的充要条件是:对于 (X,Y) 所有可能的取值 (x_i, y_j),有
>
> $$P\{X = x_i, Y = y_j\} = P\{X = x_i\}P\{Y = y_j\}, \tag{3.28}$$
>
> 或
>
> $$p_{ij} = p_{i\cdot} p_{\cdot j} (i,j = 1,2,\cdots). \tag{3.29}$$

在实际中,由于离散型随机变量 (X,Y) 的联合分布函数不容易得到,因此,使用式(3.28)或式(3.29)来判别 X 与 Y 的独立性要比使用式(3.27)来得方便.

例 3.16 例 3.7 中的随机变量 X 与 Y 是否相互独立?

解 当摸球有放回时,(X,Y) 的联合分布律及边缘分布律见表 3.9.

表 3.9 (X,Y) 的联合分布律及边缘分布律(摸球有放回时)

Y	X		$p_{\cdot j}$
	0	1	
0	$\frac{3}{5} \times \frac{3}{5}$	$\frac{2}{5} \times \frac{3}{5}$	$\frac{3}{5}$
1	$\frac{3}{5} \times \frac{2}{5}$	$\frac{2}{5} \times \frac{2}{5}$	$\frac{2}{5}$
$p_{i\cdot}$	$\frac{3}{5}$	$\frac{2}{5}$	1

从表 3.9 中可以得到

$$P\{X = i, Y = j\} = P\{X = i\}P\{Y = j\} (i,j = 0,1).$$

此时,随机变量 X 与 Y 是相互独立的.

当摸球不放回时,(X,Y) 的联合分布律及边缘分布律见表 3.10.

由于 $P\{X=0,Y=0\} = \dfrac{3}{5} \times \dfrac{2}{4} \neq P\{X=0\}P\{Y=0\}$,此时,随机变量 X 与 Y 不是相互独立的.

表 3.10 (X,Y) 的联合分布律及边缘分布律(摸球不放回时)

Y	X		$p_{\cdot j}$
	0	1	
0	$\dfrac{3}{5} \times \dfrac{2}{4}$	$\dfrac{2}{5} \times \dfrac{3}{4}$	$\dfrac{3}{5}$
1	$\dfrac{3}{5} \times \dfrac{2}{4}$	$\dfrac{2}{5} \times \dfrac{1}{4}$	$\dfrac{2}{5}$
$p_{i\cdot}$	$\dfrac{3}{5}$	$\dfrac{2}{5}$	1

例 3.17 设随机变量 X 与 Y 相互独立,且 $P\{X=1\} = P\{Y=1\} = p > 0$,
$$P\{X=0\} = P\{Y=0\} = 1-p > 0.$$

定义随机变量

$$Z = \begin{cases} 1, & \text{若 } X+Y \text{ 为偶数}, \\ 0, & \text{若 } X+Y \text{ 为奇数}, \end{cases}$$

问 p 取什么值时随机变量 X 与 Z 独立?

解 $P\{X=0,Z=0\} = P\{X=0,Y=1\} = P\{X=0\}P\{Y=1\} = (1-p)p,$
$P\{X=0,Z=1\} = P\{X=0,Y=0\} = P\{X=0\}P\{Y=0\} = (1-p)^2,$
$P\{X=1,Z=0\} = P\{X=1,Y=0\} = P\{X=1\}P\{Y=0\} = p(1-p),$
$P\{X=1,Z=1\} = P\{X=1,Y=1\} = P\{X=1\}P\{Y=1\} = p^2.$

则 (X,Z) 的联合分布律及边缘分布律见表 3.11.

表 3.11 (X,Z) 的联合分布律及边缘分布律

X	Z		$p_{i\cdot}$
	0	1	
0	$(1-p)p$	$(1-p)^2$	$1-p$
1	$p(1-p)$	p^2	p
$p_{\cdot j}$	$2p(1-p)$	$(1-p)^2+p^2$	1

要使随机变量 X 与 Z 独立,则应有 $P\{X=0,Z=0\} = P\{X=0\}P\{Z=0\}$,即 $(1-p)p = (1-p)[2p(1-p)]$,由此得 $p = \dfrac{1}{2}$,可以验证当 $p = \dfrac{1}{2}$ 时,随机变量 X 与 Z 是相互独立的.

对于连续型随机变量,我们不加证明地给出下面独立性的**判别定理**:

定理 2 若 (X,Y) 是连续型随机变量,则 X 与 Y 相互独立的充要条件是等式
$$f(x,y) = f_X(x)f_Y(y) \tag{3.30}$$
在平面上几乎处处成立.

此处"**几乎处处**"的含义是:在平面上除去"面积"为零的集合以外处处成立.

特别地,若 X 与 Y 相互独立,则在 $f(x,y), f_X(x)$ 及 $f_Y(y)$ 的连续点 (x,y) 处有 $f(x,y) = f_X(x)f_Y(y)$.

例 3.18 设 (X,Y) 的概率密度函数为

$$f(x,y) = \begin{cases} 6e^{-(2x+3y)}, & x>0, y>0, \\ 0, & \text{其他}. \end{cases}$$

问随机变量 X 与 Y 是否相互独立?

解 (X,Y) 关于 X 和 Y 的边缘概率密度函数分别为

$$f_X(x) = \int_{-\infty}^{+\infty} f(x,y)\,dy = \begin{cases} 2e^{-2x}, & x>0, \\ 0, & \text{其他}. \end{cases}$$

$$f_Y(y) = \int_{-\infty}^{+\infty} f(x,y)\,dx = \begin{cases} 3e^{-3y}, & y>0, \\ 0, & \text{其他}. \end{cases}$$

显然,对任意的 x,y 有 $f(x,y) = f_X(x)f_Y(y)$,因此,X 与 Y 是相互独立的.

例 3.19 设二维随机变量 (X,Y) 在区域 $D = \{(X,Y) \mid x^2 + y^2 \leq 1\}$ 上服从均匀分布,问随机变量 X 与 Y 是否相互独立?

解 (X,Y) 的概率密度函数为

$$f(x,y) = \begin{cases} \dfrac{1}{\pi}, & x^2 + y^2 \leq 1, \\ 0, & \text{其他}. \end{cases}$$

于是其边缘密度函数为

$$f_X(x) = \begin{cases} \dfrac{2}{\pi}\sqrt{1-x^2}, & -1 \leq x \leq 1, \\ 0, & \text{其他}. \end{cases}$$

$$f_Y(x) = \begin{cases} \dfrac{2}{\pi}\sqrt{1-y^2}, & -1 \leq y \leq 1, \\ 0, & \text{其他}. \end{cases}$$

显然,$f(x,y) \neq f_X(x)f_Y(y)$,因此,随机变量 X 与 Y 不独立.

例 3.20 若 $(X,Y) \sim N(\mu_1, \mu_2, \sigma_1^2, \sigma_2^2, \rho)$,证明随机变量 X 与 Y 相互独立的充要条件是 $\rho = 0$.

证明 必要性 若随机变量 X 与 Y 相互独立,由于 $f(x,y), f_X(x), f_Y(y)$ 均为连续函数,所以,对于任意的 x,y 有 $f(x,y) = f_X(x)f_Y(y)$,特别地,应有

$$f(\mu_1, \mu_2) = f_X(\mu_1)f_Y(\mu_2).$$

即

$$\frac{1}{2\pi\sigma_1\sigma_2\sqrt{1-\rho^2}} = \frac{1}{2\pi\sigma_1\sigma_2}.$$

由此得到 $\rho = 0$.

充分性 若 $\rho = 0$,则对于任意的 x,y 有

$$f(x,y) = \frac{1}{2\pi\sigma_1\sigma_2}e^{-\frac{1}{2}\left[\frac{(x-\mu_1)^2}{\sigma_1^2} + \frac{(y-\mu_2)^2}{\sigma_2^2}\right]} = f_X(x)f_X(y),$$

所以随机变量 X 与 Y 相互独立.

下面我们不加证明地给出一个结论.它在判别随机变量独立性时很有用.

定理 3 若随机变量 X 与 Y 相互独立,$g(x), h(x)$ 是两个任意函数,则随机变量 $g(X)$ 与 $h(Y)$ 相互独立.

例如,若随机变量 X 与 Y 相互独立,则 X^2 与 Y^2 也相互独立. 若 X^2 与 Y^2 不独立,则 X 与 Y 一定不独立. 但要注意:若 X^2 与 Y^2 独立, X 与 Y 并不一定相互独立.

3.3.3　n 个随机变量的相互独立性

> **定义 13**　设 $(X_1, X_2, \cdots, X_n)$ 为 n 维随机变量, $x_1, x_2, \cdots, x_n$ 为任意实数, n 元函数
> $$F(x_1, x_2, \cdots, x_n) = P\{X_1 \leqslant x_1, X_2 \leqslant x_2, \cdots, X_n \leqslant x_n\} \quad (3.31)$$
> 称为 n 维随机变量 $(X_1, X_2, \cdots, X_n)$ 的**联合分布函数**,或简称**分布函数**.

> **定义 14**　设 $(X_1, X_2, \cdots, X_n)$ 为 n 维随机变量,其联合分布函数为 $F(x_1, x_2, \cdots, x_n)$,边缘分布函数为 $F_{X_i}(x_i)(i = 1, 2, \cdots, n)$,若对任意的实数 $x_1, x_2, \cdots, x_n$ 恒有
> $$F(x_1, x_2, \cdots, x_n) = F_{X_1}(x_1) F_{X_2}(x_2) \cdots F_{X_n}(x_n), \quad (3.32)$$
> 则称随机变量 $X_1, X_2, \cdots, X_n$ 是相互独立的,其中 $F_{X_i}(x_i) = F(+\infty, \cdots, +\infty, x_i, +\infty, \cdots, +\infty), i = 1, 2, \cdots, n$.

由定义可知,若随机变量 $X_1, X_2, \cdots, X_n$ 是相互独立的,则 $X_1, X_2, \cdots, X_n$ 一定是两两独立的. 但是,若 $x_1, x_2, \cdots, x_n$ 两两独立,则 $X_1, X_2, \cdots, X_n$ 不一定是相互独立的.

> **定义 15**　设随机变量 $(X_1, X_2, \cdots, X_m)$ 的分布函数为 $F_1(x_1, x_2, \cdots, x_m)$,随机变量 $(Y_1, Y_2, \cdots, Y_n)$ 的分布函数为 $F_2(y_1, y_2, \cdots, y_n)$,随机变量 $(X_1, X_2, \cdots, X_m, Y_1, Y_2, \cdots, Y_n)$ 的分布函数为 $F(x_1, x_2, \cdots, x_m, y_1, y_2, \cdots, y_n)$,若对所有的 $x_1, x_2, \cdots, x_m, y_1, y_2, \cdots, y_n$ 有
> $$F(x_1, x_2, \cdots, x_m, y_1, y_2, \cdots, y_n) = F_1(x_1, x_2, \cdots, x_m) F_2(y_1, y_2, \cdots, y_n),$$
> 则称随机变量 $(X_1, X_2, \cdots, X_m)$ 和 $(Y_1, Y_2, \cdots, Y_n)$ 是相互独立的.

> **定理 4**　设 $(X_1, X_2, \cdots, X_m)$ 和 $(Y_1, Y_2, \cdots, Y_n)$ 相互独立, h, g 是两个连续函数,则有
> (1) $X_i(i = 1, 2, \cdots, m)$ 和 $Y_j(j = 1, 2, \cdots, n)$ 相互独立;
> (2) $h(X_1, X_2, \cdots, X_m)$ 和 $g(Y_1, Y_2, \cdots, Y_n)$ 相互独立.

(证明略).

§3.4　二维随机变量函数的分布

> **本节内容概要**
> **1. 最大值、最小值分布**
> 设 $(X_1, X_2, \cdots, X_n)$ 是相互独立、同分布的 n 维连续随机变量,其共同的密度函数和分布函数分别为 $f(x)$ 和 $F(x)$,记作
> $$Y = \min\{X_1, X_2, \cdots, X_n\}, Z = \max\{X_1, X_2, \cdots, X_n\}.$$

则
$$F_Y(y) = 1 - [1 - F(y)]^n; \quad f_Y(y) = n[1-F(y)]^{n-1}f(y);$$
$$F_Z(z) = [F(z)]^n; \quad f_Z(z) = n[F(z)]^{n-1}f(z).$$

2. 分布的可加性

(1) 二项分布.

若 $X \sim b(n,p)$, $Y \sim b(m,p)$,且 X 与 Y 独立,则 $Z = X + Y \sim b(n+m,p)$.

(2) 泊松分布.

若 $X \sim P(\lambda_1)$, $Y \sim P(\lambda_2)$,且 X 与 Y 独立,则 $Z = X + Y \sim P(\lambda_1 + \lambda_2)$.

(3) 正态分布.

若 $X \sim N(\mu_1, \sigma_1^2)$, $Y \sim N(\mu_2, \sigma_2^2)$,且 X 与 Y 独立,则 $Z = X + Y \sim N(\mu_1 + \mu_2, \sigma_1^2 + \sigma_2^2)$.

若 (X,Y) 是二维随机变量,$g(x,y)$ 是一个二元函数,则 $Z = g(X,Y)$ 是一维随机变量,若函数 $g(x,y)$ 表达式是已知的,本节将介绍如何利用二维随机变量 (X,Y) 的分布,求得 $Z = g(X,Y)$ 的分布.

3.4.1 二维离散型随机变量函数的分布

设 (X,Y) 是二维离散型随机变量,其联合分布律为
$$P\{X = x_i, Y = y_j\} = p_{ij}(i,j = 1,2,\cdots).$$
记 $z_k(k = 1,2,\cdots)$ 为 $Z = g(X,Y)$ 的所有可能取值,则 Z 的分布律为
$$P\{Z = z_k\} = P\{g(X,Y) = z_k\} = \sum_{g(x_i,y_j)=z_k} P\{X = x_i, Y = y_j\}(k = 1,2,\cdots).$$

例 3.21 设随机变量 X 与 Y 相互独立,且
$$P\{X = -1\} = P\{Y = -1\} = \frac{1}{2}, P\{X = 1\} = P\{Y = 1\} = \frac{1}{2}.$$
求:(1) $U = X + Y$ 的分布律;(2) $V = XY$ 的分布律;(3) $Z = \max\{X,Y\}$ 的分布律;(4) 问随机变量 X 与 V 是否独立?

解 (1) U 的所有可能取值为 $-2, 0, 2$,其分布律为
$$P\{U = -2\} = P\{X = -1, Y = -1\} = P\{X = -1\}P\{Y = -1\} = \frac{1}{4},$$
$$P\{U = 0\} = P\{X = -1, Y = 1\} + P\{X = 1, Y = -1\} = \frac{1}{2},$$
$$P\{U = 2\} = P\{X = 1, Y = 1\} = \frac{1}{4}.$$

(2) V 的所有可能取值为 $-1, 1$,其分布律为
$$P\{V = -1\} = P\{X = -1, Y = 1\} + P\{X = 1, Y = -1\} = \frac{1}{2},$$
$$P\{V = 1\} = P\{X = -1, Y = -1\} + P\{X = 1, Y = 1\} = \frac{1}{2}.$$

(3) $Z = \max\{X,Y\}$ 的所有可能取值为 $-1, 1$,其分布律为
$$P\{Z = -1\} = P\{\max\{X,Y\} = -1\} = P\{X = -1, Y = -1\} = \frac{1}{4},$$
$$P\{Z = 1\} = 1 - P\{Z = -1\} = \frac{3}{4}.$$

(4) (X,V)的联合分布律为

$$P\{X=-1,V=-1\} = P\{X=-1,XY=-1\} = P\{X=-1,Y=1\} = \frac{1}{4},$$

$$P\{X=-1,V=1\} = P\{X=-1,XY=1\} = P\{X=-1,Y=-1\} = \frac{1}{4},$$

$$P\{X=1,V=-1\} = P\{X=1,XY=-1\} = P\{X=1,Y=-1\} = \frac{1}{4},$$

$$P\{X=1,V=1\} = \{X=1,XY=1\} = P\{X=1,Y=1\} = \frac{1}{4}.$$

(X,V)的联合分布律及边缘分布律见表3.12.

表3.12 (X,V)的联合分布律及边缘分布律

X	V		$p_{i\cdot}$
	-1	1	
-1	$\frac{1}{4}$	$\frac{1}{4}$	$\frac{1}{2}$
1	$\frac{1}{4}$	$\frac{1}{4}$	$\frac{1}{2}$
$p_{\cdot j}$	$\frac{1}{2}$	$\frac{1}{2}$	1

由此可以看出,随机变量X与$V=XY$是相互独立的,此例说明由相同随机变量构成的不同函数也可能是相互独立的.

例3.22 设$X \sim P(\lambda_1), Y \sim P(\lambda_2)$,且$X$与$Y$相互独立,证明$Z = X+Y \sim P(\lambda_1 + \lambda_2)$.

证明 Z的可能取值为$0,1,2,\cdots$,对任意的自然数k有

$$P\{Z=k\} = P\{X+Y=k\} = \sum_{i=1}^{k} P\{X=i, Y=k-i\}$$

$$= \sum_{i=0}^{k} P\{X=i\}P\{Y=k-i\} = \sum_{i=0}^{k} \frac{\lambda_1^i}{i!}e^{-\lambda_1} \frac{\lambda_2^{k-i}}{(k-i)!}e^{-\lambda_2}$$

$$= \frac{e^{-(\lambda_1+\lambda_2)}}{k!} \sum_{i=0}^{k} \frac{k!}{i!(k-i)!}\lambda_1^i \lambda_2^{k-i} = \frac{(\lambda_1+\lambda_2)^k}{k!}e^{-(\lambda_1+\lambda_2)} \quad (k=0,1,2,\cdots).$$

所以,$Z = X+Y \sim P(\lambda_1 + \lambda_2)$.

3.4.2 二维连续型随机变量函数的分布

设(X,Y)是二维连续型随机变量,其概率密度函数为$f(x,y)$,一般地可用分布函数法求得$Z=g(X,Y)$概率密度.

分布函数法的具体步骤是:先求出分布函数$F_Z(z)$.

$$F_Z(z) = P\{Z \le z\} = P\{g(X,Y) \le z\} = P\{(X,Y) \in D_z\} = \iint_{D_z} f(x,y)\,dxdy$$

式中,$D_z = \{(x,y) \mid g(x,y) \le z\}$.

在密度函数$f_Z(z)$的连续点处有,$f_Z(z) = F_Z'(z)$.

下面讨论几种常见的二维连续型随机变量函数的分布.

1. $Z = X+Y$的分布

定理5 设二维连续型随机变量(X,Y)的概率密度函数为$f(x,y)$,则$Z=X+Y$的概率密度为

$$f_Z(z) = \int_{-\infty}^{+\infty} f(z-y, y)\,dy, \tag{3.33}$$

或

$$f_Z(z) = \int_{-\infty}^{+\infty} f(x, z-x)\,dx. \tag{3.34}$$

特别地，若 X 和 Y 相互独立，(X,Y) 关于 X,Y 的边缘密度函数分别为 $f_X(x), f_Y(x)$，则式(3.33)与式(3.34)分别化为

$$f_Z(z) = \int_{-\infty}^{+\infty} f_X(z-y) f_Y(y) \mathrm{d}y, \tag{3.35}$$

和

$$f_Z(z) = \int_{-\infty}^{+\infty} f_X(x) f_Y(z-x) \mathrm{d}x. \tag{3.36}$$

式(3.35)通常称为函数 $f_X(x)$ 和 $f_Y(y)$ 的**卷积**，记为 $f_X * f_Y(z)$，即

$$f_X * f_Y(z) = \int_{-\infty}^{+\infty} f_X(z-y) f_Y(y) \mathrm{d}y.$$

由式(3.36)可以看出 $f_X * f_Y(z) = f_Y * f_X(z)$，我们把式(3.35)或式(3.36)称为**卷积公式**.

证明 $Z = X + Y$ 的分布函数为 $F_Z(z) = P\{Z \leq z\} = \iint\limits_{x+y \leq z} f(x,y) \mathrm{d}x\mathrm{d}y.$

其中积分区域 $x + y \leq z$ 是一半平面(图3.5)，将此积分变为累次积分，得

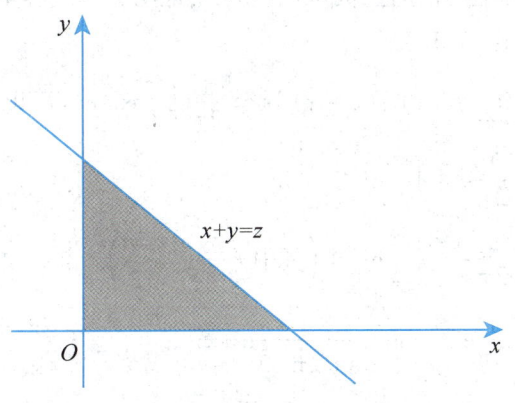

图3.5 随机变量分布函数的积分区域

$$F_Z(z) = \int_{-\infty}^{+\infty} \left[\int_{-\infty}^{z-y} f(x,y) \mathrm{d}x \right] \mathrm{d}y.$$

对于积分 $\int_{-\infty}^{z-y} f(x,y) \mathrm{d}x$，做变量替换 $x = u - y$，有

$$\int_{-\infty}^{z-y} f(x,y) \mathrm{d}x = \int_{-\infty}^{z} f(u-y,y) \mathrm{d}u.$$

因此

$$F_Z(z) = \int_{-\infty}^{+\infty} \left[\int_{-\infty}^{z-y} f(x,y) \mathrm{d}x \right] \mathrm{d}y = \int_{-\infty}^{+\infty} \left[\int_{-\infty}^{z} f(u-y,y) \mathrm{d}u \right] \mathrm{d}y = \int_{-\infty}^{z} \left[\int_{-\infty}^{+\infty} f(u-y,y) \mathrm{d}y \right] \mathrm{d}u.$$

则 Z 的概率密度函数为

$$f_Z(z) = F'_Z(z) = \int_{-\infty}^{+\infty} f(z-y,y) \mathrm{d}y.$$

类似可证式(3.36).

例3.23 设随机变量 (X,Y) 的联合概率密度函数为

$$f(x,y) = \begin{cases} 3(x+y), & 0 \leq x \leq 1, 0 \leq y \leq 1-x, \\ 0, & \text{其他}. \end{cases}$$

求 $Z = X + Y$ 的概率密度函数.

解 由式(3.34)，得 Z 的密度函数为

$$f_Z(z) = \int_{-\infty}^{+\infty} f(x, z-x) \mathrm{d}x.$$

易知当 $\begin{cases} 0 \leq x \leq 1, \\ 0 \leq z-x \leq 1-x, \end{cases}$ 即 $\begin{cases} 0 \leq x \leq 1 \\ x \leq z \leq 1 \end{cases}$ 时，上述积分的被积函数 $f(x, z-x)$ 不等于零，参考图 3.6 可确定 x 在 z 的不同区间上的积分限.

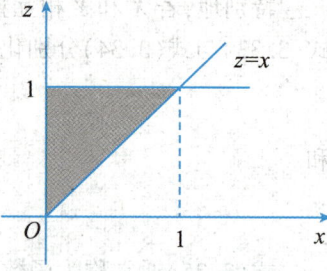

图 3.6　随机变量的非零区域 D

当 $z < 0$ 或 $z > 1$ 时，
$$f_Z(z) = \int_{-\infty}^{+\infty} f(x, z-x) \mathrm{d}x = \int_{-\infty}^{+\infty} 0 \mathrm{d}x = 0,$$
当 $0 \leq z \leq 1$ 时，
$$f_Z(z) = \int_{-\infty}^{+\infty} f(x, z-x) \mathrm{d}x = \int_0^z 3(x+z-x) \mathrm{d}x = 3z^2.$$

所以，$Z = X + Y$ 的概率密度函数为
$$f_Z(z) = \begin{cases} 3z^2, & 0 \leq z \leq 1, \\ 0, & 其他. \end{cases}$$

例 3.24　设 X, Y 相互独立且都服从 $N(0,1)$，证明 $Z = X + Y \sim N(0,2)$.

证明　由卷积公式 (3.36)，有
$$f_Z(z) = \int_{-\infty}^{+\infty} f_X(x) f_Y(z-x) \mathrm{d}x = \frac{1}{2\pi} \int_{-\infty}^{+\infty} \mathrm{e}^{-\frac{x^2}{2}} \mathrm{e}^{-\frac{(z-x)^2}{2}} \mathrm{d}x$$
$$= \frac{1}{2\pi} \mathrm{e}^{-\frac{z^2}{4}} \int_{-\infty}^{+\infty} \mathrm{e}^{-(x-\frac{z}{2})^2} \mathrm{d}x$$
$$= \frac{1}{2\pi} \mathrm{e}^{-\frac{z^2}{4}} \int_{-\infty}^{+\infty} \mathrm{e}^{-t^2} \mathrm{d}t \left(其中\ t = x - \frac{z}{2}\right)$$
$$= \frac{1}{2\pi} \mathrm{e}^{-\frac{z^2}{4}} \sqrt{\pi} = \frac{1}{\sqrt{2\pi} \sqrt{2}} \mathrm{e}^{-\frac{z^2}{2(\sqrt{2})^2}}.$$

所以，$Z \sim N(0,2)$.

利用卷积公式我们可以进一步证明：若 X, Y 相互独立，$X \sim N(\mu_1, \sigma_1^2), Y \sim N(\mu_2, \sigma_2^2)$，则 $X + Y \sim N(\mu_1 + \mu_2, \sigma_1^2 + \sigma_2^2)$. 一般地，有如下重要结论：

> **定理 6**　设 n 个随机变量 $X_1, X_2, \cdots, X_n$ 相互独立，$X_i \sim N(\mu_i, \sigma_i^2), i = 1, 2, \cdots, n$，$k_1, k_2, \cdots, k_n$ 为不全为零的任意实数，则 $k_1 X_1 + k_2 X_2 + \cdots + k_n X_n$ 仍服从正态分布，且
> $$k_1 X_1 + k_2 X_2 + \cdots + k_n X_n \sim N\left(\sum_{i=1}^n k_i \mu_i, \sum_{i=1}^n k_i^2 \sigma_i^2\right).$$

若 $X \sim N(\mu_1, \sigma_1^2), Y \sim N(\mu_2, \sigma_2^2)$，当 X, Y 不独立时，则 $X + Y$ 不一定服从正态分布，但是有以下结论：

> **定理 7**　若二维随机变量 $(X, Y) \sim N(\mu_1, \mu_2, \sigma_1^2, \sigma_2^2, \rho)$，则
> ① $aX + bY \sim N(a\mu_1 + b\mu_2, a^2\sigma_1^2 + b^2\sigma_2^2 + 2ab\rho\sigma_1\sigma_2)$，其中 a, b 为不全为零常数；
> ② 令 $U = aX + bY (a, b\ 不全为零), V = cX + dY(c, d\ 不全为零)$，则 (U, V) 服从二维正态分布.

此定理的证明超出本书的范围，此处略去其证明过程.

2. $Z = \dfrac{X}{Y}$ 的分布、$Z = XY$ 的分布

定理 8 设二维连续型随机变量 (X,Y) 的概率密度函数为 $f(x,y)$，$Z = X + Y$ 的概率密度为

$$f_{Y/X}(z) = \int_{-\infty}^{+\infty} |x| f(x,xz)\mathrm{d}x, \tag{3.37}$$

$$f_{XY}(z) = \int_{-\infty}^{+\infty} \frac{1}{|x|} f\left(x, \frac{z}{x}\right)\mathrm{d}x. \tag{3.38}$$

特别地，若 X 和 Y 相互独立，(X,Y) 关于 X,Y 的边缘密度函数分别为 $f_X(x), f_Y(y)$，则式(3.37)、式(3.38)分别化为

$$f_{Y/X}(z) = \int_{-\infty}^{+\infty} |x| f_X(x) f_Y(xz)\mathrm{d}x, \tag{3.39}$$

$$f_{XY}(z) = \int_{-\infty}^{+\infty} \frac{1}{|x|} f_X(x) f_Y\left(\frac{z}{x}\right)\mathrm{d}x. \tag{3.40}$$

利用分布函数法可以证明式(3.37)和式(3.38)，其证明过程留给读者作为练习.

3. $M = \max\{X,Y\}$ 及 $N = \min\{X,Y\}$ 的分布

定理 9 设 X 和 Y 是两个相互独立的随机变量，它们的分布函数分别为 $F_X(x)$ 和 $F_Y(y)$，则 $M = \max\{X,Y\}$ 的分布函数为

$$F_M(z) = F_X(z) F_Y(z), \tag{3.41}$$

$N = \min\{X,Y\}$ 的分布函数为

$$F_N(z) = 1 - [1 - F_X(z)][1 - F_Y(z)]. \tag{3.42}$$

证明
$$\begin{aligned}
F_M(z) &= P\{M \le z\} = P\{\max\{X,Y\} \le z\} = P\{X \le z, Y \le z\} \\
&= P\{X \le z\} P\{Y \le z\} = F_X(z) F_Y(z),
\end{aligned}$$

$$\begin{aligned}
F_N(z) &= P\{N \le z\} = P\{\min\{X,Y\} \le z\} = 1 - P\{\min\{X,Y\} > z\} \\
&= 1 - P\{X > z, Y > z\} = 1 - P\{X > z\} P\{Y > z\} \\
&= 1 - [1 - P\{X \le z\}][1 - P\{Y \le z\}] \\
&= 1 - [1 - F_X(z)][1 - F_Y(z)].
\end{aligned}$$

以上结果容易推广到 n 个相互独立随机变量的情况. 设 n 个随机变量 $X_1, X_2, \cdots, X_n$ 相互独立，它们的分布函数分别为 $F_{X_i}(x_i)(i = 1,2,\cdots,n)$，则 $M = \max\{X_1, X_2, \cdots, X_n\}$ 和 $\min\{X_1, X_2, \cdots, X_n\}$ 分布函数分别为

$$F_M(z) = F_{X_1}(z) F_{X_2}(z) \cdots F_{X_n}(z), \tag{3.43}$$

$$F_N(z) = 1 - [1 - F_{X_1}(z)][1 - F_{X_2}(z)] \cdots [1 - F_{X_n}(z)]. \tag{3.44}$$

特别地，若 $X_1, X_2, \cdots, X_n$ 是 n 个独立同分布的连续型随机变量，它们的分布函数为 $F(x)$，且 $F'(x) = f(x)$，则 $M = \max\{X_1, X_2, \cdots, X_n\}$ 的分布函数为

$$F_M(z) = [F(z)]^n,$$

$M = \max\{X_1, X_2, \cdots, X_n\}$ 的密度函数为

$$f_M(z) = F'_M(z) = n[F(z)]^{n-1} f(z),$$

$N = \min\{X_1, X_2, \cdots, X_n\}$ 的分布函数为

$$F_N(z) = 1 - [1 - F(z)]^n,$$

$N = \min\{X_1, X_2, \cdots, X_n\}$ 密度函数为

$$f_N(z) = F'_N(z) = n[F(z)]^{n-1} f(z).$$

例 3.25 设系统 L 由相互独立的子系统 L_1,L_2,L_3 连接而成,其连接方式如图 3.7 所示,假设每个子系统的寿命都服从参数为 λ 的指数分布,求系统 L 的寿命 Z 的概率密度.

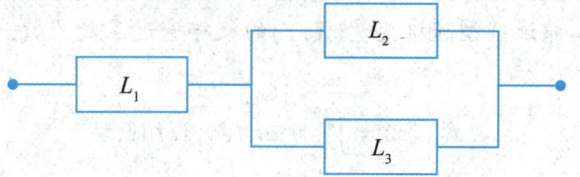

图 3.7 由相互独立的子系统连接而成的系统 L

解 设系统 L_1,L_2,L_3 的寿命分别为 X_1,X_2,X_3,则 X_1,X_2,X_3 相互独立且都服从参数为 λ 的指数分布,它们的分布函数为

$$F(x) = \begin{cases} 1 - e^{-\lambda x}, & x \geq 0, \\ 0, & x < 0. \end{cases}$$

$$1 - F(x) = \begin{cases} e^{-\lambda x}, & x \geq 0, \\ 1, & x < 0. \end{cases}$$

记 $M = \max\{X_2,X_3\}$,则 X_1 与 M 独立,且 $Z = \min\{X_1,M\}$,由式(3.41)知 M 的分布函数为

$$F_M(z) = [F(z)]^2 = \begin{cases} (1 - e^{-\lambda z})^2, & z \geq 0, \\ 0, & z < 0. \end{cases}$$

$$1 - F_M(z) = \begin{cases} 1 - (1 - e^{-\lambda z})^2, & z \geq 0, \\ 1, & z < 0. \end{cases}$$

再由式(3.42)知 $Z = \min\{X_1,M\}$ 的分布函数为

$$F_Z(z) = 1 - [1 - F(z)][1 - F_M(z)]$$

$$= \begin{cases} 1 - 2e^{-2\lambda x} + e^{-3\lambda z}, & z \geq 0, \\ 0, & z < 0. \end{cases}$$

所以 $Z = \min\{X_1,M\}$ 的概率密度函数为

$$f_Z(z) = F'_Z(z) = \begin{cases} 4\lambda e^{-2\lambda z} - 3\lambda e^{-3\lambda z}, & z \geq 0, \\ 0, & z < 0. \end{cases}$$

值得注意的是,利用分布函数法求随机变量函数的分布具有一般性,请看下例.

例 3.26 设 X,Y 相互独立,$X \sim N(0,1), P\{Y=1\} = \dfrac{1}{3}, P\{Y=2\} = \dfrac{2}{3}$,求 $Z = X + Y$ 的概率密度.

解 Z 的分布函数为

$$F_Z(z) = P\{Z \leq z\} = P\{X + Y \leq z\}.$$

于是由此例我们可以看出,若 X 为连续型随机变量,F 为只取有限个值的离散型随机变量,且与 Y 相互独立,则 $X + F$ 是连续型随机变量.

$$P\{X + Y \leq z\} = P\{X + Y \leq z | Y = 1\}P\{Y = 1\} + P\{X + Y \leq z | Y = 2\}P\{Y = 2\}$$

$$= P\{X + 1 \leq z | Y = 1\}P\{Y = 1\} + P\{X + 2 \leq z | Y = 2\}P\{Y = 2\}$$

$$= P\{X \leq z - 1 | Y = 1\}P\{Y = 1\} + P\{X \leq z - 2 | Y = 2\}P\{Y = 2\}$$

$$= P\{X \leq z - 1\}P\{Y = 1\} + P\{X \leq z - 2\}P\{Y = 2\}$$

$$= \frac{1}{3}\Phi(z-1) + \frac{2}{3}\Phi(z-2).$$

于是
$$f_Z(z) = F_Z'(z) = \frac{1}{3}\varphi(z-1) + \frac{2}{3}\varphi(z-2)$$
$$= \frac{1}{3\sqrt{2\pi}}e^{-\frac{(z-1)^2}{2}} + \frac{2}{3\sqrt{2\pi}}e^{-\frac{(z-2)^2}{2}}.$$

由此例可以看出,若 X 为连续型随机变量,Y 为只取有限个值的离散型随机变量,且 X,Y 相互独立,则 $X+Y$ 是连续型随机变量.

习 题

一、单项选择题

1. 设随机变量 X 与 Y 相互独立,且 $X \sim N(3,\sigma^2)$,$Y \sim N(-1,\sigma^2)$,则下列式子中正确的是( ).

A. $P\{X+Y \leq -2\} = 1/2$　　　　B. $P\{X+Y \leq 2\} = 1/2$

C. $P\{X-Y \leq -2\} = 1/2$　　　　D. $P\{X-Y \leq 2\} = 1/2$

2. 设随机变量 X 与 Y 独立同分布:$P\{X=-1\} = P\{Y=-1\} = 1/2$,$P\{X=1\} = P\{Y=1\} = 1/2$,则下列式子中成立的是( ).

A. $P\{X=Y\} = 1/2$　　　　B. $P\{X=Y\} = 1$

C. $P\{X+Y=0\} = 1/4$　　　　D. $P\{XY=1\} = 1/4$

3. 下列二元函数中,不能作为二维随机变量 (X,Y) 分布函数的是( ).

A. $F(x,y) = \begin{cases} (1-e^{-x})(1-e^{-y}), & 0<x<+\infty, 0<y<+\infty, \\ 0, & \text{其他} \end{cases}$

B. $F(x,y) = \frac{1}{\pi^2}\left(\frac{\pi}{2} + \arctan\frac{x}{2}\right)\left(\frac{\pi}{2} + \arctan\frac{x}{3}\right)$

C. $F(x,y) = \begin{cases} 1, & x+2y \geq 1, \\ 0, & x+2y < 1 \end{cases}$

D. $F(x,y) = \begin{cases} 1 - 2^{-x} - 2^{-y} + 2^{-x-y}, & x>0, y>0, \\ 0, & \text{其他} \end{cases}$

4. 设 X_1,X_2 是任意两个相互独立的连续型随机变量,它们的概率密度分别为 $f_1(x)$,$f_2(x)$,分布函数分别是 $F_1(x),F_2(x)$,则下列结论正确的是( ).

A. $f_1(x) + f_2(x)$ 必为某随机变量的概率密度

B. $f_1(x)f_2(x)$ 必为某随机变量的概率密度

C. $F_1(x) + F_2(x)$ 必为某随机变量的分布函数

D. $F_1(x)F_2(x)$ 必为某随机变量的分布函数

5. 已知二维随机变量 $(X,Y) \sim N(1,2,3,4,\rho)$,则随机变量 X 和 Y( ).

A. 一定独立　　　　B. 不一定独立

C. 一定都服从正态分布　　　　D. 不一定都服从正态分布

6. 二维随机变量 $(X,Y) \sim N(1,2,3,4,\rho)$,则 $\rho=0$ 是随机变量 X 和 Y 独立的( ).

A. 充分条件　　　　B. 必要条件

C. 充分必要条件　　　　D. 非充分必要条件

二、填空题

1. 设随机变量 X 与 Y 相互独立,其分布函数分别是 $F_X(x), F_Y(y)$,则 $Z = \min\{X, Y\} - 1$ 的分布函数 $F_Z(z) =$ _____.

2. 设随机变量 X 与 Y 相互独立,$X \sim B(2, p), Y \sim B(3, p)$,且 $P\{X \geq 1\} = 5/9$,则概率 $P\{X + Y = 1\} =$ _____.

3. 设 X 和 Y 为两个随机变量,且 $P\{X \geq 0, Y \geq 0\} = \dfrac{2}{5}, P\{X \geq 0\} = P\{Y \geq 0\} = \dfrac{3}{5}$,则 $P\{\max\{X, Y\} \geq 0\} =$ _____.

4. 设二维随机变量 (X, Y) 的联合概率密度为 $f(x, y) = \begin{cases} 6x, & 0 \leq x \leq y \leq 1, \\ 0, & 其他, \end{cases}$ 则概率 $P\{X + Y \leq 1\} =$ _____.

5. 设二维随机变量 (X, Y) 服从区域 $G = \{(X, Y) \mid 0 \leq X \leq 1, 0 \leq Y \leq 2\}$ 上的均匀分布,令 $Z = \max\{X, Y\}$,则 $P\{Z > 1/2\} =$ _____.

6. 已知二维随机变量 $(X, Y) \sim N(1, 2, 2, 4, 0)$. 若随机变量 $Z = 2X + Y - 3$,则 Z 的概率密度 $f_Z(z) =$ _____.

7. 已知二维随机变量 $(X, Y) \sim N(1, 2, 3, 4, \rho)$,则 $X \sim$ _____,$Y \sim$ _____.

8. 已知 (X, Y) 服从二维正态分布,则随机变量 X 和 Y 独立的充要条件是 $\rho =$ _____.

三、解答题

1. 设 A, B 为两个随机事件,且 $P(A) = \dfrac{1}{4}, P(B \mid A) = \dfrac{1}{3}, P(A \mid B) = \dfrac{1}{2}$,令

$$X = \begin{cases} 1, & A 发生, \\ 0, & A 不发生, \end{cases} \quad Y = \begin{cases} 1, & B 发生, \\ 0, & B 不发生. \end{cases}$$

求二维随机变量 (X, Y) 的概率分布.

2. 设一袋中有 3 个黑球,2 个白球,2 个红球,现从中任意取球 4 只,记 X 为取到的黑球的只数,Y 为取到的红球的只数,求:(1) (X, Y) 的联合分布律;(2) $P\{X > Y\}$,$P\{X + Y = 3\}$.

3. 设随机变量 X 在 $1, 2, 3, 4$ 四个整数中等可能地取一个值,另一个随机变量 Y 在 $1 \sim X$ 中等可能地取一个整数值,求 (X, Y) 的分布律.

4. 设二维连续型随机变量 (X, Y) 的密度函数为

$$f(x, y) = \begin{cases} k e^{-2x} e^{-y}, & x > 0, y > 0, \\ 0, & 其他. \end{cases}$$

求:(1) 常数 k 的值;(2) $P\{-1 < X < 1, -1 < Y < 1\}$;(3) $P\{X + Y \leq 1\}$.

5. 设随机变量 (X, Y) 的概率密度为

$$f(x, y) = \begin{cases} k(6 - x - y), & 0 < x < 2, 2 < y < 4, \\ 0, & 其他. \end{cases}$$

求:(1) 常数 k;(2) $P\{X < 1, Y < 3\}$;(3) $P\{X < 1.5\}$;(4) $P\{X + Y \leq 4\}$.

6. 设随机变量 (X, Y) 的概率密度为

$$f(x, y) = \begin{cases} k e^{-y}, & 0 < x < y, \\ 0, & 其他. \end{cases}$$

求:(1) 常数 k;(2) $P\{X + Y \geq 1\}$.

7. 设随机变量(X,Y)的概率密度为
$$f(x,y) = k\mathrm{e}^{-\frac{1}{2}(x^2+y^2)} \quad (-\infty < x < +\infty, -\infty < y < +\infty).$$
求:(1) 常数k;(2) $P\{1 \leq X^2 + Y^2 \leq 4\}$.

8. 设(X,Y)服从$D = \{(X,Y) \mid 0 \leq x \leq 1, 0 \leq y \leq 1\}$上的均匀分布,求关于$x$的方程$x^2 + 2Xx + Y = 0$有实根的概率.

9. 已知随机变量X和Y的联合概率密度为
$$f(x,y) = \begin{cases} kxy, & 0 \leq x \leq 1, 0 \leq y \leq 1, \\ 0, & \text{其他}. \end{cases}$$
求:(1) 常数k的值;(2) $P\{Y \leq X\}$.

10. 将一枚硬币掷3次,以X表示前2次中出现正面的次数,以Y表示3次中出现正面的次数,求(X,Y)的联合分布律及边缘分布律.

11. 一射手进行射击,每次击中目标的概率为$p(0 < p < 1)$,射击至击中目标两次为止,以X表示首次击中目标时进行的射击次数,以Y表示射击的总次数,求(X,Y)的联合分布律及(X,Y)关于X,Y的边缘分布律.

12. 设二维连续型随机变量(X,Y)的概率密度为
$$f(x,y) = \begin{cases} 1, & 0 < x < 1, 0 < y < 2x, \\ 0, & \text{其他}. \end{cases}$$
求:(1) (X,Y)的边缘概率密度$f_X(x), f_Y(y)$;(2) $P\left\{Y \leq \frac{1}{2} \,\middle|\, X \leq \frac{1}{2}\right\}$.

13. 设二维随机变量(X,Y)的概率密度为
$$f(x,y) = \begin{cases} kx^2y, & x^2 \leq y \leq 1, \\ 0, & \text{其他}. \end{cases}$$
求:(1) 常数k;
(2) 边缘密度函数$f_X(x), f_Y(y)$;
(3) 条件密度函数$f_{X|Y}(x|y), f_{Y|X}(y|x)$.

14. 设二维离散型随机变量(X,Y)的联合分布律见表3.13.

表3.13　二维离散型随机变量(X,Y)的联合分布律

X	Y	
	-1	1
0	0.1	0.2
1	0.3	0.4

证明随机变量X与Y不独立,但是随机变量X^2与Y^2独立.

15. 已知(X,Y)的联合概率密度函数为

(1) $f_1(x,y) = \begin{cases} 4xy, & 0 < x < 1, 0 < y < 1, \\ 0, & \text{其他}. \end{cases}$

(2) $f_3(x,y) = \begin{cases} \dfrac{1}{\pi}, & x^2 + y^2 \leq 1, \\ 0, & \text{其他}. \end{cases}$

讨论X, Y是否独立?

16. 设随机变量(X,Y)的分布函数为
$$F(x,y) = \begin{cases} (1 - \mathrm{e}^{-x})y, & x \geq 0, 0 \leq y \leq 1, \\ 1 - \mathrm{e}^{-x}, & x \geq 0, y \geq 1, \\ 0, & \text{其他}. \end{cases}$$
证明随机变量X, Y相互独立.

17. 设 X 与 Y 相互独立,且同分布,它们的分布律为
$$P\{X = k\} = P\{Y = k\} = \frac{1}{2^k}(k = 1,2,\cdots),$$
求 $Z = X + Y$ 的分布律.

18. 设随机变量 X 在 $1,2,3,4$ 四个整数中等可能地取值,另一个随机变量 Y 在 1 到 X 中等可能地取整数值,求 $Z = X + Y$ 的分布律.

19. 设 X 与 Y 相互独立,且同分布,它们的分布律为
$$P\{X = -1\} = P\{Y = -1\} = \frac{1}{2}, P\{X = 1\} = P\{Y = 1\} = \frac{1}{2},$$
定义 $Z = XY$,证明 X, Y, Z 两两独立,但不相互独立.

20. 已知随机变量 X 与 Y 相互独立,且其概率密度函数分别为
$$f_X(x) = \begin{cases} e^{-x}, & x > 0, \\ 0, & x \leqslant 0, \end{cases} \qquad f_Y(y) = \begin{cases} 1, & 0 \leqslant y \leqslant 1, \\ 0, & \text{其他}. \end{cases}$$
求 $Z = X + Y$ 的概率密度函数.

21. 设 $X \sim N(\mu_1, \sigma_1^2), Y \sim N(\mu_2, \sigma_2^2)$,且 X 与 Y 相互独立,试证:
$$Z = X + Y \sim N(\mu_1 + \mu_2, \sigma_1^2 + \sigma_2^2).$$

22. 设 (X, Y) 的联合分布律见表 3.14.

表 3.14 (X, Y) 的联合分布律

X	Y		
	1	2	3
-1	$\frac{1}{8}$	$\frac{1}{8}$	$\frac{1}{8}$
0	$\frac{1}{8}$	0	$\frac{1}{8}$
1	$\frac{1}{8}$	$\frac{1}{8}$	$\frac{1}{8}$

求:(1) $Z = X + Y$ 的概率分布;(2) $U = \max(X, Y), V = \min(X, Y)$ 的概率分布.

第 4 章
随机变量的数字特征

从随机变量的分布函数可以完整地描述随机变量的统计特性,但是在实际问题中,并不一定要全面考察随机变量的变化情况,很多情况下只需要知道随机变量的某些特征即可.另外,实际问题中的概率分布是较难确定的,但是它的某些数字特征却比较容易估计出来.因此,在对随机变量的研究中,数字特征的研究是必要的,对它的研究无论是理论上还是实际中都具有重要意义.例如,在评定某一地区粮食产量的水平时,在许多场合只要知道该地区的平均产量即可;又如在研究水稻品种优劣时,通常是关心稻穗的平均稻谷粒数;再如检查一批棉花的质量时,既需要注意纤维的平均长度,又需要注意纤维长度与平均长度的偏离程度,平均长度较大、偏离程度较小,质量就较好.从上面的例子中我们看到,与随机变量有关的某些数值,虽然不能完整地描述随机变量,但能描述随机变量在某些方面的重要特征.本章将介绍随机变量常用的几个数字特征:**数学期望、方差、矩、协方差和相关系数**.

本章主要内容
§4.1 数学期望
§4.2 方　差
§4.3 协方差、矩
§4.4 相关系数
习　题

§4.1 数学期望

本节内容概要

1. (1) 设离散型的随机变量 X 的分布律为 $P\{X = x_k\} = p_k(k = 1,2,\cdots)$，若级数 $\sum_{k=1}^{\infty} |x_k| p_k$ 收敛，则称级数 $\sum_{k=1}^{\infty} x_k p_k$ 为随机变量 X 的**数学期望**，记为 $E(X)$，简称**期望**(expectation)，也可记为 EX.

(2) 设连续型随机变量的概率密度函数为 $f(x)$，若积分 $\int_{-\infty}^{\infty} |x| f(x) dx$ 收敛，则称积分 $\int_{-\infty}^{\infty} x f(x) dx$ 的值为随机变量 X 的**数学期望**，记为 $E(X)$，即 $E(X) = \int_{-\infty}^{\infty} x f(x) dx$.

2. 令 X 为随机变量，g 为连续函数，于是 $Y = g(X)$ 为随机变量的函数，若

(1) 当 X 为离散型随机变量时，则有 $E(Y) = E[g(X)] = \sum_{k=1}^{\infty} g(x_k) p_k$，其中 $p_k(k = 1,2,\cdots)$ 为 X 的分布律；

(2) 当 X 为连续型随机变量时，则有 $E(Y) = E[g(X)] = \int_{-\infty}^{\infty} g(x) f(x) dx$，其中 $f(x)$ 为随机变量 X 的概率密度.

3. 多维随机变量函数的数学期望，设 $Z = g(X,Y)$，$E(Z)$ 存在

(1) 当 (X,Y) 为离散型时，$E(Z) = E[g(X,Y)] = \sum_i \sum_j g(x_i, y_j) P\{X = x_i, Y = y_j\}$.

(2) 当 (X,Y) 为连续型时，$E(Z) = E[g(X,Y)] = \int_{-\infty}^{+\infty} \int_{-\infty}^{+\infty} g(x,y) f(x,y) dx dy$.

4. 数学期望的运算性质(以下均假定有关的期望存在)

(1) 设 C 是常数，则有 $E(C) = C$；

(2) 设 X 是一随机变量，C 是常数，则有 $E(CX) = CE(X)$；

(3) 设 X,Y 是两个随机变量，则有 $E(X + Y) = E(X) + E(Y)$，进一步：设 $X_1, X_2, \cdots, X_n$ 为随机变量，则有 $E(X_1 + X_2 + \cdots + X_n) = E(X_1) + E(X_2) + \cdots + E(X_n)$；

(4) 设 X,Y 是两个独立的随机变量，则有 $E(XY) = E(X)E(Y)$，进一步：设 $X_1, X_2, \cdots, X_n$ 为相互独立随机变量，则有 $E(X_1 X_2 \cdots X_n) = E(X_1) E(X_2) \cdots E(X_n)$.

平均值是日常生活中最常用的一个数字特征，对评判事物、作出决策等具有重要作用，首先看一个例子.

引例 对某班 12 名学生的数学成绩进行抽调，其中 60 分和 74 分的各有 3 名，65 分、85 分和 93 分的各有 2 名，求他们的平均成绩.

解 平均成绩 $= (60 \times 3 + 65 \times 2 + 74 \times 3 + 85 \times 2 + 93 \times 2) \div 12 = 74$(分)，其中，$\frac{3}{12}, \frac{2}{12}$ 是相应考分的频率，不是概率.

(1) 其平均值 74 不是简单的算术平均数 = (60 + 65 + 74 + 85 + 93) ÷ 5 = 75.4(分),

(2) 这里的"平均成绩"是一个加权平均数.

其中, $\frac{1}{N}\sum_{i=1}^{k} a_i n_i = \sum_{i=1}^{k} a_i \frac{n_i}{N}$,用 X 表示成绩,则

$$P\{X = a_i\} \approx \frac{n_i}{N}, \sum_{i=1}^{k} a_i \cdot \frac{n_i}{N} \approx \sum_{i=1}^{k} a_i \cdot P\{X = a_i\}.$$

例 4.1 甲、乙两人进行射击,所得分数分别记为 X, Y,它们的分布律分别为

X	0	1	2
p_i	0.4	0.1	0.5

Y	0	1	2
p_i	0.1	0.6	0.3

试评定他们的射击技术水平的高低.

解 $E(X) = 0 \times 0.4 + 1 \times 0.1 + 2 \times 0.5 = 1.1$,

$E(Y) = 0 \times 0.1 + 1 \times 0.6 + 2 \times 0.3 = 1.2.$

从平均分数上看,乙的射击水平要比甲的好. 由此可以得出射手乙的射击水平高于射手甲的水平. 下面给出数学期望的正式定义.

> **定义 1** 设离散型的随机变量 X 的分布律为
> $$P\{X = x_k\} = p_k (k = 1, 2, \cdots),$$
> 若级数 $\sum_{k=1}^{\infty} |x_k| p_k$ 收敛,则称级数 $\sum_{k=1}^{\infty} x_k p_k$ 为随机变量 X 的**数学期望**,简称**期望**(expectation),记为 $E(X)$,也可记为 EX,即 $E(X) = \sum_{k=1}^{\infty} x_k p_k$.

$\sum_{k=1}^{\infty} |x_k| p_k$ 收敛也可以改为 $\sum_{k=1}^{\infty} x_k p_k$ 绝对收敛. 类似地,可以定义连续型随机变量的期望.

> **定义 2** 设连续型随机变量的概率密度函数为 $f(x)$,若积分 $\int_{-\infty}^{\infty} |x| f(x) dx$ 收敛,则称积分 $\int_{-\infty}^{\infty} x f(x) dx$ 的值为随机变量 X 的**数学期望**,记为 $E(X)$,即 $E(X) = \int_{-\infty}^{\infty} x f(x) dx.$

数学期望又称为**均值**. 它实际上是一种加权平均值,其权为概率密度或分布列的概率.

求随机变量的数学期望要特别注意"分布列概率之和为 1"或"概率密度的积分为 1",充分运用这个已知条件,可以简化很多分布族的数学期望的计算,包括下一节中方差的计算.

注:(1) 由于 X 的数学期望刻画了随机变量 X 的变化平均值,因此只有当级数 $\sum_{k=1}^{\infty} x_k p_k$ 绝对收敛时,才能保证级数 $\sum_{k=1}^{\infty} x_k p_k$ 的和与其级数 $\sum_{k=1}^{\infty} x_k p_k$ 的求和顺序无关.

例 4.2 某人每次射击命中目标的概率为 p,现连续向目标射击,直到第一次命中目标为止,求射击次数的数学期望.

解 设 X 为直到第一次命中目标为止所进行的试验次数,则 X 取值为 $1,2,\cdots$,事件 $\{X=k\}$ 表示前 $k-1$ 次射击未命中目标,而第 k 次射击命中目标. 其概率为
$$P\{X=k\} = q^{k-1}p \quad (k=1,2,\cdots \ q=1-p).$$
$$E(X) = \sum_{k=1}^{\infty} kpq^{k-1} = p\sum_{k=1}^{\infty}(q^k)' = p\left[\sum_{k=1}^{\infty}(q^k)\right]' = p\left(\frac{q}{1-q}\right)' = \frac{1}{p}.$$

例 4.3 设随机变量 X 服从参数为 $\lambda(\lambda>0)$ 的指数分布,求 X 的数学期望 $E(X)$.

解 由题意,X 的概率密度为 $f(x) = \begin{cases} \lambda e^{-\lambda x}, & x>0, \\ 0, & x\leq 0. \end{cases}$

则
$$E(X) = \int_{-\infty}^{\infty} xf(x)\,dx = \int_0^{\infty}\lambda xe^{-\lambda x}\,dx = -xe^{-\lambda x}\Big|_0^{+\infty} + \int_0^{\infty}e^{-\lambda x}\,dx = \frac{1}{\lambda}.$$

例 4.4 设随机变量 X 服从柯西分布,概率密度为
$$f(x) = \frac{1}{\pi(x^2+1)}, \quad -\infty<x<\infty,$$
求 $E(X)$.

解 因反常积分 $\int_{-\infty}^{+\infty}\frac{|x|}{x^2+1}\,dx$ 不收敛,所以 $E(X) = \int_{-\infty}^{+\infty}\frac{x}{\pi(x^2+1)}\,dx$ 不存在.

例 4.5 求下列离散型随机变量的数学期望:

(1) (两点分布) 设随机变量 X 服从两点分布:
$$P\{X=0\} = 1-p,\ P\{X=1\} = p;$$

(2) (二项分布) 设 $X\sim b(n,p)$:
$$P\{X=k\} = C_n^k p^k(1-p)^{n-k};$$

(3) (泊松分布) 设 $X\sim P(\lambda)$:
$$P\{X=k\} = \frac{\lambda^k}{k!}e^{-\lambda}\ (k=0,1,\cdots).$$

解 令 $q=1-p$,

(1) $E(X) = 0\times q + 1\times p = p$;

(2) $E(X) = \sum_{k=0}^{n} k\cdot C_n^k p^k q^{n-k} = np\sum_{k=1}^{n} C_{n-1}^{k-1} p^{k-1} q^{n-k}$

$\qquad = np\sum_{k=0}^{n-1} C_{n-1}^k p^k q^{n-1-k} = np[p+q]^{n-1}$

$\qquad = np$;

(3) $E(X) = \sum_{k=0}^{\infty} k\cdot\frac{\lambda^k}{k!}e^{-\lambda} = \lambda\sum_{k=1}^{\infty}\frac{\lambda^{k-1}}{(k-1)!}e^{-\lambda} = \lambda.$

例 4.6 求下列连续型随机变量的数学期望:

(1) (均匀分布) 设随机变量 X 的密度函数为
$$f(x) = \begin{cases} \dfrac{1}{b-a}, & a<x<b, \\ 0, & 其他. \end{cases}$$

(2) (正态分布) 设 $X\sim N(\mu,\sigma^2)$,它的密度函数为
$$f(x) = \frac{1}{\sqrt{2\pi}\sigma}e^{-\frac{(x-\mu)^2}{2\sigma^2}}\ (-\infty<x<\infty).$$

(3) (指数分布) 设 X 服从参数为 λ 的指数分布,密度函数为
$$f(x) = \begin{cases} \lambda e^{-\lambda x}, & x>0, \\ 0, & 其他. \end{cases}$$

解 (1) $E(X) = \int_{-\infty}^{\infty} xf(x)\,dx = \int_{a}^{b} \frac{x}{b-a}\,dx$

$= \frac{1}{b-a} \cdot \frac{b^2 - a^2}{2} = \frac{a+b}{2};$

(2) $E(X) = \int_{-\infty}^{\infty} x \frac{1}{\sqrt{2\pi}\sigma} e^{-\frac{(x-\mu)^2}{2\sigma^2}} dx \;(\diamondsuit\, t = \frac{x-\mu}{\sigma})$

$= \frac{1}{\sqrt{2\pi}} \int_{-\infty}^{\infty} (\sigma t + \mu) e^{-\frac{t^2}{2}} dt$

$= \frac{\mu}{\sqrt{2\pi}} \int_{-\infty}^{\infty} e^{-\frac{t^2}{2}} dt = \mu;$

(3) $E(X) = \int_{-\infty}^{\infty} xf(x)\,dx = \int_{0}^{\infty} x\lambda e^{-\lambda x}\,dx = \frac{1}{\lambda}.$

由此得出服从正态分布的随机变量 X 的密度函数中的参数 μ 就是 X 的数学期望.

> **定理 1** 设 X 为随机变量，g 为连续函数，于是 $g(X)$ 为随机变量的函数，若
>
> (1) 当 X 为离散型随机变量时，则有 $E[g(X)] = \sum_{k=1}^{\infty} g(x_k) p_k$，其中 $p_k(k=1,2,\cdots)$ 为 X 的分布律；
>
> (2) 当 X 为连续型随机变量时，则有 $E[g(X)] = \int_{-\infty}^{\infty} g(x) f(x)\,dx$，其中 $f(x)$ 为随机变量 X 的概率密度.

定理 1 表明，可以直接通过 X 的分布律或密度函数求 $E[g(X)]$ 的数学期望，而不必求 $g(X)$ 的分布律或密度函数，这给计算带来了极大的方便. 该定理可以推广到二维以上的情形.

> **定理 2** 设 Z 是随机变量 X, Y 的连续函数，$Z = g(X, Y)$.
>
> (1) 若二维随机变量 (X, Y) 的密度函数为 $f(x, y)$，则有
>
> $$E(Z) = E[g(X, Y)] = \int_{-\infty}^{\infty} \int_{-\infty}^{\infty} g(x, y) f(x, y)\,dxdy,$$
>
> 这里等式右端的积分绝对收敛.
>
> (2) 若 (X, Y) 为离散型的随机变量，分布律为 $P\{X = x_i, Y = y_j\} = p_{ij}(i, j = 1, 2, \cdots)$，则有
>
> $$E(Z) = E[g(X, Y)] = \sum_{j=1}^{\infty} \sum_{i=1}^{\infty} g(x_i, y_i) p_{ij},$$
>
> 这里上式右端的级数绝对收敛.

下面我们给出数学期望的几个**重要性质**：

> **性质 1** (1) 设 C 是常数，则有 $E(C) = C$；
>
> (2) 设 X 是一随机变量，C 是常数，则有 $E(CX) = CE(X)$，进一步：设 A 和 B 为常数，则有
>
> $$E(AX + B) = AE(X) + B;$$
>
> (3) 设 X, Y 是两个随机变量，则有 $E(X + Y) = E(X) + E(Y)$，进一步：设 $X_1, X_2, \cdots, X_n$ 为随机变量，则有

$$E(X_1 + X_2 + \cdots + X_n) = E(X_1) + E(X_2) + \cdots + E(X_n);$$

(4) 设 X, Y 是两个独立的随机变量,则有 $E(XY) = E(X)E(Y)$,进一步:设 $X_1, X_2, \cdots, X_n$ 为相互独立随机变量,则有

$$E(X_1 X_2 \cdots X_n) = E(X_1) E(X_2) \cdots E(X_n).$$

以上仅对连续型随机变量给出(3)(4)的证明,(1)(2)的证明留给读者.

证明 设二维随机变量 (X, Y) 的密度函数为 $f(x, y)$,边缘密度为 $f_X(x), f_Y(y)$,则由定理 2 有

(3) $\begin{aligned}E(X+Y) &= \int_{-\infty}^{\infty} \int_{-\infty}^{\infty} (x+y) f(x,y) \mathrm{d}x \mathrm{d}y \\ &= \int_{-\infty}^{\infty} \int_{-\infty}^{\infty} x f(x,y) \mathrm{d}x \mathrm{d}y + \int_{-\infty}^{\infty} \int_{-\infty}^{\infty} y f(x,y) \mathrm{d}x \mathrm{d}y \\ &= E(X) + E(Y).\end{aligned}$

(4) 因为 X 和 Y 相互独立,则 $f(x, y) = f_X(x) f_Y(y)$,所以有

$\begin{aligned}E(XY) &= \int_{-\infty}^{\infty} \int_{-\infty}^{\infty} xy f(x,y) \mathrm{d}x \mathrm{d}y \\ &= \int_{-\infty}^{\infty} \int_{-\infty}^{\infty} xy f_X(x) f_Y(y) \mathrm{d}x \mathrm{d}y \\ &= \left[\int_{-\infty}^{\infty} x f_X(x) \mathrm{d}x\right] \left[\int_{-\infty}^{\infty} y f_Y(y) \mathrm{d}y\right] \\ &= E(X) E(Y).\end{aligned}$

例 4.7 设随机变量 X 在 $\left(0, \dfrac{\pi}{2}\right)$ 上服从均匀分布,求 $E(\sin X)$.

解

$$E(\sin X) = \frac{2}{\pi} \int_0^{\frac{\pi}{2}} \sin x \mathrm{d}x = \frac{2}{\pi}.$$

下面用数学期望性质 1 中的(3)来计算服从二项分布随机变量的数学期望. 这里要阐述一种解题技巧:将一个随机变量用一些随机变量的和来代替,从而将求未知随机变量的期望化为已知随机变量的和的期望来求解,这种分解技术应用较为广泛.

例 4.8 设 X 表示在 n 次伯努利试验中事件 A 发生的次数,则我们知道 X 服从 $b(n, p)$,其中 p 表示每次试验 A 发生的概率,求 $E(X)$.

解 引入随机变量

$$X_i = \begin{cases} 0, & \text{第} i \text{次试验} A \text{不发生}, \\ 1, & \text{第} i \text{次试验} A \text{发生}. \end{cases}$$

易见

$$X = X_1 + X_2 + \cdots + X_n,$$

而我们知道 X_i 服从两点分布,所以 $E(X_i) = p$. 由数学期望性质 1 中的(3)得

$\begin{aligned}E(X) &= E(X_1 + X_2 + \cdots + X_n) \\ &= E(X_1) + E(X_2) + \cdots + E(X_n) \\ &= p + p + \cdots + p = np.\end{aligned}$

可见,我们可将服从二项分布 $b(n, p)$ 的随机变量分解为 n 个相互独立同分布的两点分布随机变量之和,显然利用分解后的形式解题既容易理解又容易记忆,其他的分布如 χ^2 分布、Γ 分布等都具有这种性质,望在日后的学习中理解并记忆这些特点.

例4.9 设对某目标进行射击,每次击发一枚子弹,直到击中 n 次为止. 设各次射击相互独立且每次射击时击中目标的概率为 p,试求子弹的消耗量 X 的数学期望.

解 记 X_k 为第 $k-1$ 次击中至第 k 次击中目标之间所消耗的子弹数(不含第 $k-1$ 次而含第 k 次). 这样, X_k 可取值 $1,2,\cdots$,并且相互独立同分布,其分布律为

$$P\{X_k = m\} = p(1-p)^{m-1},$$

可见, n 次击中目标所需的子弹数为

$$X = X_1 + X_2 + \cdots + X_n,$$

于是经计算有

$$E(X) = \sum_{i=1}^{n} E(X_i) = nE(X_1) = n\sum_{k=1}^{\infty} kp(1-p)^{k-1} = \frac{n}{p}.$$

为了便于理解,来看一个更加简单的例子.

例4.10 一个人站在数轴原点,他用投掷硬币的方式决定其行走. 如果硬币正面出现则该人向数轴的正方向行进一步,即一个单位距离;反之则站在原地不动. 现在该人将上述步骤进行 100 次,问该人此时距离原点最可能的距离有多远?

解 依题意,我们可以将其每一次行走看成一个随机变量 X_i, $P\{X_i = 0\} = 1/2$, $P\{X_i = 1\} = 1/2$, $i=1,2,\cdots$,不难算得 $E(X_i) = 1/2$. 该人所处的位置也是一个随机变量 Y_n,显然, $Y_n = \sum_{i=1}^{n} X_i$,于是

$$E(Y_n) = E\left(\sum_{i=1}^{n} X_i\right) = \sum_{i=1}^{n} E(X_i) = nE(X_i) = n/2,$$

可见 100 次后,该人距离原点最可能是 50 步.

这类问题无论是在物理中(布朗运动),还是在电子工程(信号传输)等多项领域中都有着广泛的实例.

§4.2 方 差

本节内容概要

1. 方差的定义

设 X 是一随机变量,若 $E[X-E(X)]^2$ 存在,则称 $E[X-E(X)]^2$ 为 X 的**方差**(variance),记为 $D(X)$ 或 $\text{Var}(X)$,即

$$D(X) = \text{Var}(X) = E[X-E(X)]^2.$$

2. 方差的计算 $\quad D(X) = E(X^2) - [E(X)]^2.$

3. 方差的性质

(1) 设 X 是一随机变量,则 $D(X) = E(X^2) - [E(X)]^2$,进而 $E(X^2) \geq [E(X)]^2$;

(2) 若 C 是常数,则 $D(C) = 0$;

(3) 设 X 为随机变量, C 为常数,则 $D(CX) = C^2 D(X)$;

(4) 设 X,Y 是独立的随机变量,则 $D(X+Y) = D(X) + D(Y)$,进一步,设 $X_1, X_2, \cdots, X_n$ 是相互独立的随机变量,于是 $D(X_1 + X_2 + \cdots + X_n) = D(X_1) + D(X_2) + \cdots + D(X_n)$;

(5) 设 A,B 是常数,则 $D(AX+B) = A^2 D(X)$;

(6) 设 X 为随机变量,函数 $f(x) = E[(X-x)^2]$,当 $x = E(X)$ 时, $f(x)$ 达到最小值,其最小值为 $D(X)$.

数学期望体现的是随机变量的均值,而本节要研究的则是随机变量与其均值的偏离程度,即方差. 例如,有一批灯泡,知其平均寿命 $E(X) = 1\ 000$ 小时,仅由这一个指标我们还不能判定这批灯泡的质量好坏,如有可能其中绝大部分灯泡的寿命在 950 ~ 1 050 小时,也可能其中绝大部分灯泡的寿命在 800 ~ 1 200 小时,还可能其中绝大部分灯泡的寿命在 300 ~ 1 700 小时,可见,与均值的偏离程度越大寿命越不稳定,进而可认为质量越不好,也就是说,我们还需要考察灯泡的寿命 X 与其均值 $E(X) = 1\ 000$ 的偏离程度,若偏离程度越小,则表示质量比较稳定,从这个意义上说,我们认为质量越好. 前面也曾经提到检验棉花的质量时,既要注意纤维的平均长度,还要注意纤维与平均长度的偏离程度. 由此可见,研究随机变量与其均值的偏离程度是十分必要的. 那么,用怎样的量去度量这个偏离程度呢?容易看到 $E(|X - E(X)|)$ 能度量随机变量与其均值 $E(X)$ 的偏离程度. 但由于带有绝对值,会给运算带来不便,所以通常用 $E[X - E(X)]^2$ 来度量随机变量 X 与其均值 $E(X)$ 的偏离程度. 下面给出方差的定义.

定义 3 设 X 是一随机变量,若 $E[X - E(X)]^2$ 存在,则称 $E[X - E(X)]^2$ 为 X 的**方差**,记为 $D(X)$ 或 $\mathrm{Var}(X)$,即 $D(X) = \mathrm{Var}(X) = E[X - E(X)]^2$.

由定义可以看出,随机变量 X 的方差表达了 X 的取值与其数学期望的偏离程度. 若 X 取值比较集中,则 $D(X)$ 较小. 反之,若 X 取值比较离散,则 $D(X)$ 较大. 所以,$D(X)$ 刻画了 X 取值离散程度,是衡量 X 取值的离散程度的尺度.

实际上,方差就是随机变量 X 的函数 $g(X) = [X - E(X)]^2$ 的数学期望. 对于离散型的随机变量,有

$$D(X) = \sum_{k=1}^{\infty} [x_k - E(X)]^2 p_k,$$

其中 $P\{X = x_k\} = p_k (k = 1, 2, \cdots)$ 是 X 的分布律.

对于连续型的随机变量,有

$$D(X) = \int_{-\infty}^{\infty} [x - E(X)]^2 f(x) \mathrm{d}x,$$

其中 $f(x)$ 是 X 的密度函数.

现在给出方差的几个**重要性质**(设下面所遇到的方差均存在):

性质 2 (1) 设 X 是一随机变量,则 $D(X) = E(X^2) - [E(X)]^2$,进而 $E(X^2) \geq [E(X)]^2$;

(2) 若 C 是常数,则 $D(C) = 0$;

(3) 设 X 为随机变量,C 为常数,则 $D(CX) = C^2 D(X)$;

(4) 设 X, Y 是独立的随机变量,则 $D(X + Y) = D(X) + D(Y)$,进一步,设 $X_1, X_2, \cdots, X_n$ 是相互独立的随机变量,于是

$$D(X_1 + X_2 + \cdots + X_n) = D(X_1) + D(X_2) + \cdots + D(X_n);$$

(5) 设 X 为随机变量,函数 $f(x) = E[(X - x)^2]$,当 $x = E(X)$ 时,$f(x)$ 达到最小值,其最小值为 $D(X)$.

证明 (1) 由数学期望性质得

$$D(X) = E[X - E(X)]^2 = E\{X^2 - 2XE(X) + [E(X)]^2\}$$
$$= E(X^2) - 2E(X)E(X) + [E(X)]^2$$
$$= E(X^2) - [E(X)]^2.$$

根据方差定义知方差非负,故由 $E(X^2) - [E(X)]^2 = D(X) \geq 0$,有 $E(X^2) \geq [E(X)]^2$.

(2) $D(C) = E[C - E(C)]^2 = E(C - C)^2 = 0$.

(3) $E(CX) = E(CX)^2 - [E(CX)]^2$
$= C^2 E(X^2) - C^2 [E(X)]^2$
$= C^2 \{E(X^2) - [E(X)]^2\}$
$= C^2 D(X)$.

(4) $D(X + Y) = E[(X + Y) - E(X + Y)]^2$
$= E\{[X - E(X)] + [Y + E(Y)]\}^2$
$= E[X - E(X)]^2 + E[Y - E(Y)]^2 + 2E[X - E(X)][Y - E(Y)]$
$= D(X) + D(Y) + 2E[X - E(X)][Y - E(Y)]$.

由于 X,Y 相互独立,所以 $X - E(X)$ 与 $Y - E(Y)$ 也相互独立,则由数学期望性质得
$$E[X - E(X)][Y - E(Y)] = E[X - E(X)]E[Y - E(Y)] = 0,$$
故有
$$D(X + Y) = D(X) + D(Y).$$

(5) 显然 $f(x) = E[(X - x)^2] = E(X^2) - 2xE(X) + x^2$,求导后有 $f'(x) = 2x - 2E(X)$,令 $f'(x) = 0$,知 $x = E(X)$ 是 $f(x)$ 的驻点,再由 $f''(x) = 2 > 0$,知 $f(x)$ 在点 $x = E(X)$ 处达到最小值,并且其最小值为
$$f[E(X)] = E[X - E(X)]^2 = D(X).$$

本性质说明随机变量对于数学期望的偏离程度比它关于其他值的偏离程度都小.

在理论研究和实际应用中,为了方便计算或简化证明,往往对随机变量"标准化":设随机变量 X 的期望和方差都存在,令
$$Y = \frac{X - E(X)}{\sqrt{D(X)}},$$
则称 $Y = \frac{X - E(X)}{\sqrt{D(X)}}$ 为随机变量 X 的标准化随机变量. 由期望和方差的性质得
$$E(Y) = \frac{1}{\sqrt{D(X)}}[E(X) - E(X)] = 0,$$
$$D(Y) = \frac{1}{D(X)} D(X) = 1.$$

例如,随机变量 $X \sim N(\mu, \sigma^2)$,而 $E(X) = \mu, D(X) = \sigma^2$. 则 X 的标准化随机变量为 $Y = \frac{X - \mu}{\sigma}$. 又因为 Y 仍然服从正态分布,$E(Y) = 0, D(Y) = 1$,所以 Y 服从标准正态分布 $N(0,1)$. 对随机变量标准化,是研究随机变量过程中常用的基本手法之一.

例4.11 求下列离散型随机变量的方差:

(1) (两点分布)设随机变量 X 服从两点分布:
$$P\{X = 0\} = 1 - p, P\{X = 1\} = p;$$

(2) (二项分布)设 $X \sim b(n,p)$:
$$P\{X = k\} = C_n^k p^k (1 - p)^{n-k};$$

(3) (泊松分布)设 $X \sim P(\lambda)$:
$$P\{X = k\} = \frac{\lambda^k}{k!} e^{-\lambda} (k = 0, 1, \cdots).$$

解 （1）由 $E(X) = p$，有 $E(X^2) = 0^2 \cdot (1-p) + 1^2 \cdot p = p$，进而有
$$D(X) = E(X^2) - [E(X)]^2 = p - p^2 = p(1-p).$$

（2）由于可将服从二项分布 $b(n,p)$ 的随机变量 X 分解为 n 个相互独立同分布的两点分布随机变量之和：$X = X_1 + X_2 + \cdots + X_n$，其中 X_i 服从两点分布，且 $X_1, X_2, \cdots, X_n$ 相互独立. 又知两点分布的方差为 $D(X_i) = p(1-p)$，所以由方差性质得
$$\begin{aligned} D(X) &= D(X_1 + X_2 + \cdots + X_n) \\ &= D(X_1) + D(X_2) + \cdots + D(X_n) \\ &= p(1-p) + p(1-p) + \cdots + p(1-p) = np(1-p). \end{aligned}$$

（3）由 $E(X) = \lambda$，有
$$\begin{aligned} E(X^2) &= E[X(X-1) + X] = E[X(X-1)] + E(X) \\ &= \sum_{k=1}^{\infty} k(k-1) \frac{\lambda^k}{k!} e^{-\lambda} + \lambda \\ &= \lambda^2 e^{-\lambda} \sum_{k=2}^{\infty} \frac{\lambda^{k-2}}{(k-2)!} + \lambda \\ &= \lambda^2 e^{-\lambda} e^{\lambda} + \lambda = \lambda^2 + \lambda, \end{aligned}$$
所以方差为
$$D(X) = E(X^2) - [E(X)]^2 = \lambda.$$

由此得出，服从泊松分布的随机变量的数学期望和方差相等，都是参数 λ，因此知道它的数学期望或方差就能完全确定它的分布.

例 4.12 求下列连续型随机变量的方差：

（1）（均匀分布）设随机变量 X 的密度函数为
$$f(x) = \begin{cases} \dfrac{1}{b-a}, & a < x < b, \\ 0, & \text{其他}. \end{cases}$$

（2）（正态分布）设 $X \sim N(\mu, \sigma^2)$，它的密度函数为
$$f(x) = \frac{1}{\sqrt{2\pi}\sigma} e^{-\frac{(x-\mu)^2}{2\sigma^2}} \quad (-\infty < x < \infty).$$

（3）（指数分布）设 X 服从参数为 λ 的指数分布，密度函数为
$$f(x) = \begin{cases} \lambda e^{-\lambda x}, & x > 0, \\ 0, & \text{其他}. \end{cases}$$

解 （1）$\begin{aligned}[t] D(X) &= E(X^2) - [E(X)]^2 \\ &= \int_a^b x^2 \frac{1}{b-a} dx - [E(X)]^2 \\ &= \int_a^b x^2 \frac{1}{b-a} dx - \left(\frac{a+b}{2}\right)^2 = \frac{(b-a)^2}{12}. \end{aligned}$

（2）$\begin{aligned}[t] D(X) &= \int_{-\infty}^{\infty} (x-\mu)^2 \frac{1}{\sqrt{2\pi}\sigma} e^{-\frac{(x-\mu)^2}{2\sigma^2}} dx \quad \left(\diamondsuit\; t = \frac{x-\mu}{\sigma}\right) \\ &= \frac{\sigma^2}{\sqrt{2\pi}} \int_{-\infty}^{\infty} t^2 e^{-\frac{t^2}{2}} dt \\ &= \frac{\sigma^2}{\sqrt{2\pi}} \sqrt{2\pi} = \sigma^2. \end{aligned}$

由此得出服从正态分布的随机变量 X 的密度函数中的参数 μ 就是 X 的数学期望，σ^2 是 X 的方差. 因而服从正态分布的随机变量的分布完全由它的两个参数 μ, σ^2 确定.

(3) 由 $E(X^2) = \int_{-\infty}^{\infty} x^2 f(x) dx = \int_{0}^{\infty} x^2 \lambda e^{-\lambda x} dx = \frac{2}{\lambda^2}$,所以有

$$D(X) = E(X^2) - [E(X)]^2 = \frac{2}{\lambda^2} - \frac{1}{\lambda^2} = \frac{1}{\lambda^2}.$$

例 4.13 设二维正态随机变量 $(X,Y) \sim N(\mu_1,\mu_2,\sigma_1^2,\sigma_2^2,\rho)$,求 $E(3X-6Y-2)$.

解 因为 $(X,Y) \sim N(\mu_1,\mu_2,\sigma_1^2,\sigma_2^2,\rho)$,利用边缘密度函数的计算知

$$X \sim N(\mu_1,\sigma_1^2), Y \sim N(\mu_2,\sigma_2^2),$$

由数学期望的性质得 $E(3X-6Y-2) = 3E(X) - 6E(Y) - 2 = 3\mu_1 - 6\mu_2 - 2$.

常见分布的数学期望与方差见表 4.1.

表 4.1 常见分布的数学期望与方差

分布	参数	分布律或概率密度	数学期望	方差
0-1 分布	$0 < p < 1$	$P\{X=k\} = p^k(1-p)^{1-k} (k=0,1)$	p	$p(1-p)$
二项分布	$0 < p < 1$	$P\{X=k\} = C_n^k p^k (1-p)^{n-k}$ $(k=0,1,\cdots,n)$	np	$np(1-p)$
泊松分布	$\lambda > 0$	$P\{X=k\} = \frac{\lambda^k e^{-\lambda}}{k!} (k=0,1,\cdots)$	λ	λ
几何分布	$0 < p < 1$	$P\{X=k\} = p(1-p)^{k-1}$ $(k=1,2,\cdots)$	$\frac{1}{p}$	$\frac{1-p}{p^2}$
超几何分布	N,M,n $(n \leq M)$	$P\{X=k\} = \frac{C_M^k C_{N-M}^{n-k}}{C_N^n}$	$\frac{nM}{N}$	$\frac{nM}{N}\left(1-\frac{M}{N}\right)\left(\frac{N-n}{N-1}\right)$
均匀分布	$a < b$	$f(x) = \begin{cases} \frac{1}{b-a}, & a \leq x \leq b \\ 0, & 其他 \end{cases}$	$\frac{a+b}{2}$	$\frac{(b-a)^2}{12}$
正态分布	$\mu \in R$ $\sigma > 0$	$f(x) = \frac{1}{\sqrt{2\pi}\sigma} e^{-\frac{(x-\mu)^2}{2\sigma^2}}$	μ	σ^2
指数分布	$\lambda > 0$	$f(x) = \begin{cases} \lambda e^{-\lambda x}, & x > 0 \\ 0, & 其他 \end{cases}$	$\frac{1}{\lambda}$	$\frac{1}{\lambda^2}$

§4.3 协方差、矩

本节内容概要

1. 矩与切比雪夫不等式

(1) 设 X 为随机变量,若 $E|X|^k < \infty$,则称 $v_k = E(X^k)$ 为 X 的 k 阶原点矩.

(2) 设 $E(X)$ 存在,且 $E[|X-E(X)|^k] < \infty$,则称 $\mu_k = E[X-E(X)]^k$ 为 X 的 k 阶中心矩.

(3) 若随机变量 X 的方差 $D(X)$ 存在,则对任意 $\varepsilon > 0$,有

$$P\{|X-E(X)| \geq \varepsilon\} \leq \frac{D(X)}{\varepsilon^2}.$$

2. 协方差

若 $E[(X-E(X))(Y-E(Y))]$ 存在,则
$$\mathrm{Cov}(X,Y) = E[(X-E(X))(Y-E(Y))].$$

3. 协方差的性质

(1) $\mathrm{Cov}(X,X) = D(X)$;

(2) $\mathrm{Cov}(X,Y) = \mathrm{Cov}(Y,X)$;

(3) $\mathrm{Cov}(X,Y) = E(XY) - E(X)E(Y)$;

(4) 若 X 与 Y 相互独立,则 $\mathrm{Cov}(X,Y) = 0$,反之不然;

(5) 对任意的常数 a,b,有 $\mathrm{Cov}(aX,bY) = ab\mathrm{Cov}(X,Y)$;

(6) $\mathrm{Cov}(X+Y,Z) = \mathrm{Cov}(X,Z) + \mathrm{Cov}(Y,Z)$;

(7) 对任意二维随机变量 (X,Y),有 $D(X \pm Y) = D(X) + D(Y) \pm 2\mathrm{Cov}(X,Y)$.

本节先介绍随机变量其他数学特征,即原点矩和中心矩等,然后介绍协方差.

定义 4 (1) 设 X 为随机变量,若 $E|X|^k < \infty$,令
$$\alpha_k = E(X^k), v_k = E|X|^k,$$
则称 α_k 为 X 的 k 阶原点矩,称 v_k 为 X 的 k 阶原点绝对矩.

(2) 设 $E(X)$ 存在,且 $E(|X-E(X)|^k) < \infty$,令
$$\beta_k = E[X-E(X)]^k, \mu_k = E|X-E(X)|^k,$$
则称 β_k 为 X 的 k 阶中心矩,μ_k 为 X 的 k 阶中心绝对矩.

显然有 $\alpha_0 = 1, \alpha_1 = E(X), \beta_0 = 1, \beta_2 = D(X)$.

原点矩和中心矩有如下关系:
$$\beta_n = E[X-E(X)]^n = \sum_{k=0}^{n} C_n^k (-1)^{n-k} E(X^k)[E(X)]^{n-k}$$
$$= \sum_{k=0}^{n} (-1)^{n-k} C_n^k \alpha_1^{n-k} \alpha_k.$$

显然,若原点矩存在,则中心矩存在,反之亦然. 下面先给出二阶矩存在时的一个重要不等式,然后再给出高阶矩存在时的重要不等式.

定理 3 [切比雪夫(Chebyshev)不等式] 若随机变量 X 的方差 $D(X)$ 存在,则对任意 $\varepsilon > 0$,有
$$P\{|X-E(X)| \geq \varepsilon\} \leq \frac{D(X)}{\varepsilon^2}.$$

证明 设 X 的分布函数为 $F(x)$,则
$$P\{|X-E(X)| \geq \varepsilon\} = \int_{|x-E(X)| \geq \varepsilon} \mathrm{d}F(x)$$
$$\leq \int_{|x-E(X)| \geq \varepsilon} \frac{[x-E(X)]^2}{\varepsilon^2} \mathrm{d}F(x)$$
$$\leq \frac{1}{\varepsilon^2} \int_{-\infty}^{\infty} [x-E(X)]^2 \mathrm{d}F(x) = \frac{D(X)}{\varepsilon^2}.$$

此定理说明,若 X 的方差小,则事件 $\{|X-E(X)| \geq \varepsilon\}$ 发生的概率就小. 也就是说,事件 $\{|X-E(X)| < \varepsilon\}$ 发生的概率就大,即随机变量 X 的取值基本集中于 $E(X)$ 附近. 这

实际上给出了随机变量 X 与 $E(X)$ 的偏差不小于 ε 的概率估计式. 形象地说, 切比雪夫不等式给出的估计是一种粗糙的估计, 一种只需要知道方差而不需要知道分布函数的估计, 由于不需要知道分布函数, 故这种估计粗糙, 但其适用面较为广泛, 在第 5 章大数定律的证明中我们还要用到该不等式.

推论 若 $D(X) = 0$, 则 $P\{X = E(X)\} = 1$.

证明略.

推论说明, 当方差为 0 时, 随机变量 X 以概率为 1 地等于它的数学期望, 这实际上意味着该事件几乎必然发生. 由于随机因素的影响我们很难证明一件事情是必然事件, 如果我们能够证明该事件以概率为 1 发生, 实际上就已经证明了该事件是一个必然事件了, 所以证明必然事件的关键是证明方差为 0. 需要注意: 在概率统计中我们总是说事件以概率为 1 发生, 而不说必然发生, 从数学的严密性角度来看这两者实际上是有区别的.

定理4 [马尔可夫(Markov)不等式] 若随机变量 X 的 k 阶原点绝对矩 α_k 存在, 则对任意 $\varepsilon > 0$ 有

$$P\{|X| \geqslant \varepsilon\} \leqslant \frac{v_k}{\varepsilon^k}.$$

证明 设 X 的分布函数为 $F(x)$, 那么

$$P\{|X| \geqslant \varepsilon\} = \int_{|x| \geqslant \varepsilon} \mathrm{d}F(x)$$

$$\leqslant \int_{|x| \geqslant \varepsilon} \frac{|x|^k}{\varepsilon^k} \mathrm{d}F(x)$$

$$\leqslant \frac{1}{\varepsilon^k} \int_{-\infty}^{\infty} |x|^k \mathrm{d}F(x) = \frac{v_k}{\varepsilon^k}.$$

例 4.14 设随机变量的密度函数为

$$f(x) = \begin{cases} \mathrm{e}^{-x}, & x > 0, \\ 0, & \text{其他}. \end{cases}$$

求 X 的 k 阶原点矩.

解 利用分部积分有

$$E(X^k) = \int_0^\infty x^k \mathrm{e}^{-x} \mathrm{d}x$$

$$= k \int_0^\infty x^{k-1} \mathrm{e}^{-x} \mathrm{d}x$$

$$= k(k-1) \int_0^\infty x^{k-2} \mathrm{e}^{-x} \mathrm{d}x$$

$$\cdots\cdots$$

$$= k!.$$

与一维随机变量的情况类似, 可以定义多维随机变量的数学期望和方差.

定义 5 设 n 维随机变量 $X = (X_1, X_2, \cdots, X_n)$, 则称 $E(X) = [E(X_1), E(X_2), \cdots, E(X_n)]$ 为 n 维随机变量 $X = (X_1, X_2, \cdots, X_n)$ 的数学期望.

随机变量 X 的期望和方差反映了单个随机变量 X 的特征. 那么对于两个随机变量 X, Y, 怎样衡量它们之间的关系呢? 为此我们引入协方差和相关系数的概念.

随堂笔记

定义 6 设 $(X_1, X_2, \cdots, X_n)$ 为 n 维随机变量, 并且假定以下遇到的期望都存在. 令
$$c_{ij} = E[X_i - E(X_i)][X_j - E(X_j)] \quad (i,j = 1,2,\cdots,n).$$
当 $i \neq j$ 时, 称 c_{ij} 为随机变量 X_i 与 X_j 的**二阶混合中心矩**, 不论 $i = j$ 与否统称 c_{ij} 为**协方差**, 记为 $\mathrm{Cov}(X_i, X_j)$.

设下面出现的随机变量的数学期望、方差、协方差均有意义, 下面给出协方差的性质.

定义 7 若 $E[(X - E(X))(Y - E(Y))]$ 存在, 则称 $\mathrm{Cov}(X,Y) = E[(X - E(X))(Y - E(Y))]$ 为随机变量 X 与 Y 的协方差, 记为 $\mathrm{Cov}(X,Y)$.

由以上定义 7 易知以下性质显然都成立.

性质 3 (1) $\mathrm{Cov}(X,X) = D(X)$;
(2) $\mathrm{Cov}(X,Y) = \mathrm{Cov}(Y,X)$;
(3) $\mathrm{Cov}(X,Y) = E(XY) - E(X)E(Y)$;
(4) 若 X 与 Y 相互独立, 则 $\mathrm{Cov}(X,Y) = 0$, 反之不然;
(5) 对任意的常数 a,b, 有 $\mathrm{Cov}(aX,bY) = ab\mathrm{Cov}(X,Y)$;
(6) $\mathrm{Cov}(X+Y,Z) = \mathrm{Cov}(X,Z) + \mathrm{Cov}(Y,Z)$;
(7) 对任意二维随机变量 (X,Y), 有 $D(X \pm Y) = D(X) + D(Y) \pm 2\mathrm{Cov}(X,Y)$.

证明较容易, 在此从略.

令
$$C = \begin{pmatrix} c_{11} & c_{12} & \cdots & c_{1n} \\ c_{21} & c_{22} & \cdots & c_{2n} \\ \vdots & \vdots & & \vdots \\ c_{n1} & c_{n2} & \cdots & c_{nn} \end{pmatrix},$$

其中 $c_{ij} = \mathrm{Cov}(X_i, X_j)$, 则称 C 为 n 维随机变量 $(X_1, X_2, \cdots, X_n)$ 的**协方差阵** (covariance matrix).

协方差阵性质:
(1) $c_{kk} = D(X_k) \quad (k = 1,2,\cdots,n)$;
(2) $c_{ij} = c_{ji} \quad (i,j = 1,2,\cdots,n)$;
(3) $c_{ij}^2 \leq c_{ii} c_{jj} \quad (i,j = 1,2,\cdots,n)$;
(4) 协方差阵 C 是非负定的, 即对任意的实向量 $T' = (t_1, t_2, \cdots, t_n)$ 有 $T'CT \geq 0$, 其中 T' 是 T 的转置.

证明略.

例 4.15 设 X, Y 的二维两点分布见表 4.2.

表 4.2 X, Y 的二维两点分布

Y	X	
	0	1
0	$1-p$	0
1	0	p

则
$$E(X) = 0 \times [(1-p) + 0] + 1 \times (0 + p) = p,$$
$$E(Y) = 0 \times [(1-p) + 0] + 1 \times (0 + p) = p,$$
所以(x,y)的数学期望是(p,p).
$$\begin{aligned}c_{21} = c_{12} &= (0-p)(0-p)(1-p) + (0-p)(1-p) \times 0 + \\ &\quad (1-p)(0-p) \times 0 + (1-p)(1-p)p \\ &= p(1-p),\end{aligned}$$
$$c_{11} = D(X) = (0-p)^2(1-p) + (1-p)^2 p = p(1-p),$$
$$c_{22} = D(Y) = p(1-p),$$
所以协方差阵为
$$C = \begin{pmatrix} p(1-p) & p(1-p) \\ p(1-p) & p(1-p) \end{pmatrix}.$$

例 4.16 （均匀分布）设(X,Y)的密度函数为
$$f(x,y) = \begin{cases} \dfrac{1}{(b_1-a_1)(b_2-a_2)}, & a_1 < x < b_1, a_2 < y < b_2, \\ 0, & \text{其他}, \end{cases}$$
求(X,Y)的数学期望和协方差阵.

解 容易计算关于X和Y的边缘密度分别为
$$f_X(x) = \begin{cases} \dfrac{1}{(b_1-a_1)}, & a_1 < x < b_1, \\ 0, & \text{其他}, \end{cases}$$
$$f_Y(y) = \begin{cases} \dfrac{1}{(b_2-a_2)}, & a_2 < y < b_2, \\ 0, & \text{其他}. \end{cases}$$
则$f(x,y) = f_X(x)f_Y(y)$,所以X,Y相互独立,那么有
$$E(X) = \frac{a_1+b_1}{2}, E(Y) = \frac{a_2+b_2}{2},$$
而
$$c_{11} = D(X) = \frac{(b_1-a_1)^2}{12}, c_{22} = D(Y) = \frac{(b_2-a_2)^2}{12},$$
$$c_{12} = c_{21} = E\{[X-E(X)][Y-E(Y)]\} = 0,$$
所以协方差阵为
$$C = \begin{pmatrix} \dfrac{(b_1-a_1)^2}{12} & 0 \\ 0 & \dfrac{(b_2-a_2)^2}{12} \end{pmatrix}.$$

类似地,可以得到服从n维均匀分布,即随机变量$(X_1, X_2, \cdots, X_n)$密度函数为
$$f(x_1, x_2, \cdots, x_n) = \begin{cases} \prod_{i=1}^n \dfrac{1}{(b_i-a_i)}, & a_i < x_i < b_i, i = 1, \cdots, n, \\ 0, & \text{其他}. \end{cases}$$
数学期望和协方差阵为
$$[E(X_1), \cdots, E(X_n)] = \left(\frac{a_1+b_1}{2}, \cdots, \frac{a_n+b_n}{2}\right),$$

$$C = \begin{pmatrix} c_{11} & c_{12} & \cdots & c_{1n} \\ c_{21} & c_{22} & \cdots & c_{2n} \\ \vdots & \vdots & & \vdots \\ c_{n1} & c_{n2} & \cdots & c_{nn} \end{pmatrix} = \begin{pmatrix} \dfrac{(b_1-a_1)^2}{12} & & 0 \\ & \ddots & \\ 0 & & \dfrac{(b_n-a_n)^2}{12} \end{pmatrix}.$$

此例协方差阵的非对角元素为0. 实质上,如果随机变量 X 和 Y 相互独立,则它们的协方差为0.

例 4.17 设二维随机变量 (X,Y) 服从二维正态分布,概率密度为

$$f(x,y) = \frac{1}{2\pi\sigma_1\sigma_2\sqrt{1-\rho^2}} \cdot \exp\left\{\frac{-1}{2(1-\rho^2)}\left[\frac{(x-\mu_1)^2}{\sigma_1^2} - 2\rho\frac{(x-\mu_1)(y-\mu_2)}{\sigma_1\sigma_2} + \frac{(y-\mu_2)^2}{\sigma_2^2}\right]\right\},$$

其中 $-\infty < x < \infty$, $-\infty < y < \infty$, $\mu_1,\mu_2,\sigma_1,\sigma_2,\rho$ 都是常数,且 $\sigma_1 > 0, \sigma_2 > 0$, $-1 < \rho < 1$. 试求二维正态随机变量 (X,Y) 的数学期望和协方差阵.

解 因为 $X \sim N(\mu_1,\sigma_1^2), Y \sim N(\mu_2,\sigma_2^2)$, 所以

$$E(X) = \mu_1, E(Y) = \mu_2, D(X) = \sigma_1^2, D(Y) = \sigma_2^2,$$

而

$$c_{12} = c_{21} = \int_{-\infty}^{\infty}\int_{-\infty}^{\infty} (x-\mu_1)(y-\mu_2) \frac{1}{2\pi\sigma_1\sigma_2\sqrt{1-\rho^2}} \cdot$$

$$\exp\left\{\frac{-1}{2(1-\rho^2)}\left[\frac{(x-\mu_1)^2}{\sigma_1^2} - 2\rho\frac{(x-\mu_1)(y-\mu_2)}{\sigma_1\sigma_2} + \frac{(y-\mu_2)^2}{\sigma_2^2}\right]\right\}\mathrm{d}x\mathrm{d}y$$

$$= \frac{1}{2\pi\sigma_1\sigma_2\sqrt{1-\rho^2}} \int_{-\infty}^{\infty} e^{-\frac{(y-\mu_2)^2}{2\sigma_2^2}} \mathrm{d}y \int_{-\infty}^{\infty} (x-\mu_1)(y-\mu_2) \cdot$$

$$\exp\left\{\frac{-1}{2(1-\rho^2)}\left(\frac{x-\mu_1}{\sigma_1} - \rho\frac{y-\mu_2}{\sigma_2}\right)\right\}\mathrm{d}x$$

$$= \rho\sigma_1\sigma_2,$$

所以 (X,Y) 的数学期望和协方差阵为

$$[E(X),E(Y)] = (\mu_1,\mu_2), C = \begin{pmatrix} \sigma_1^2 & \rho\sigma_1\sigma_2 \\ \rho\sigma_1\sigma_2 & \sigma_2^2 \end{pmatrix}.$$

因此,类似于一维情形,二维正态分布完全由它的数学期望与协方差阵所唯一确定,即它的五个参数 $\mu_1,\mu_2,\sigma_1^2,\sigma_2^2,\rho$ 完全由 $E(X),E(Y),D(X),D(Y),c_{12}$ 这五个数所唯一确定.

下面引入 n 维正态分布之密度函数的定义. 先将二维正态随机变量的概率密度改写成另一种形式,以便将它推广到 n 维随机变量的情形. 二维正态随机变量 (X_1,X_2) 的概率密度为

$$f(x_1,x_2) = \frac{1}{2\pi\sigma_1\sigma_2\sqrt{1-\rho^2}} \cdot \exp\left\{\frac{-1}{2(1-\rho^2)}\left[\frac{(x_1-\mu_1)^2}{\sigma_1^2} - 2\rho\frac{(x_1-\mu_2)}{\sigma_1\sigma_2} + \frac{(x_2-\mu_2)^2}{\sigma_2^2}\right]\right\}.$$

令

$$X = \begin{pmatrix} x_1 \\ x_2 \end{pmatrix}, \boldsymbol{\mu} = \begin{pmatrix} \mu_1 \\ \mu_2 \end{pmatrix},$$

(X_1,X_2) 的协方差阵为

$$C = \begin{pmatrix} c_{11} & c_{12} \\ c_{21} & c_{22} \end{pmatrix} = \begin{pmatrix} \sigma_1^2 & \rho\sigma_1\sigma_2 \\ \rho\sigma_1\sigma_2 & \sigma_2^2 \end{pmatrix},$$

它的行列式为 $|C| = \sigma_1^2\sigma_2^2(1-\rho^2)$, C 的逆矩阵为

$$C^{-1} = \frac{1}{|C|}\begin{pmatrix} \sigma_2^2 & -\rho\sigma_1\sigma_2 \\ -\rho\sigma_1\sigma_2 & \sigma_1^2 \end{pmatrix},$$

那么有

$$(X-\mu)'C^{-1}(X-\mu)$$
$$= \frac{-1}{1-\rho^2}\left[\frac{(x_1-\mu_1)^2}{\sigma_1^2} - 2\rho\frac{(x_1-\mu_1)(x_2-\mu_2)}{\sigma_1\sigma_2} + \frac{(x_2-\mu_2)^2}{\sigma_2^2}\right],$$

于是 (X_1, X_2) 的概率密度可写成

$$f(x_1, x_2) = \frac{1}{(2\pi)^{\frac{2}{2}}|C|^{\frac{1}{2}}}e^{-\frac{1}{2}(X-\mu)'C^{-1}(X-\mu)},$$

其中 $(X-\mu)'$ 是 $(X-\mu)$ 的转置. 现引入 n 维正态分布的密度函数如下:

> **定义8** 设 n 维随机变量 $(X_1, \cdots, X_n)$ 的密度函数为
>
> $$f(x_1, \cdots, x_n) = \frac{1}{(2\pi)^{\frac{n}{2}}|C|^{\frac{1}{2}}}e^{-\frac{1}{2}(x-\mu)'C^{-1}(x-\mu)} \quad (-\infty < x_i < \infty, i = 1, \cdots, n),$$
>
> 其中 C 为对称正定矩阵, $|C|$ 为 C 的行列式,
>
> $$C = \begin{pmatrix} c_{11} & c_{12} & \cdots & c_{1n} \\ c_{21} & c_{22} & \cdots & c_{2n} \\ \vdots & \vdots & & \vdots \\ c_{n1} & c_{n2} & \cdots & c_{nn} \end{pmatrix}, \mu = \begin{pmatrix} \mu_1 \\ \vdots \\ \mu_n \end{pmatrix}, x = \begin{pmatrix} x_1 \\ \vdots \\ x_n \end{pmatrix},$$
>
> 则称 $(X_1, \cdots, X_n)$ 服从 n 维正态分布.

可以证明 $E(X_i) = \mu_i (i=1, \cdots, n), E[X_i - E(X_i)][X_j - E(X_j)] = c_{ij} (i, j = 1, 2, \cdots, n)$, 证明略.

显然当 $n = 2$ 时, 就是上面讲的二维正态分布的情况.

§4.4 相关系数

> **本节内容概要**
>
> 1. $D(X) > 0, D(Y) > 0$, 则相关系数 $\rho_{XY} = \dfrac{E[X-E(X)][Y-E(Y)]}{\sqrt{D(X)D(Y)}} = \dfrac{\text{Cov}(X,Y)}{\sqrt{D(X)D(Y)}}$
>
> 2. 相关系数的性质
>   (1) $-1 \leq \rho_{XY} \leq 1$;
>   (2) $\rho_{XY} = \text{Cov}(X^*, Y^*)$, 其中 X^*, Y^* 分别为 X, Y 的标准化随机变量;

(3) $\rho_{XY} = \pm 1$ 的充分必要条件是 X 与 Y 间几乎处处有线性关系,即存在 $a(a \neq 0)$ 与 b,使得 $P(Y = aX + b) = 1$;

(4) 若 X, Y 独立,则 X, Y 不相关,反之不一定成立. 特别地,在二维正态分布 $N(\mu_1, \mu_2, \sigma_1^2, \sigma_2^2, \rho)$ 场合下,不相关与独立是等价的.

定义 9 设随机变量 X, Y 的方差 $D(X), D(Y)$ 存在且均大于 0,令
$$\rho_{XY} = \frac{E[X - E(X)][Y - E(Y)]}{\sqrt{D(X)D(Y)}} = \frac{\text{Cov}(X,Y)}{\sqrt{D(X)D(Y)}},$$
称 ρ_{XY} 为 X 与 Y 的**相关系数(coefficient of correlated)**,也可简单记为 ρ.

下面我们来推导 ρ_{XY} 的两条重要性质,并说明 ρ_{XY} 的含义.

考察以 X 的线性函数 $a + bX$ 来近似表示 Y. 我们以均方误差
$$e = E(Y - a - bX)^2 = E(Y^2) + b^2 E(X^2) + a^2 + 2bE(XY) + 2abE(X) - 2aE(Y)$$
来衡量以 $a + bX$ 来近似表达 Y 的好坏程度. e 的值越小表示 $a + bX$ 与 Y 的近似程度越好. 这样,就取 a, b,使 e 取得最小. 下面用求偏导数的方式来求最佳近似式 $a + bX$ 中的 a, b.

为此,将 e 分别关于 a, b 求偏导数,并令它们等于零,然后用 a_0, b_0 代替 a, b,作为 e 达到最小值时的 a, b 的取值,得
$$\begin{cases} \dfrac{\partial e}{\partial a} = 2a + 2bE(X) - 2E(Y) = 0, \\ \dfrac{\partial e}{\partial b} = 2bE(X^2) - 2E(XY) + 2aE(X) = 0. \end{cases}$$

解得
$$\begin{cases} b_0 = \dfrac{\text{Cov}(X,Y)}{D(X)}, \\ a_0 = E(Y) - b_0 E(X) = E(Y) - E(X)\dfrac{\text{Cov}(X,Y)}{D(X)}. \end{cases}$$

于是最小值 e 为
$$\min_{a,b} E(Y - a - bx)^2 = E(Y - a_0 - b_0 X)^2 = (1 - \rho_{XY}^2) D(Y).$$

由于有了与线性函数最小均方误差的表达式,所以不难得到下述性质.

性质 4 设 ρ_{XY} 为随机变量的相关系数,则

(1) $|\rho_{XY}| \leq 1$;

(2) $|\rho_{XY}| = 1$ 的充要条件是,存在常数 a, b,使得 $P\{Y = a + bX\} = 1$;

(3) 若随机变量 X, Y 服从二维正态分布 $N(\mu_1, \sigma_1^2; \mu_2, \sigma_2^2; \rho)$,则 X 与 Y 相互独立的充要条件为相关系数 $\rho_{XY} = 0$.

证明 (1) 由等式 $E(Y - a_0 - b_0 X)^2 = (1 - \rho_{XY}^2) D(Y)$ 两端的非负性可知 $1 - \rho_{XY}^2 \geq 0$,亦即 $|\rho_{XY}| \leq 1$.

(2) 若 $|\rho_{XY}| = 1$,则 $E(Y - a_0 - b_0 X)^2 = (1 - \rho_{XY}^2) D(Y) = 0$,从而
$$0 = E(Y - a_0 - b_0 X)^2 = D(Y - a_0 - b_0 X) + [E(Y - a_0 - b_0 X)]^2,$$
故有 $D(Y - a_0 - b_0 X) = 0, E(Y - a_0 - b_0 X) = 0$. 再由方差性质知
$$P\{Y - a_0 - b_0 X = 0\} = 1,$$

即 $P\{Y = a_0 + b_0 X\} = 1$.

反之,若存在常数 a^*, b^* 使 $P\{Y = a^* + b^* X\} = 1$,即
$$P\{Y - a^* - b^* X = 0\} = 1,$$
于是 $P\{(Y - a^* - b^* X)^2 = 0\} = 1$,即得 $E(Y - a^* - b^* X)^2 = 0$. 故有
$$0 = E(Y - a^* - b^* X)^2 \geqslant \min_{a,b} E(Y - a - bX)^2$$
$$= E(Y - a_0 - b_0 X)^2 = (1 - \rho_{XY}^2) D(Y).$$

即得 $|\rho_{XY}| = 1$.

(3) 当 X 和 Y 相互独立时,由数学期望性质知 $\mathrm{Cov}(X, Y) = 0$,从而 $\rho_{XY} = 0$,即 X, Y 不相关;反之,由 $\rho_{XY} = 0$,有 $\mathrm{Cov}(X, Y) = 0$,于是二维正态分布的密度表达式中的 $\rho = 0$,从而密度表达式可以分解为关于 x 的函数形式和关于 y 的函数形式两部分,即 $f(x, y) = f_1(x) f_2(y)$,于是 X, Y 是相互独立的.

通过上面的讨论知,均方误差 e 是 $|\rho_{XY}|$ 的严格单调减少函数,这样 ρ_{XY} 的含义就很明显了. 当 $|\rho_{XY}|$ 较大时 e 较小,表明 X, Y(就线性关系来说)联系较紧密,特别当 $|\rho_{XY}| = 1$ 时,由性质 4 得 X, Y 之间以概率 1 存在线性关系,于是 ρ_{XY} 是一个可以用来表征 X, Y 之间线性关系紧密程度的量. 当 $|\rho_{XY}|$ 较大时,通常说 X, Y 线性相关的程度较好;当 $|\rho_{XY}|$ 较小时,我们说 X, Y 线性相关的程度较差. 当 $|\rho_{XY}| = 0$,称 X 和 Y 不相关.

假设随机变量 X, Y 的相关系数 ρ_{XY} 存在,当 X 和 Y 相互独立时,由数学期望性质容易得到 $\mathrm{Cov}(X, Y) = 0$,从而 $\rho_{XY} = 0$,即 X, Y 不相关;反之,若 X 和 Y 不相关,X 和 Y 却不一定相互独立. 上述情况,从"不相关"和"相互独立"的含义来看是明显的. 这是因为不相关只是就线性关系来说的,而相互独立是就一般关系而言的.

独立一定不相关,但是不相关却不一定独立;另外还有以下结论:

> **重要结论**:
> X, Y 独立 $\Rightarrow \mathrm{Cov}(X, Y) = 0 \Leftrightarrow \rho_{XY} = 0 \Leftrightarrow X, Y$ 不相关 $\Leftrightarrow E(XY) = E(X) \cdot E(Y)$
> $\Leftrightarrow D(X \pm Y) = D(X) + D(Y).$

下面指出不相关也不独立的例子是存在的.

设 (X, Y) 的联合分布律及边缘分布律见表 4.3.

表 4.3 (X, Y) 的联合分布律及边缘分布律

Y	X				$P(Y = y_j)$
	-2	-1	1	2	
1	0	$\frac{1}{4}$	$\frac{1}{4}$	0	$\frac{1}{2}$
4	$\frac{1}{4}$	0	0	$\frac{1}{4}$	$\frac{1}{2}$
$P(X = x_i)$	$\frac{1}{4}$	$\frac{1}{4}$	$\frac{1}{4}$	$\frac{1}{4}$	1

易知 $E(X) = 0, E(Y) = \frac{5}{2}, E(XY) = 0$,于是 $\rho_{XY} = 0, X, Y$ 不相关. 这表示 X, Y 不存在线性关系. 但从这个例子中可以看出 $P\{X = -2, Y = 1\} = 0 \neq P\{X = -2\} P\{Y = 1\}$,知 X, Y 不是相互独立的. 事实上,X 和 Y 具有关系:$Y = X^2$,Y 的值完全可由 X 的值所确定.

最后再次强调指出,相关一定不独立,独立一定不相关,不相关不一定独立,另外,对于正态分布而言,独立与不相关是等价的. 证明独立性一般是比较困难的,所以大多数情况下都是直接根据具体的实际环境给出独立性,对于给出密度函数和变量取值范围的情

况下,如果密度函数可以分解成 $f(x)g(y)$ 的形式并且 x,y 的取值范围没有相互依赖关系,则可以证明 X,Y 独立.

习 题

一、单项选择题

1. 已知随机变量 X 和 Y 相互独立,且它们分别在区间 $[-1,3]$ 和 $[2,4]$ 上服从均匀分布,则 $E(XY) = ($ $)$.

　　A. 3　　　　　　　B. 6　　　　　　　C. 10　　　　　　　D. 12

2. 随机变量 X,Y 和 $X+Y$ 的方差满足 $D(X+Y) = D(X) + D(Y)$ 是 X 与 $Y($ $)$.

　　A. 不相关的充分条件,但不是必要条件　　B. 不相关的必要条件,但不是充分条件
　　C. 独立的必要条件,但不是充分条件　　　D. 独立的充分必要条件

3. 设两随机变量 X,Y 的方差 $D(X),D(Y)$ 为非零常数,且 $E(XY) = E(X)E(Y)$,则有( ).

　　A. X 与 Y 一定相互独立　　　　　　B. X 与 Y 一定不相关
　　C. $D(XY) = D(X)D(Y)$　　　　　　　 D. $D(X-Y) = D(X) - D(Y)$

4. 设随机变量 X 和 Y 都服从正态分布,且它们不相关,则( ).

　　A. X 与 Y 一定相互独立　　　　　　B. (X,Y) 服从二维正态分布
　　C. X 与 Y 未必相互独立　　　　　　D. $X+Y$ 服从正态分布

5. 设随机变量 $X_1, X_2, \cdots, X_n (n>1)$ 独立同分布,且其方差为 $\sigma^2 > 0$. 令随机变量 $Y = \dfrac{1}{n}(X_1 + X_2 + \cdots + X_n)$,则( ).

　　A. $\mathrm{Cov}(X_1, Y) = \dfrac{\sigma^2}{n}$　　　　　　　B. $\mathrm{Cov}(X_1, Y) = \sigma^2$

　　C. $D(X_1 + Y) = \dfrac{n+2}{n}\sigma^2$　　　　　D. $D(X_1 - Y) = \dfrac{n+1}{n}\sigma^2$

6. 设 $E(X) = 2, D(X) = 4$,利用切比雪夫不等式可得 $P(-1 < X < 5)$ 的下界是( ).

　　A. 1/3　　　　　　B. 2/3　　　　　　C. 5/9　　　　　　D. 4/9

二、填空题

1. 设随机变量 X 在区间 $(0,2)$ 上服从均匀分布,则 $E(3X-1) = $ _____,$D(3X-1) = $ _____.

2. 设二维随机变量 (X,Y) 服从二维正态分布,且 $E(X) = E(Y) = 0, D(X) = D(Y) = 1, X$ 与 Y 的相关系数 $\rho_{XY} = -1/2$,则当 $a = $ _____ 时,$X+Y$ 与 Y 相互独立.

3. 设随机变量 $X \sim N(0,4)$,Y 服从指数分布,其概率密度为 $f(y) = \begin{cases} \dfrac{1}{2}\mathrm{e}^{-\frac{1}{2}y}, & y > 0, \\ 0, & y \leq 0, \end{cases}$ 若 $\mathrm{Cov}(X,Y) = -1, Z = X - aY, \mathrm{Cov}(X,Z) = \mathrm{Cov}(Y,Z)$,则 $a = $ _____,X 与 Z 的相关系数 $\rho_{XZ} = $ _____.

4. 已知二维随机变量 $(X,Y), \rho = -0.5, E(X) = -2, E(Y) = 2, ,E(X) = 1, E(Y) = 4$,则根据切比雪夫不等式有 $P\{|X+Y| \geq 6\} \leq $ _____.

5. 设随机变量 X 与 Y 的相关系数为 $0.5, E(X) = E(Y) = 0, E(X^2) = E(Y^2) = 2$，则 $E(X+Y)^2 = $ _____.

6. 已知二维随机变量 $(X,Y), \rho = -0.5, E(X) = 0, E(Y) = 1, E(X^2) = 1, E(XY) = -1$，则 $D(X+Y) = $ _____.

7. 设随机变量 X 与 Y 相互独立，且 $P\{X \leq 1\} = P\{Y \leq 1\} = 1/2$，则 $P\{X \leq 1, Y \leq 1\} = $ _____.

8. 设随机变量 X 与 Y 相互独立，且 $D(X) = D(Y) = 1$，则 $D(X-Y) = $ _____.

9. 设 $D(X) = D(Y) = 2$，相关系数 $\rho = 2$，则 $\text{Cov}(X,Y) = $ _____.

10. 设随机变量 X 与 Y 相互独立，则 X 与 Y 的相关系数 $\rho_{XY} = $ _____.

11. 设随机变量 X 服从参数为 λ 的泊松分布，且已知 $E[(X-1)(X-2)] = 1$，则参数 $\lambda = $ _____.

12. 已知随机变量 $X \sim N(0,1), Y \sim N(3,5)$，且 X 与 Y 相互独立，则 $Z = X - 2Y + 1 \sim$ _____.

13. 设随机变量 X 与 Y 相互独立，且 $E(X) = E(Y) = \mu, D(X) = D(Y) = \sigma^2$，则 $E(X-Y)^2 = $ _____.

三、解答题

1. 随机变量 X 的密度函数为
$$f(x) = \frac{1}{2} e^{-|x|} \quad (-\infty < x < \infty).$$
求：(1) $E(X)$ 及 $D(X)$；(2) $\text{Cov}(X, |X|)$；(3) $\rho_{X|X|}$；(4) X 和 $|X|$ 是否相关?

2. 一射手进行射击，若取靶子中心 O 为坐标原点，X, Y 分别表示实际命中点的横、纵坐标，X, Y 相互独立，且 $X \sim N(0,1), Y \sim N(0,1)$。求实际命中点 (X,Y) 到坐标原点 O 距离的均值.

3. 某车间生产的圆盘直径在区间 (a,b) 服从均匀分布，试求圆盘面积的数学期望.

4. 将 n 只球 $1 \sim n$ 号随机地放进 n 个盒子 $1 \sim n$ 号中，一个盒子装一只球. 若一只球装入与球同号的盒子中，称为一个配对. 记 X 为总的配对数，求 $E(X)$.

5. 设 A, B 为两随机事件，$P(A) > 0, P(B) > 0, X, Y$ 为两个随机变量.
$$X = \begin{cases} 1, & A \text{ 发生}, \\ 0, & A \text{ 不发生}, \end{cases} \quad Y = \begin{cases} 1, & B \text{ 发生}, \\ 0, & B \text{ 不发生}, \end{cases}$$
试证明：若 $\rho_{XY} = 0$，则 X, Y 一定相互独立.

6. 若 X 与 Y 都是只取两个值的随机变量，试证：X, Y 不相关，则 X, Y 相互独立.

7. 某产品的次品率为 0.1，检验员每天检验 4 次，每次随机地取 10 件产品进行检验，如发现其中次品数多于 1，就去调整设备，以 X 表示一天中调整设备的次数，试求 $E(X)$（设此产品是否为次品是相互独立的）.

8. 连续的随机变量 X 的概率密度为
$$f(x) = \begin{cases} 2e^{-2x}, & x > 0, \\ 0, & x \leq 0, \end{cases}$$
求：(1) $E(X), D(X)$；(2) $E(X^2)$.

9. 设连续型随机变量 X 的密度函数为
$$f(x) = \begin{cases} ax + b, & 0 < x < 1, \\ 0, & \text{其他}, \end{cases}$$
已知 $E(X) = \frac{1}{3}$，试求 a 和 b.

10. 证明：$E(XY) = E(X)E(Y)$ 或 $D(X \pm Y) = D(X) + D(Y)$ 的充要条件为 X 与 Y 不相关.

11. 试证明，如果随机变量 X 与 Y 都取两个值，且协方差为零，则 X 与 Y 相互独立.

12. 已知 X,Y,Z 是两两相互独立的随机变量，数学期望均为 0，方差都是 1，求 $X-Y$ 和 $Y-Z$ 的相关系数.

13. 设随机变量 X 与 Y 独立同分布，$E(X) = E(Y) = \mu$，$D(X) = D(Y) = \sigma^2$，记 $\xi = \alpha X + \beta Y$，$\eta = \alpha X - \beta Y$.

(1) 求 ξ, η 的相关系数；

(2) 问 α, β 满足什么关系时，ξ, η 不相关？

14. 已知对二维随机变量 (X,Y) 有 $E(X) = 0$，$E(Y) = 1$，$E(X^2) = 1$，$E(XY) = -1$，$\rho_{XY} = -\dfrac{1}{2}$. 求：(1) $D(X)$；(2) $D(Y)$；(3) $D(X-Y)$.

15. 已知随机变量 X,Y 分别服从 $N(1,3^2)$，$N(0,4^2)$，它们的相关系数 $\rho_{XY} = -\dfrac{1}{2}$，设 $Z = \dfrac{X}{3} + \dfrac{Y}{2}$. 求：(1) Z 的数学期望和方差；(2) X 和 Z 的相关系数.

第 5 章
大数定律与中心极限定理

"概率论与数理统计"主要研究随机现象的数量规律性,这种规律性只有在相同条件下进行大量重复试验才能呈现出来. 为了研究大量的随机现象,就必须研究试验次数趋于无穷大时的极限情形,从理论上揭示随机现象的数量规律性.

大数定律与中心极限定理是概率论的重要理论,在概率论和数理统计的理论研究和实际应用中都具有重要意义. 在这一章,将介绍有关随机变量序列的最基本的两类极限定理,即四个大数定律与四个中心极限定理. 大数定理研究 n 个随机变量的平均值的稳定性,中心极限定理研究在一定的条件下 n 个随机变量的和当 $n\to\infty$ 时的极限分布是正态分布,同时利用这些结论在数理统计中许多复杂的分布可以用正态分布来近似.

本章主要内容
　　§5.1　大数定律
　　§5.2　中心极限定理
　　习　题

§5.1 大数定律

本节内容概要

1. 切比雪夫大数定律

（切比雪夫大数定律）设随机变量 $X_1, X_2, \cdots, X_n, \cdots$ 相互独立，且存在 $EX_n = \mu_n$，存在 $DX_n = \sigma_n^2 < c (n = 1, 2, \cdots)$，其中常数 c 与 n 无关，则对于任意 $\varepsilon > 0$，有

$$\lim_{n \to \infty} P\left\{ \left| \frac{1}{n}\sum_{i=1}^n X_i - \frac{1}{n}\sum_{i=1}^n \mu_i \right| < \varepsilon \right\} = 1.$$

2. 伯努利大数定律

设 μ_n 为 n 重伯努利试验中事件 A 发生的次数，p 为每次试验中 A 出现的概率，则对任意的 $\varepsilon > 0$，有

$$\lim_{n \to \infty} P\left\{ \left| \frac{\mu_n}{n} - p \right| < \varepsilon \right\} = 1.$$

3. 马尔可夫大数定律

对随机变量序列 $\{X_n\}$，若有

$$\frac{1}{n^2} \mathrm{Var}\left(\sum_{i=1}^n X_i \right) \to 0 \quad (n \to \infty),$$

则 $\{X_n\}$ 服从大数定律. 上式被称为马尔可夫条件.

4. 辛钦大数定律

设随机变量 $X_1, X_2, \cdots, X_n, \cdots$ 相互独立且同分布，其数学期望存在 $EX_n = \mu$，$n = 1, 2, \cdots$，则对于任意 $\varepsilon > 0$，有

$$\lim_{n \to \infty} P\left\{ \left| \frac{1}{n}\sum_{i=1}^n X_i - \mu \right| < \varepsilon \right\} = 1.$$

一个随机变量离差平方的数学期望就是它的方差，而方差又是用来描述随机变量取值的分散程度. 切比雪夫不等式就描述了随机变量的离差与方差之间的关系.

引理（切比雪夫不等式） 设随机变量 X 的方差 DX 存在，则对于任意的 $\varepsilon > 0$，有

$$P\{|X - EX| \geq \varepsilon\} \leq \frac{DX}{\varepsilon^2}. \tag{5.1}$$

证明 这里仅对离散型随机变量给出证明. 要证明式(5.1)且只需要证明

$$\varepsilon^2 P\{|X - EX| \geq \varepsilon\} \leq DX.$$

设 X 的分布律为 $P\{X = x_n\} = p_n (n = 1, 2, \cdots)$，于是

$$\varepsilon^2 P\{|X - EX| \geq \varepsilon\} = \varepsilon^2 \sum_{|x_n - EX| \geq \varepsilon} p_n = \sum_{|x_n - EX| \geq \varepsilon} \varepsilon^2 p_n \leq \sum_{|x_n - EX| \geq \varepsilon} (x_n - EX)^2 p_n$$

$$\leq \sum_n (x_n - EX)^2 p_n = DX.$$

利用上述结论可得

$$P\{|X - EX| < \varepsilon\} = 1 - P\{|X - EX| \geq \varepsilon\} \geq 1 - \frac{DX}{\varepsilon^2}. \tag{5.2}$$

5.1.1 切比雪夫大数定律

人们在长期实践中发现,大量测量值的算术平均值也具有稳定性,即平均结果的稳定性. 表明无论随机现象的个别结果如何,或者它们在进行过程中的特征如何,大量随机现象的平均结果实际上不受随机现象个别结果的影响,并且几乎不再是随机的,大数定律以数学形式表达并证明了这一结论.

> **定义**(依概率收敛) 设 $X_1, X_2, \cdots, X_n, \cdots$ 是一随机变量序列,a 是一个常数,若对任意的 $\varepsilon > 0$,有
> $$\lim_{n \to \infty} P\{|X_n - a| < \varepsilon\} = 1,$$
> 则称序列 $X_1, X_2, \cdots, X_n, \cdots$ 依概率收敛于 a,记为
> $$X_n \xrightarrow{P} a \quad (n \to \infty).$$

> **定理 1**(切比雪夫大数定律) 设随机变量 $X_1, X_2, \cdots, X_n, \cdots$ 相互独立,且存在 $EX_n = \mu_n, DX_n = \sigma_n^2 < c \, (n = 1, 2, \cdots)$,其中常数 c 与 n 无关,则对于任意 $\varepsilon > 0$,有
> $$\lim_{n \to \infty} P\left\{\left|\frac{1}{n}\sum_{i=1}^{n} X_i - \frac{1}{n}\sum_{i=1}^{n} \mu_i\right| < \varepsilon\right\} = 1, \tag{5.3}$$
> 即
> $$\frac{1}{n}\sum_{i=1}^{n} X_i \xrightarrow{P} \frac{1}{n}\sum_{i=1}^{n} \mu_i \quad (n \to \infty).$$

证明 设 $Y_n = \frac{1}{n}\sum_{i=1}^{n} X_i$,有 $EY_n = \frac{1}{n}\sum_{i=1}^{n} EX_i = \frac{1}{n}\sum_{i=1}^{n} \mu_i$,由 $X_1, X_2, \cdots, X_n$ 相互独立得

$$DY_n = D\left(\frac{1}{n}\sum_{i=1}^{n} X_i\right) = \frac{1}{n^2}\sum_{i=1}^{n} DX_i = \frac{1}{n^2}\sum_{i=1}^{n} \sigma_n^2 < \frac{nc}{n^2} = \frac{c}{n}.$$

根据切比雪夫不等式,有

$$P\{|Y_n - EY_n| < \varepsilon\} \geq 1 - \frac{DY_n}{\varepsilon^2} \geq 1 - \frac{c}{n\varepsilon^2},$$

$$1 - \frac{c}{n\varepsilon^2} \leq P\left\{\left|\frac{1}{n}\sum_{i=1}^{n} X_i - \frac{1}{n}\sum_{i=1}^{n} \mu_i\right| < \varepsilon\right\} \leq 1.$$

由于 $\lim_{n \to \infty}\left(1 - \frac{c}{n\varepsilon^2}\right) = 1$,因此

$$\lim_{n \to \infty} P\left\{\left|\frac{1}{n}\sum_{i=1}^{n} X_i - \frac{1}{n}\sum_{i=1}^{n} \mu_i\right| < \varepsilon\right\} = 1.$$

5.1.2 伯努利大数定律

频率的稳定性是大量试验证实的经验定律,现在用数学定理证明频率的稳定性,该定理通常称为伯努利大数定律.

> **定理 2**(伯努利大数定律) 设 μ_n 为 n 重伯努利试验中事件 A 发生的次数,p 为每次试验中 A 出现的概率,则对任意的 $\varepsilon > 0$,有
> $$\lim_{n \to \infty} P\left\{\left|\frac{\mu_n}{n} - p\right| < \varepsilon\right\} = 1.$$

证明 由于 μ_n 服从 $B(n,p)$，则 $E\mu_n = np$，$D\mu_n = np(1-p)$，因此

$$E\left(\frac{\mu_n}{n}\right) = \frac{1}{n}E\mu_n = p,$$

$$D\left(\frac{\mu_n}{n}\right) = \frac{1}{n^2}D\mu_n = \frac{p(1-p)}{n}.$$

根据切比雪夫不等式，有 $0 \leqslant P\left\{\left|\dfrac{\mu_n}{n} - p\right| \geqslant \varepsilon\right\} \leqslant \dfrac{p(1-p)}{n\varepsilon^2}$，令 $n\to\infty$ 得到

$$\lim_{n\to\infty}P\left\{\left|\frac{\mu_n}{n} - p\right| \geqslant \varepsilon\right\} = 0.$$

伯努利大数定律表明：事件发生的频率是依概率收敛于该事件的概率，这就是"频率稳定于概率"的含义，也是"用频率去估计概率"的依据. 当试验在不变条件下，重复进行多次时，事件 A 发生的频率以概率值 P 为其稳定值，即事件 A 的频率依概率收敛到其概率值 $P(A)$. 而当 n 很大时，事件 A 的频率与其概率有较大偏差的可能性很小. 在实际应用中，当试验次数很大时，可以用事件发生的频率来近似代替该事件的概率. 事实上，概率很小的事件在个别试验中几乎是不可能发生的. 因此，我们常常忽略掉那些概率很小的事件发生的可能性. 根据这个原理，常称小概率事件为实际不可能事件，所以这个原理又称为小概率原理. 至于"小概率"小到什么程度才看作实际上不可能发生加以忽略，则要视具体问题的要求和性质而定.

5.1.3 马尔可夫大数定律

定理3 对随机变量序列 $\{X_n\}$，若有

$$\frac{1}{n^2}\text{Var}\left(\sum_{i=1}^{n}X_i\right) \to 0 \ (n\to\infty), \tag{5.4}$$

则 $\{X_n\}$ 服从大数定律. 上式被称为马尔可夫条件.

证明 利用切比雪夫不等式即可证明.

5.1.4 辛钦大数定律

切比雪夫大数定律和伯努利大数定律的证明都是以切比雪夫不等式为基础，所以要求随机变量的方差一致有界的条件定理才能成立. 但是在许多问题中，往往不能满足该条件. 下面的定理可以表明：方差存在且一致有界的条件并非必要.

定理4（辛钦大数定律） 设随机变量 $X_1, X_2, \cdots, X_n, \cdots$ 相互独立并且同分布，其数学期望存在 $EX_n = \mu$，$n = 1, 2, \cdots$，则对于任意 $\varepsilon > 0$，有

$$\lim_{n\to\infty}P\left\{\left|\frac{1}{n}\sum_{i=1}^{n}X_i - \mu\right| < \varepsilon\right\} = 1, \tag{5.5}$$

即

$$\frac{1}{n}\sum_{i=1}^{n}X_i \xrightarrow{P} \mu \ (n\to\infty).$$

该定理略去证明.

这一定理使我们关于算术平均的法则有了理论依据. 对于相互独立且同分布的随机变量 $X_1, X_2, \cdots, X_n$, 当 n 充分大时, 取 $\frac{1}{n} \sum_{i=1}^{n} X_i$ 作为 μ 的近似值, 产生的误差很小, 即算术平均依概率收敛于期望值(被观察的真值).

§5.2 中心极限定理

本节内容概要

1. 林德伯格－莱维中心极限定理

设随机变量 $X_1, X_2, \cdots, X_n, \cdots$, 相互独立同分布, $EX_n = \mu, DX_n = \sigma^2 > 0 (n = 1, 2, \cdots)$ 都存在, 且 $Y_n = \sum_{i=1}^{n} X_i$, 则对于一切 x 有

$$\lim_{n \to \infty} P\left\{ \frac{Y_n - n\mu}{\sqrt{n}\sigma} \leq x \right\} = \int_{-\infty}^{x} \frac{1}{\sqrt{2\pi}} e^{-\frac{t^2}{2}} dt = \Phi(x).$$

2. 李雅普诺夫中心极限定理

设 $\{X_n\}$ 是独立的随机变量序列, 若存在 $\delta > 0$, 并且满足

$$\lim_{n \to +\infty} \frac{1}{B_n^{2+\delta}} \sum_{i=1}^{n} E(|X_i - \mu_i|^{2+\delta}) = 0,$$

其中 $\mu_i = E(X_i), B_n^2 = \sum_{i=1}^{n} \mathrm{Var}(X_i)$, 则对任意的 x, 有

$$\lim_{n \to +\infty} P\left\{ \frac{1}{B_n} \sum_{i=1}^{n} (X_i - \mu_i) \leq x \right\} = \frac{1}{\sqrt{2\pi}} \int_{-\infty}^{x} e^{-\frac{t^2}{2}} dt.$$

3. 棣莫弗－拉普拉斯中心极限定理

n 重伯努利试验中, 事件 A 在每次试验中出现的概率为 $p(0 < p < 1)$, 记 μ_n 为 n 次试验中事件 A 出现的次数, 且记

$$Y_n^* = \frac{\mu_n - np}{\sqrt{np(1-p)}}.$$

则对任意实数 y, 有

$$\lim_{n \to +\infty} P\{Y_n^* \leq y\} = \Phi(y) = \frac{1}{\sqrt{2\pi}} \int_{-\infty}^{y} e^{-\frac{t^2}{2}} dt.$$

4. 林德伯格中心极限定理

设 $\{X_n\}$ 为独立随机变量序列, 且该变量序列满足林德伯格条件, 那么对于任意的 x, 有

$$\lim_{n \to +\infty} P\left\{ \frac{1}{B_n} \sum_{i=1}^{n} (X_i - \mu_i) \leq x \right\} = \frac{1}{\sqrt{2\pi}} \int_{-\infty}^{x} e^{-\frac{t^2}{2}} dt.$$

在概率论中讨论随机变量序列的和的极限分布为正态分布的定理就是中心极限定理. 它给出了大量随机变量积累分布函数逐点收敛于正态分布的积累分布函数的条件. 在实际生活中会遇见特别多的受到大量相互独立的随机因素影响的独立随机变量, 这些随机变量就是受所有随机因素的综合影响所形成的. 因为每个随机因素所产生的影响都

是非常小的,所以总的影响就可以看成服从正态分布.

例如,误差就是一种随机变量,这种随机变量人们会经常遇到,并且人们对它非常感兴趣,研究表明,有大量微小的且相互独立的随机因素存在,它们的累计叠加造成了误差的产生.

比如炮弹对一个目标进行射击时,炮弹炸开的点对射击目标的横纵向偏差就服从正态分布,而致使炸开这点会服从正态分布,是受到了很多微小差异的积累,如炮弹的药量、炮弹所含的成分、炮弹的形状、炮弹的温度及药室的容积,这些会对炮弹造成直接影响的细小差异,它们的总和形成了射击时横纵偏差随机变量.

由于这些随机因素特别地多,每个因素对于炮弹炸开时的影响都非常小,并且是人们无法控制,也是随机且独立的.所以受这些因素总和的影响,致使炮弹炸开点产生误差.炮弹爆炸时产生的总误差和是大量微小差异叠加起来的,每个微小差异都是有限度的,但累积起来对炸点的偏差趋近于正态分布.

显然从中可以看出,中心极限定理隐藏在生活很多小细节中,对生活的重要性已经超出想象,因此它值得人们好好去深入研究.

最早期,伯努利在著作中发表了伯努利大数定律,该定律讲述了多次独立重复的试验中,事件逐渐变得平稳,这个定律是1713年发现的,到1730年,法国数学家棣莫弗经过研究发现了第一个中心极限中的定理,棣莫弗－拉普拉斯极限定理,他在1812年讲解了概率并对其作了古典定义,1901年,中心极限定理被严格证明,数学家利用该定理科学地解释了现实中人们疑惑的一个问题,这个问题就是为什么生活中很多的随机变量近似趋近于正态分布,后期伯努利定律及其中心极限定理得到了数学家的推广与改进.中心极限定理很好地阐释了正态分布在统计中地位非常重要的原因.

如今,对中心极限定理的各种研究已经得到了飞速的发展,成为现实中很多领域的重要工具,被各种生产业、保险行业、管理行业等广泛利用,为人们的生活带来了极大的方便.

中心极限定理作为概率论中最著名与重要的定理之一,为计算独立随机变量总和的近似概率提供了简单方法,中心极限定理讲述的是随机变量序列的总和近似地服从正态分布,而这些随机变量是原本并不服从正态分布的独立随机变量.这些随机变量受到大量独立随机差异变量的影响,但其中各项因素的影响是均匀的,没有一种因素是特别突出的,这种独立和的现象十分常见.中心极限定理证实了正态分布在各分布中的显耀地位.

在实际问题中,经常考虑许多随机因素产生的影响,即总随机因素看成彼此独立的小随机因素的总和.设彼此独立的随机因素为 $X_1, X_2, \cdots, X_n$,则 $X = X_1 + X_2 + \cdots + X_n$. 要讨论 X 的分布,就是要讨论随机变量和的分布.

中心极限定理是研究在什么条件下,随机变量和的分布收敛于正态分布的极限定理.

5.2.1 林德伯格－莱维中心极限定理

定理5(林德伯格－莱维中心极限定理) 设随机变量 $X_1, X_2, \cdots, X_n, \cdots$,相互独立同分布,$EX_n = \mu, DX_n = \sigma^2 > 0 (n = 1, 2, \cdots)$ 都存在,且 $Y_n = \sum_{i=1}^{n} X_i$,则对于一切 x 有

$$\lim_{n \to \infty} P\left\{ \frac{Y_n - n\mu}{\sqrt{n}\sigma} \leq x \right\} = \int_{-\infty}^{x} \frac{1}{\sqrt{2\pi}} e^{-\frac{t^2}{2}} dt = \Phi(x). \tag{5.6}$$

该定理略去证明.

该定理表明,只要 n 比较大,随机变量 $\frac{Y_n - n\mu}{\sqrt{n}\sigma}$ 近似服从标准正态分布 $N(0,1)$,因而 Y_n 近似服从正态分布 $N(n\mu, n\sigma^2)$.

5.2.2 李雅普诺夫中心极限定理

定理6(李雅普诺夫中心极限定理) 设$\{X_n\}$是独立的随机变量序列,若存在$\delta > 0$,并且满足

$$\lim_{n \to +\infty} \frac{1}{B_n^{2+\delta}} \sum_{i=1}^n E(|X_i - \mu_i|^{2+\delta}) = 0, \tag{5.7}$$

其中$\mu_i = E(X_i)$,$B_n^2 = \sum_{i=1}^n \text{Var}(X_i)$,则对任意的$x$,有

$$\lim_{n \to +\infty} P\left\{ \frac{1}{B_n} \sum_{i=1}^n (X_i - \mu_i) \leqslant x \right\} = \frac{1}{\sqrt{2\pi}} \int_{-\infty}^x e^{-\frac{t^2}{2}} dt. \tag{5.8}$$

该定理略去证明.

5.2.3 棣莫弗 – 拉普拉斯中心极限定理

定理7(棣莫弗 – 拉普拉斯中心极限定理) n重伯努利试验中,事件A在每次试验中出现的概率为$p(0 < p < 1)$,记μ_n为n次试验中事件A出现的次数,且记

$$Y_n^* = \frac{\mu_n - np}{\sqrt{np(1-p)}}. \tag{5.9}$$

则对任意实数y,有

$$\lim_{n \to +\infty} P\{Y_n^* \leqslant y\} = \Phi(y) = \frac{1}{\sqrt{2\pi}} \int_{-\infty}^y e^{-\frac{t^2}{2}} dt. \tag{5.10}$$

该定理略去证明.

5.2.4 林德伯格中心极限定理

定理8(林德伯格中心极限定理) 设$\{X_n\}$为独立随机变量序列,且该变量序列满足林德伯格条件,那么对于任意的x,有

$$\lim_{n \to +\infty} P\left\{ \frac{1}{B_n} \sum_{i=1}^n (X_i - \mu_i) \leqslant x \right\} = \frac{1}{\sqrt{2\pi}} \int_{-\infty}^x e^{-\frac{t^2}{2}} dt. \tag{5.11}$$

前面所研究的随机变量和的分布问题都是在随机变量独立且同分布的情况下,现实问题中经常能够看到具有独立性的随机变量,这种独立的随机变量是极多的,但是并不是所有的随机变量都是同分布的,也存在很多不同分布的随机变量. 现在就来讨论独立却不同分布下的随机变量的和的极限分布,来找到和的极限分布服从正态分布的条件. 此处的林德伯格极限定理就是一种独立却不同分布的中心极限定理.

要使极限分布近似为正态分布,则必须要对$Y_n = \sum_{i=1}^n X_i$的各项随机变量有一定的条件,比如如果允许从第二项开始的项都等于0,那么很明显地能看出第一项X_1的分布完全确定了极限分布,这时所得到的结果就失去了意义,这表明,要使得中心极限定理能够成立,那么在和的各个随机变量中不能有特别突出的项,或者可以说,要满足各个随机变量都是均衡的小.

5.2.5 在生产中的应用

例 5.1 设用某机器来包装土豆淀粉,每包土豆淀粉的质量为一个随机变量,它的均值是 10,方差是 0.2,求 100 包这种土豆淀粉的总质量在 990 ~ 1 010 kg 的概率.

解 设 $X_i(i = 1,2,\cdots,100)$ 为第 i 包土豆淀粉的质量,由题意知 $E(X_i) = 10$,$\text{Var}(X_i) = 0.2$,根据定理,可以知道随机变量 $\sum_{i=1}^{100} x_i$ 近似地趋近于正态分布 $N(1\ 000,20)$,因此,要求的概率为

$$P\left\{990 \leqslant \sum_{i=1}^{100} x_i \leqslant 1\ 010\right\} \approx \Phi\left(\frac{1\ 010 - 1\ 000}{\sqrt{20}}\right) - \Phi\left(\frac{990 - 1\ 000}{\sqrt{20}}\right)$$

$$= \Phi(\sqrt{5}) - \Phi(-\sqrt{5})$$
$$= 2\Phi(\sqrt{5}) - 1$$
$$= 0.974\ 8.$$

由此,我们利用定理算出了 100 包这种土豆淀粉的总质量在 990 ~ 1 010 kg 的概率为 0.974 8.

例 5.2 某生产线生产高档汽车靠垫,生产出的汽车靠垫成箱包装,每箱靠垫的质量是随机的,假设每箱靠垫平均质量为 50 kg,标准差为 5 kg,若用最大的载量为 5 t 的汽车来运载,试利用中心极限定理来计算每辆车最多装多少箱,能保证不超载的概率大于 0.977?

解 设每辆车最多可以装 n 箱,记 $X_i(i = 1,2,\cdots,n)$ 为装运的第 i 箱的质量,可以把 $X_1,X_2,\cdots,X_n$ 看为独立且同分布的随机变量,$E(X_i) = 50$,$\text{Var}(X_i) = 25$,再记 $Y_n = X_1 + X_2 + \cdots + X_n$ 为 n 箱产品的总质量,根据定理,Y_n 近似服从正态分布 $N(50n,25n)$,由题意可得

$$P\{Y_n \leqslant 500\} = P\left\{\frac{Y_n - 50n}{5\sqrt{n}} \leqslant \frac{5\ 000 - 50n}{5\sqrt{n}}\right\}$$

$$\approx \Phi\left(\frac{1\ 000 - 10n}{\sqrt{n}}\right) \geqslant 0.977,$$

查表得 $\frac{1\ 000 - 10n}{\sqrt{n}} \geqslant 2$,则 $n < 98$.

由此,利用定理计算出装汽车靠垫的每辆车最多装 98 箱,才能保证不超载的概率大于 0.977.

5.2.6 在保险业方面的应用

例 5.3 有 10 000 个客户向某人身险保险公司购买保险,其中每位客户会在每年支付 12 元的人身险保险费,对于一年内购买人身险的客户,他们每个人死亡的概率是 0.006,凡是购买了人身险的客户,一旦死亡,那么他们的家属则可以向该保险公司领取 1 000 元的补偿金,请问:

(1) 该人身险保险公司一年内盈利的利润不小于 4 万元的可能性为多少?
(2) 该人身险保险公司会亏本的可能性为多少?
(3) 该人身险保险公司一年内获得利润在 2 万 ~ 4 万元的可能性为多少?

解 设

$$X_i = \begin{cases} 1, & \text{第 } i \text{ 个入保险的人在一年内死亡}, \\ 0, & \text{第 } i \text{ 个入保险的人在一年内健在}, \end{cases} (i = 1,2,\cdots,10\ 000).$$

所有的 X_i 相互独立,且都服从 $B(1,0.006)$ 分布,因此
$$E(X_i) = p = 0.006, D(X_i) = p(1-p) = 0.005\ 964.$$
假设购买保险的 10 000 位客户中,一年内会死亡的人数为 X,那么 $X = \sum_{i=1}^{10\ 000} X_i$,则
$$E(X) = 60, D(X) = 59.64 \approx 7.72^2.$$
由中心极限定理可以得到
$$\frac{X - E(X)}{\sqrt{D(X)}} \sim N(0,1).$$

(1) 若要使该人身险保险公司一年内获得的利润不小于 4 万元,也就是 $0 \leq X \leq 80$,那么它的概率为
$$\begin{aligned} P\{0 \leq X \leq 80\} &= P\left\{\frac{0-60}{7.72} \leq \frac{X-60}{7.72} \leq \frac{80-60}{7.72}\right\} \\ &= P\left\{-7.77 \leq \frac{X-60}{7.72} \leq 2.59\right\} \\ &= \Phi(2.59) - \Phi(-7.77) \\ &= 0.995\ 2. \end{aligned}$$

因此,该人身险保险公司一年内获得的利润不小于 4 万元的可能性为 0.995 2.

(2) 如果要达到该公司会亏本,也就是 $X > 120$,那么它的概率为
$$\begin{aligned} P\{X > 120\} &= P\left\{\frac{X-60}{7.72} > \frac{120-60}{7.72}\right\} \\ &= P\left\{\frac{X-60}{7.72} > 7.77\right\} \\ &= 1 - \Phi(7.77) \\ &\approx 1 - 1 = 0. \end{aligned}$$

因此,该公司亏本的可能性几乎为 0.

(3) 如果要求该公司一年内盈利的利润在 2 万 ~ 4 万元,即 $80 \leq X \leq 100$,则其概率为
$$\begin{aligned} P\{80 \leq X \leq 100\} &= P\left\{\frac{80-60}{7.72} \leq \frac{X-60}{7.72} \leq \frac{100-60}{7.72}\right\} \\ &= P\left\{2.59 \leq \frac{X-60}{7.72} \leq 5.18\right\} \\ &= \Phi(5.18) - \Phi(2.59) \\ &\approx 1 - 0.995 \\ &= 0.005. \end{aligned}$$

因此,该保险公司一年内盈利的利润在 2 万 ~ 4 万元的概率为 0.005.

5.2.7 在其他方面的应用

例 5.4 设电路供电网中有 10 000 盏灯,夜晚每盏灯开着的概率都是 0.7,假定各灯开、关时间彼此无关,计算同时开着的灯数在 6 800 ~ 7 200 盏的概率.

解 设同时开着的灯数为随机变量 X,服从二项分布 $B(10\ 000, 0.7)$,且 $EX = np = 7\ 000$,$\sqrt{DX} = \sqrt{npq} = \sqrt{10\ 000 \times 0.7 \times 0.3} = 45.83$,由中心极限定理得
$$\begin{aligned} P\{6\ 800 < X < 7\ 200\} &\approx \Phi\left(\frac{7\ 200 - 7\ 000}{45.83}\right) - \Phi\left(\frac{6\ 800 - 7\ 000}{45.73}\right) \\ &= \Phi(4.36) - \Phi(-4.36) = 2\Phi(4.36) - 1 = 0.999\ 9, \end{aligned}$$

或

$$P\{6\,800 < X < 7\,200\} = P\{|X - 7\,000| < 200\} = P\left\{\left|\frac{X - 7\,000}{45.83}\right| < \frac{200}{45.83}\right\}$$
$$\approx 2\Phi(4.36) - 1 = 0.999\,9.$$

习　题

一、单项选择题

1. 设 $X_1, X_2, \cdots$ 为独立的随机变量序列，$X = X_1 + X_2 + \cdots + X_n$，则根据林德伯格－莱维中心极限定理，当 n 充分大时，X 近似服从正态分布，只要随机变量序列 $X_1, X_2, \cdots$（　　）.

　　A. 有相同的数学期望　　　　　　B. 有相同的方差
　　C. 服从同一指数分布　　　　　　D. 服从同一离散型分布

2. 设 $X_1, X_2, \cdots$ 为独立同分布的随机变量序列，且 $X_i(i=1,2,\cdots)$ 服从指数分布，其概率密度为 $f(x) = \begin{cases} \lambda e^{-\lambda x}, & x > 0, \\ 0, & x \leqslant 0, \end{cases}(\lambda > 1)$，$\Phi(x)$ 为标准正态分布函数，则（　　）.

　　A. $\lim\limits_{n\to\infty} P\left\{\dfrac{\lambda \sum\limits_{i=1}^{n} X_i - n}{\sqrt{n}} \leqslant x\right\} = \Phi(x)$　　　　B. $\lim\limits_{n\to\infty} P\left\{\dfrac{\sum\limits_{i=1}^{n} X_i - n}{\sqrt{n}} \leqslant x\right\} = \Phi(x)$

　　C. $\lim\limits_{n\to\infty} P\left\{\dfrac{\sum\limits_{i=1}^{n} X_i - \lambda}{\sqrt{n}\lambda} \leqslant x\right\} = \Phi(x)$　　　　D. $\lim\limits_{n\to\infty} P\left\{\dfrac{\sum\limits_{i=1}^{n} X_i - \lambda}{\sqrt{n\lambda}} \leqslant x\right\} = \Phi(x)$

3. 设 $X_1, X_2, \cdots$ 为随机变量序列，a 为一常数，则 $\{X_n\}$ 依概率收敛于 a 指的是（　　）.

　　A. 对任意 $\varepsilon > 0$，有 $\lim\limits_{n\to\infty} P\{|X_n - a| \geqslant \varepsilon\} = 0$
　　B. 对任意 $\varepsilon > 0$，有 $\lim\limits_{n\to\infty} P\{|X_n - a| \geqslant \varepsilon\} = 1$
　　C. $\lim\limits_{n\to\infty} X_n = a$
　　D. $\lim\limits_{n\to\infty} P\{X_n = a\} = 1$

4. 设 $X_1, X_2, \cdots, X_{200}$ 是独立同分布的随机变量，且 $X_i \sim B(1, p)$ $(0 < p < 1)$，$\Phi(x)$ 为标准正态分布函数，则下列式子不正确的是（　　）.

　　A. $\dfrac{1}{200}\sum\limits_{k=1}^{200} X_k \stackrel{P}{\approx} p$（"$\stackrel{P}{\approx}$" 表示在概率意义下近似相等）

　　B. $P\left\{a < \sum\limits_{k=1}^{200} X_k < b\right\} \approx \Phi\left(\dfrac{b - 200p}{\sqrt{200p(1-p)}}\right) - \Phi\left(\dfrac{a - 200p}{\sqrt{200p(1-p)}}\right)$

　　C. $P\left\{a < \sum\limits_{k=1}^{200} X_k < b\right\} \approx \Phi(b) - \Phi(a)$

　　D. $\sum\limits_{k=1}^{200} X_k \sim B(200, p)$

5. 设随机变量序列 $X_1, X_2, \cdots$ 相互独立，且都服从参数为 $\lambda > 0$ 的泊松分布，$\Phi(x)$ 为标准正态分布函数，则下列选项正确的是（　　）.

　　A. $\lim\limits_{n\to\infty} P\left\{\dfrac{\sum\limits_{i=1}^{n} X_i - \lambda}{\sqrt{n\lambda}} \leqslant x\right\} = \Phi(x)$

B. 当 n 充分大时，$\sum_{i=1}^{n} X_i$ 近似服从标准正态分布 $N(0,1)$

C. 当 n 充分大时，$P\left\{\sum_{i=1}^{n} X_i \leq x\right\} \approx \Phi(x)$

D. 当 n 充分大时，$\sum_{i=1}^{n} X_i$ 近似服从正态分布 $N(n\lambda, n\lambda)$

二、填空题

1. 设 $X_1, X_2, \cdots$ 是独立同分布的随机变量序列，且 $E(X_i) = \mu, D(X_i) = \sigma^2 (i=1, 2, \cdots)$. 记 $Y_n = \frac{1}{n}\sum_{k=1}^{n} X_k^2$，则当 $n \to \infty$ 时，Y_n 依概率收敛于 _____.

2. 设 $X_1, X_2, \cdots$ 是独立同分布的随机变量序列，且 $E(X_i) = \mu, D(X_i) = \sigma^2 (i=1, 2, \cdots)$，则对任意的 $\varepsilon > 0$，有 $\lim_{n \to \infty} P\left\{\frac{1}{n} \left| \sum_{i=1}^{n} X_i - n\mu \right| \geq \varepsilon \right\} =$ _____.

3. 设 $X_1, X_2, \cdots$ 是独立同分布的随机变量序列，且 $X_i (i=1,2,\cdots)$ 服从参数为 $\lambda > 0$ 的泊松分布. 若 $\bar{X} = \frac{1}{n}\sum_{i=1}^{n} X_i$，则对任意实数 x，有 $P\{\bar{X} < x\} \approx$ _____.

4. 设 $X_1, X_2, \cdots$ 是独立同分布的随机变量序列，且 $E(X_i) = \mu, D(X_i) = \sigma^2 (i=1, 2, \cdots)$，则 $\lim_{n \to \infty} P\left\{ \frac{\sum_{i=1}^{n} X_i - n\mu}{\sqrt{n}\sigma} > 0 \right\} =$ _____.

5. 设 $X_1, X_2, \cdots$ 是独立同分布的随机变量序列，且 $X_i (i=1,2,\cdots)$ 在 $(-1,1)$ 上服从均匀分布，则 $\lim_{n \to \infty} P\left\{ \frac{\sum_{i=1}^{n} X_i}{\sqrt{n}} \leq 1 \right\} =$ _____.

三、解答题

1. 设随机变量 X 的方差为 2，根据切比雪夫不等式估计 $P\{|X - E(X)| \geq 2\}$.

2. 随机地掷 10 颗骰子，用切比雪夫不等式估计点数总和在 20 和 50 之间的概率.

3. 设各零件的质量都是随机变量，它们相互独立，且服从相同的分布，其数学期望为 0.5 kg，均方差为 0.1 kg，问 5 000 只零件的总质量超过 2 510 kg 的概率是多少？

4. 生产灯泡的合格率为 0.6，求 10 000 个灯泡中合格灯泡数在 5 800 ~ 6 200 个的概率.

5. 袋装食盐，每袋净重为随机变量，规定每袋标准质量为 500 g，标准差为 10 g，一箱内装 100 袋，求一箱食盐净质量超过 50 250 g 的概率.

6. 计算机在进行加法时，每个加数取整数（按四舍五入取最为接近它的整数），设所有加数的取整误差是相互独立的，且它们都服从 $[-0.5, 0.5]$ 上的均匀分布.

（1）若将 300 个数相加，求误差总和的绝对值超过 15 的概率.

（2）至多几个数加在一起，其误差总和的绝对值小于 10 的概率为 0.9.

7. 设有 30 个电子元件，它们的"寿命"（单位:h）都服从参数为 $\lambda = 0.097$ 的指数分布，其使用情况是第一个损坏，第二个立即使用，第二个损坏，第三个立即使用等，令 X 为 30 个元件使用的总计时间，计算 X 超过 360 h 的概率.

8. 某产品次品率为 10%，应取多少件才能使合格品不少于 100 件的概率达到 95%？

9. 设 $P(A) = p, p$ 未知，若试验 1 000 次，用 A 发生的频率代替概率估计所产生的误差小于 10% 的概率为多少？

10. 设 $X_1, X_2, \cdots, X_{50}$ 是相互独立的随机变量，且均服从相同的泊松分布（$\lambda = 0.03$），记 $Y = X_1 + X_2 + \cdots + X_{50}$，试用中心极限定理近似计算 $P\{Y \geq 3\}$.

第6章
抽样分布

从本章开始我们进入数理统计部分的学习.数理统计具有广泛的应用,它以概率论为理论基础,根据试验或观察到的数据来研究随机现象,对研究对象的客观规律作出种种合理的估计和判断.

数理统计的内容包括:如何收集和整理数据资料;如何对所得的数据资料进行分析、研究,从而对所研究的对象的性质、特点作出推断.后者就是我们所说的统计推断问题.

在概率论中,我们所研究的随机变量的分布都假设是已知的,在这一前提下去研究它的性质、特点和规律性.例如求出它的数字特征、讨论随机变量函数的分布、介绍常用的各种分布等.在数理统计中研究的随机变量,在实际中,往往不能得到总体的全部信息,可能它的分布是未知的,或者是不完全知道的,人们是通过对所研究的总体进行抽样,得到样本观察值,通过对样本数据进行分析,从而对总体的未知信息作出统计推断.

统计推断中,要构造样本的函数,以统计量为出发点,要求要了解统计量的分布,即抽样分布,从而进行参数估计、假设检验、方差分析、回归分析等统计推断.

本章主要内容
§6.1 随机样本
§6.2 经验分布函数
§6.3 抽样分布
习 题

§6.1 随机样本

本节内容概要

1. 总体(population)

在一个统计问题中,研究对象的全体称为总体(母体),构成总体的每个成员称为个体.

2. 有限总体与无限总体

若总体中的个数是有限的,此总体称为有限总体. 若总体中的个数是无限的,此总体称为无限总体.

3. 样本(sample)

从总体中随机抽取的部分个体组成的集合称为样本,样本中的个体称为样品,样品的个数称为样本容量或样本量.

4. 简单随机样本

若样本 $x_1, x_2, \cdots, x_n$ 是 n 个相互独立的具有同一分布(总体分布)的随机变量,则称该样本为简单随机样本,简称样本.

5. 统计量

设 $X_1, X_2, \cdots, X_n$ 是总体 X 的一个样本,$T(X_1, \cdots, X_n)$ 是样本 $(X_1, X_2, \cdots, X_n)$ 的一个函数,且 $T(X_1, \cdots, X_n)$ 中不含任何未知参数,则称 $T(X_1, \cdots, X_n)$ 为一个统计量.

6. 常用的统计量

(1) $\bar{X} = \dfrac{1}{n} \sum\limits_{i=1}^{n} X_i$ 为样本均值;

(2) $S^{*2} = \dfrac{1}{n} \sum\limits_{i=1}^{n} (X_i - \bar{X})^2$ 为样本方差;

(3) $S^{*} = \sqrt{\dfrac{1}{n} \sum\limits_{i=1}^{n} (X_i - \bar{X})^2}$ 为样本标准差;

(4) $S^2 = \dfrac{1}{n-1} \sum\limits_{i=1}^{n} (X_i - \bar{X})^2$ 为修正样本方差;

(5) $S = \sqrt{\dfrac{1}{n-1} \sum\limits_{i=1}^{n} (X_i - \bar{X})^2}$ 为修正样本标准差;

(6) $A_k = \dfrac{1}{n} \sum\limits_{i=1}^{n} X_i^k$ 为样本 k 阶原点矩($k \geq 1$);

(7) $B_k = \dfrac{1}{n} \sum\limits_{i=1}^{n} (X_i - \bar{X})^k$ 为样本 k 阶中心矩($k \geq 2$).

6.1.1 总体与样本

用数理统计研究某个问题时,把研究对象的全体称为<u>总体</u>(或<u>母体</u>),而把每一个研究对象称为<u>个体</u>(或<u>子体</u>). 例如,一批灯泡的全体就组成一个总体,其中每一个灯泡都是一个个体. 总体中所含有的个体的总数称为<u>总体容量</u>,它可以是有限的也可以是无限的,从而把总体说成<u>有限总体</u>或<u>无限总体</u>.

在数理统计中,我们关心的并不是组成总体的每个个体本身,而是与它们的特性相联系的某个数量指标以及这个数量指标的概率分布情况. 例如,在研究一批灯泡组成的总体时,可能关心的是灯泡的使用寿命的分布情况. 由于任何一个灯泡的使用寿命事先是不能确定的,而每一个灯泡都确实对应着一个寿命值,所以我们可认为灯泡使用寿命是一个随机变量. 也就是说,把总体与一个随机变量(如灯泡寿命)联系起来. 因此,对总体的研究就转化为对表示总体的随机变量的统计规律的研究,所以,今后说到总体,指的是一个具有确定概率分布的随机变量(但它的分布又是未知的或至少分布的某些参数是未知的),而每个个体则是随机变量可能取的一个数值.

为了研究总体的情况,一般只能在这个总体中抽取出一定数量的个体进行观测,这一过程称为<u>抽样</u>(也称<u>取样</u>、<u>采样</u>). 我们自然希望抽取出来的个体能够很好地反映总体的情况,这就要对抽样方法加上一定的限制. 容易想到,如果总体中每个个体被抽到的机会是均等的,并且在抽取一个个体后总体的成分不改变,那么,抽得的个体就能很好地反映总体的情况.

设总体为 X,我们把在一定条件下对随机变量 x 进行的 n 次重复独立观测,称为 n 次<u>简单随机抽样</u>,简称<u>抽样</u>. 把 n 次抽样所得结果依次记为 $X_1, X_2, \cdots, X_n$,并且称其为来自总体 X 的简单随机样本,简称为<u>样本</u>(或子样). 抽样次数 n 称为<u>样本容量</u>(或称为样本大小). 抽样可分为<u>有放回抽样</u>与<u>无放回抽样</u>两种. 前者是每次随机抽取一个个体观测记录其结果,然后放回并将其搅拌均匀,再进行下一次抽取. 无放回抽样,则是先前随机抽出的个体观测记录其结果后不再放回就可接着进行下一次抽取. 对于一个无限总体,无放回抽取 n 个个体;对于一个有限总体,有放回抽取 n 个个体,分别都认为得到的是一个简单随机样本. 对于容量为 N 的总体,当 n/N 很小时(一般小于 0.01),无放回抽取也近似认为是简单随机抽样. 如无特殊声明,以后说到抽样均指简单随机抽样.

数理统计的任务是要通过样本来推断总体的统计规律,因此希望样本能尽可能多地反映总体特征. 进行简单随机抽样正是为此,这里需要强调两点:

第一,同一性 由于 $X_1, X_2, \cdots, X_n$ 是对随机变量 X 作 n 次抽样的结果,某 n 次抽样与另外 n 次抽样所得的同一个 $X_i (i = 1, 2, \cdots, n)$ 一般将取不同的数值,因此,在重复抽样中,每一个 X_i 都应看作是一个随机变量,而且由于每次抽取都是在完全相同的条件下进行的,所以每一个 X_i 都具有总体的特征,即每一个 $X_i (i = 1, 2, \cdots, n)$ 都与总体有相同的分布.

第二,独立性 由于 n 次抽样的每一次抽样都是独立进行的,即各次抽样的结果彼此互不影响,所以 $X_1, X_2, \cdots, X_n$ 应该看作是相互独立的随机变量.

一个样本 $X_1, X_2, \cdots, X_n$ 在抽样没有抽定之前,可看作 n 个随机变量,或看作一个 n 维随机变量 $(X_1, X_2, \cdots, X_n)$,当一个样本抽定之后,这个样本就是一组具体的数值 $(x_1, x_2, \cdots, x_n)$,称为一个(或一组)<u>样本观测值</u>(观察值)或<u>样本值</u>. 它是实 n 维空间 R^n 的一个点. 因此,样本值 $(x_1, x_2, \cdots, x_n)$ 也称为<u>样本点</u>. 样本 $(X_1, X_2, \cdots, X_n)$ 可能取的值的全体称为总体 X 的容量为 n 的<u>样本空间</u>.

为了明确,我们给出定义:

> **定义1** 若随机变量 $X_1, X_2, \cdots, X_n$ 独立且每个 $X_i (i = 1, 2, \cdots, n)$ 与总体 X 有相同的概率分布,则随机变量 $X_1, X_2, \cdots, X_n$ 称为来自总体 X 的容量为 n 的样本,简称为 X 的样本. 若总体 X 有分布函数 $F(x)$,也称 $X_1, X_2, \cdots, X_n$ 为来自总体 $F(x)$ 的样本. 样本也可记作 $(X_1, X_2, \cdots, X_n)$.

注：当 X 为离散型随机变量时，其概率函数是其分布律；当 X 为连续型随机变量时，其概率函数为其密度函数．

定理1 若 $(X_1, X_2, \cdots, X_n)$ 是来自总体 $F(x)$ [或 $f(x)$] 的样本，则 $(X_1, X_2, \cdots, X_n)$ 的联合分布函数为 $\prod_{i=1}^{n} F(x_i)$ [或联合概率函数为 $\prod_{i=1}^{n} f(x_i)$]．

例6.1 设总体 $X \sim b(1, p)$，即 $P(X = k) = p^k(1-p)^{1-k}$，其中 $k = 0$ 或 1，再设 (X_1, X_2, X_3) 是 X 的一个样本．

(1) 写出它的样本空间 S；

(2) 写出 (X_1, X_2, X_3) 的联合概率函数．

解 (1) 样本 (X_1, X_2, X_3) 的观测值 (x_1, x_2, x_3) 是一个三维向量，其中 $x_i = 0$ 或 $1(i = 1, 2, 3)$，所以样本空间 S 由如下 $2^3 = 8$ 个三维向量组成：

$(0,0,0), (0,0,1), (0,1,0), (0,1,1), (1,0,0), (1,0,1), (1,1,0), (1,1,1)$．

(2) (X_1, X_2, X_3) 的联合概率函数为

$$P\{(X_1, X_2, X_3) = (x_1, x_2, x_3)\} = \prod_{i=1}^{3} P\{X_i = x_i\}$$

$$= \prod_{i=1}^{3} p^{x_i}(1-p)^{1-x_i} = p^{\sum_{i=1}^{3} x_i}(1-p)^{3-\sum_{i=1}^{3} x_i} = p^k (1-p)^{3-k},$$

其中 k 为观测值 (x_1, x_2, x_3) 中 1 的个数，$k = 0, 1, 2, 3$．

通过样本研究总体，首先要求样本必须能够代表总体，也就是抽样要随机（样本具有代表性），然后抽样要独立，也就是样本之间不相互依赖（举一个不独立的例子，比如第一次抽样获得的样本值，用户发现比较小，于是第二个样本就在总体中挑了一个较大的，这样的样本之间就不独立，这里实际还隐藏着不随机，这种情况也是比较普遍的，即抽样中掺杂了人为的因素，这不是简单随机抽样），满足这两条的样本，由于可以认为每一个样本就是一个随机变量，于是每一个样本都与总体同分布且样本之间独立，即相互独立同分布．这是一个对样本进行研究的重要前提，因为我们总是从最简单的情况开始进行研究．今后我们总是假定样本是相互独立同分布的，因而样本的联合分布就是样本概率函数的乘积．获得样本后就要对样本进行分析，以便获得总体的特性，对样本分析就是针对具体问题构造一个样本的函数（统计量），比如样本的均值就是一个统计量．对总体进行推断就要研究统计量与总体的关系．由于样本相互独立同分布，所以统计量也是随机变量，某些情况下可以计算出统计量的分布．当不能计算或计算出的统计量过于复杂，就需要考虑当样本很大时统计量的极限分布．经常要估计统计量的某些参数，即用样本推断总体，一般的做法是假定样本体现出的特性就是总体的特性，比如认为样本的均值就是总体的均值，样本的方差就是总体的方差，而样本的均值及方差都是统计量，也就是说用统计量确定总体的某些参数，随后再研究统计量的评估效能等，即哪个统计量估计得好，在什么条件下好，以及好到什么程度．

6.1.2 统计量

样本是对总体进行统计分析和推断的依据，但在处理具体的理论和应用问题时，却很少直接利用样本所提供的原始数据，而是要对这些数据进行加工、提炼，把样本中所包

含的有关信息集中起来.这便是针对不同问题构造样本的某种函数.样本的函数常称为统计量.

> **定义 2** 设 $X_1, X_2, \cdots, X_n$ 是总体 X 的一个样本,$T(X_1, \cdots, X_n)$ 是样本 $(X_1, X_2, \cdots, X_n)$ 的一个函数,且 $T(X_1, \cdots, X_n)$ 中不含任何未知参数,则称 $T(X_1, \cdots, X_n)$ 为一个**统计量**,若 $(x_1, x_2, \cdots, x_n)$ 是样本 $(X_1, X_2, \cdots, X_n)$ 的一个**观测值**,则称 $T(x_1, x_2, \cdots, x_n)$ 是统计量 T 的一个**观测值**(也称**观察值**).

例如,设 $X \sim N(\mu, \sigma^2)$,此处 μ 为未知,但 σ^2 为已知,$X_1, \cdots, X_n$ 为 X 的一个样本,则 $\frac{1}{\sigma^2}\sum_{i=1}^{n} X_i$ 是统计量,而 $\sum_{i=1}^{n}(X_i - \mu)^2$ 不是统计量,因为 μ 未知.

根据统计量的定义,它是随机变量 $X_1, X_2, \cdots, X_n$ 的函数,因此统计量也是一个随机变量,它也有概率分布.统计量的分布称为**抽样分布**.

注意:尽管一个统计量不含任何未知参数,但它的分布却可能含有未知参数.

下面介绍一些常用统计量:

> **定义 3** 设 $X_1, X_2, \cdots, X_n$ 是来自总体 X 的容量为 n 的样本,常用的统计量有
>
> (1) $\overline{X} = \frac{1}{n}\sum_{i=1}^{n} X_i$,称为样本均值;
>
> (2) $S^{*2} = \frac{1}{n}\sum_{i=1}^{n}(X_i - \overline{X})^2$,称为样本方差;
>
> (3) $S^{*} = \sqrt{\frac{1}{n}\sum_{i=1}^{n}(X_i - \overline{X})^2}$,称为样本标准差;
>
> (4) $S^2 = \frac{1}{n-1}\sum_{i=1}^{n}(X_i - \overline{X})^2$,称为修正样本方差;
>
> (5) $S = \sqrt{\frac{1}{n-1}\sum_{i=1}^{n}(X_i - \overline{X})^2}$,称为修正样本标准差;
>
> (6) $A_k = \frac{1}{n}\sum_{i=1}^{n} X_i^k$,称为样本 k 阶原点矩 ($k \geq 1$);
>
> (7) $B_k = \frac{1}{n}\sum_{i=1}^{n}(X_i - \overline{X})^k$,称为样本 k 阶中心矩 ($k \geq 2$).

这些统计量统称为总体的样本矩,是最常用的样本数字特征.

若 $(x_1, x_2, \cdots, x_n)$ 是样本 $(X_1, X_2, \cdots, X_n)$ 的一组观测值,则

$$\overline{x} = \frac{1}{n}\sum_{i=1}^{n} x_i, \quad s^2 = \frac{1}{n-1}\sum_{i=1}^{n}(x_i - \overline{x})^2$$

分别为样本均值 $\overline{X}$ 和样本方差 S^2 的观测值.

由辛钦大数定律进一步知道,样本的 A_k, B_k 是依概率分别收敛于总体的相应矩 $E(X^k), E[X - E(X)]^k$.

§6.2 经验分布函数

本节内容概要

格里汶科定理

设 $x_1, x_2, \cdots, x_n$ 是取自总体分布函数为 $F(x)$ 的样本,$F_n(x)$ 是该样本的经验分布函数,则当 $n \to +\infty$ 时,有
$$P\left\{\sup_{-\infty < x < +\infty} |F_n(x) - F(x)| \to 0\right\} = 1.$$
此定理表明:当 n 相当大时,经验分布函数 $F_n(x)$ 是总体分布函数 $F(x)$ 的一个良好的近似.

总体的分布函数也叫作理论分布函数. 利用样本来估计和推断总体 X 的分布函数 $F(x)$,是数理统计要解决的一个重要问题. 为此,我们引进经验分布函数,并讨论它的性质.

设 X 是表示总体的一个随机变量,其分布函数为 $F(x)$,现在对 X 进行 n 次重复独立观测(对总体作 n 次简单随机抽样),以 $N_n(x)$ 表示随机事件 $\{X \leq x\}$ 在这 n 次重复独立观测中出现的次数,即 n 个观测值 $x_1, x_2, \cdots, x_n$ 中不大于 x 的个数.

对 X 每进行 n 次重复独立观测,便得到总体 X 的样本 $X_1, X_2, \cdots, X_n$ 的一组观测值 $(x_1, x_2, \cdots, x_n)$,从而对于固定的 $x(-\infty < x < +\infty)$ 可以确定 $N_n(x)$ 所取的数值,这个数值就是 $x_1, x_2, \cdots, x_n$ 的 n 个数中不大于 x 的个数. 重复进行 n 次抽样中,对于同一个 x,一般 $N_n(x)$ 将取不同数值,因此 $N_n(x)$ 是一个随机变量,实际上是一个统计量. $N_n(x)$ 称为**经验频数**.

定义4 称函数
$$F_n(x) = \frac{N_n(x)}{n} \quad (-\infty < x < +\infty)$$
为总体 X 的**经验分布函数**(或**样本分布函数**).

经验分布函数 $F_n(x)$ 的性质:

性质1 对每一组样本值 $x_1, x_2, \cdots, x_n$,经验分布函数 $F_n(x)(-\infty < x < +\infty)$ 是一个分布函数[$F_n(x)$ 是一单调不减、右连续函数,且满足 $F_n(-\infty) = 0$ 和 $F_n(+\infty) = 1$],并且是阶梯函数.

性质2 当 $n \to +\infty$ 时,经验分布函数 $F_n(x)$ 依概率收敛于总体 X 的分布函数 $F(x)$,即对任意实数 $\varepsilon > 0$,有
$$\lim_{n \to +\infty} P\{|F_n(x) - F(x)| < \varepsilon\} = 1.$$

由此性质可知,当 n 充分大时,就像可以用事件的频率近似它的概率一样,我们也可以用经验分布函数 $F_n(x)$ 来近似总体 X 的理论分布函数 $F(x)$. 还有比这更深刻的结果,

这就是:

> **定理2[格里汶科(Gelivenko)定理]** 总体X的经验分布函数$F_n(x)$以概率1一致收敛于它的理论分布函数$F(x)$,即对任何实数x,有
> $$P\{\lim_{n \to +\infty} \sup_{-\infty < x < +\infty} |F_n(x) - F(x)| = 0\} = 1.$$

证明略.

此定理表明:当样本容量n足够大时,对一切实数x,总体X的经验分布函数$F_n(x)$与它的理论分布函数$F(x)$之间相差的最大值也会足够小. 即n相当大时,$F_n(x)$是总体分布函数$F(x)$的一个很好的近似. 这是数理统计中用样本进行估计和推断总体的理论根据. 当子样的数目越多时,经验分布函数越能真实地反映总体的特性.

性质1 的证明 我们把$x_1, x_2, \cdots, x_n$按它们的值从小到大排序

$$x_1^* \leqslant x_2^* \leqslant \cdots \leqslant x_n^*,$$

即$x_1^* \leqslant x_2^* \leqslant \cdots \leqslant x_n^*$分别是$x_1, x_2, \cdots, x_n$中最小的一个,第二小的一个,……,最大的一个.

容易看出

$$F_n(x) = \frac{N_n(x)}{n} = \begin{cases} 0, & x < x_1^*, \\ \frac{k}{n}, & x_k^* \leqslant x < x_{k+1}^*, (k = 1, 2, \cdots, n-1). \\ 1, & x_n^* \leqslant x. \end{cases}$$

由此可见,$F_n(x)$是一个分布函数,而且是阶梯函数. 若样本观测值无重复时,则在每一观测值处有间断点且跳跃度为$1/n$;若样本观测值有重复,则按$1/n$的倍数跳跃上升.

性质2 的证明 根据伯努利大数定律,取$Y_n = N_n(x) \sim b[n, F(x)]$,则对任意$\varepsilon > 0$,有

$$\lim_{n \to +\infty} P\left\{\left|\frac{Y_n}{n} - p\right| < \varepsilon\right\} = \lim_{n \to +\infty} P\left\{\left|\frac{Y_n}{n} - F(x)\right| < \varepsilon\right\}$$
$$= \lim_{n \to +\infty} P\{|F_n(x) - F(x)| < \varepsilon\} = 1.$$

§6.3 抽样分布

> **本节内容概要**
>
> **1. 几个重要分布**
>
> (1) $\overline{X}$分布;(2) χ^2分布;(3) t分布;(4) F分布.
>
> **2. 几个重要结论**
>
> **结论1** 设总体X服从正态分布$N(\mu, \sigma^2)$,$X_1, X_2, \cdots, X_n$为其样本,样本均值与样本方差分别记为$\overline{X}$与S^2,则(1) $\overline{X} \sim N\left(\mu, \frac{\sigma^2}{n}\right)$;(2) $\frac{(n-1)S^2}{\sigma^2} \sim \chi^2(n-1)$,且$\overline{X}$与$S^2$相互独立.
>
> **结论2** 设总体X服从正态分布$N(\mu, \sigma^2)$,则$T = \frac{\overline{X} - \mu}{S/\sqrt{n}} \sim t(n-1)$.

结论 3 设总体 $X \sim N(\mu_1, \sigma_1^2)$，总体 $Y \sim N(\mu_2, \sigma_2^2)$，$X_1, X_2, \cdots, X_{n_1}$ 为 X 的样本，$Y_1, Y_2, \cdots, Y_{n_2}$ 为 Y 的样本，且这两样本是相互独立的. 记

$$\overline{X} = \frac{1}{n_1}\sum_{i=1}^{n_1} X_i, S_1^2 = \frac{1}{n_1-1}\sum_{i=1}^{n_1}(X_i - \overline{X})^2, \overline{Y} = \frac{1}{n_2}\sum_{j=1}^{n_2} Y_j, S_2^2 = \frac{1}{n_2-1}\sum_{j=1}^{n_2}(Y_j - \overline{Y})^2,$$

则 (1) $\dfrac{S_1^2/\sigma_1^2}{S_2^2/\sigma_2^2} \sim F(n_1-1, n_2-1)$；(2) $\dfrac{(\overline{X}-\overline{Y})-(\mu_1-\mu_2)}{S_\omega \sqrt{\dfrac{1}{n_1}+\dfrac{1}{n_2}}} \sim t(n_1+n_2-2)$，

其中 $S_\omega^2 = \dfrac{(n_1-1)S_1^2 + (n_2-1)S_2^2}{n_1+n_2-2}$.

特别地，当 $\sigma_1^2 = \sigma_2^2$ 时，则 $\dfrac{S_1^2}{S_2^2} \sim F(n_1-1, n_2-1)$.

统计量是我们对总体 X 的分布函数或数字特征进行估计与推断最重要的基本概念. 统计量都是随机变量，统计量的分布称为抽样分布，求抽样分布是数理统计的基本研究问题之一.

设总体 X 的分布函数表达式已知，对于任意自然数 n 如能求出给定统计量 $T(X_1, \cdots, X_n)$ 的分布函数，这种分布就称为统计量 T 的精确分布. 求出统计量 T 的精确分布，这对于数理统计学中的所谓**小样本问题**（在子样容量 n 比较小的情况下所讨论的各种统计问题）的研究是很重要的.

但一般说来，要确定一个统计量的精确分布其难度比较大. 只对一些重要的特殊情形，如总体 X 服从正态分布时，可以求出其 t 统计量、χ^2 统计量、F 统计量等的精确分布. 它们在参数估计及假设检验中起很重要的作用.

若统计量 $T(X_1, \cdots, X_n)$ 的精确分布求不出来，或其表达式非常复杂而难于应用，但如能求出它在 $n \to \infty$ 时的极限分布，那么这个统计量的极限分布对于数理统计学中的所谓大样问题的研究就是有用的. 大样问题是指在子样容量 n 比较大的情况下（一般 $n \geq 30$）讨论的各种统计问题.

在使用统计量进行统计推断时需要知道它的分布，当总体的分布函数已知时，抽样分布是确定的，然而要求出统计量的精确分布，一般来说是困难的. 本节介绍来自正态总体的几个常用的统计量的分布.

定理 3（卡方分布） 若 n 个相互独立随机变量 $X_1, \cdots, X_n$ 均服从正态分布 $N(0,1)$，则 $\chi^2 = \sum_{i=1}^{n} X_i^2$ 的密度函数为

$$f(x) = \begin{cases} \dfrac{1}{2^{n/2}\Gamma(n/2)} x^{n/2-1} \mathrm{e}^{-x/2}, & x > 0, \\ 0, & \text{其他}, \end{cases}$$

此时我们称 χ^2 服从自由度为 n 的 χ^2 分布，记为 $\chi^2 \sim \chi^2(n)$.

证明略.

χ^2 分布的密度函数如图 6.1 所示.

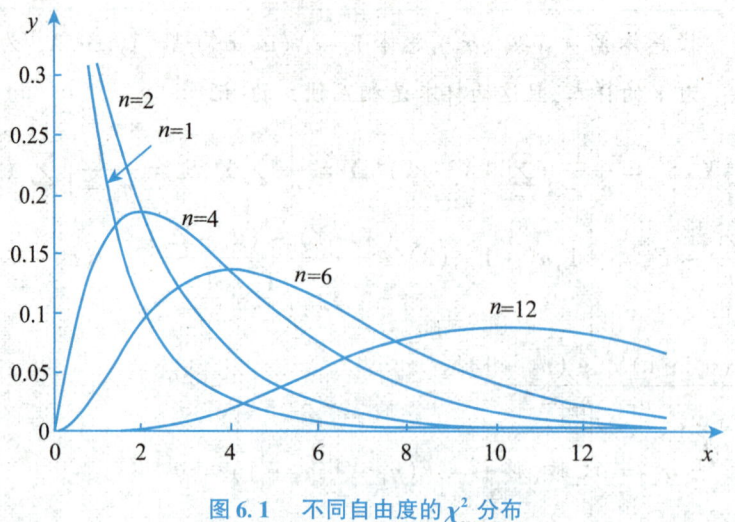

图 6.1 不同自由度的 χ^2 分布

定义 5 对于给定的正数 α,我们称满足条件
$$P\{\chi^2(n) > \chi_\alpha^2(n)\} = \int_{\chi_\alpha^2(n)}^{+\infty} f(x)\,dx = \alpha$$
的点(或数)$\chi_\alpha^2(n)$为 $\chi^2(n)$分布的上 α 分位点(或数).

对于不同的 n 和 α,分位数 $\chi_\alpha^2(n)$ 的值有现成的表格供查询(附表 3). 例如:$\alpha = 0.05, n = 20, \chi_{0.05}^2(20) = 31.41$.

性质 3 自由度为 n 的 χ^2 分布的数学期望和方差分别为
$$E(\chi^2) = n,\ D(\chi^2) = 2n.$$

证明略.

性质 4(可加性) 设 $X \sim \chi^2(n_1), Y \sim \chi^2(n_2)$,且 X 与 Y 相互独立,则有
$$X + Y \sim \chi^2(n_1 + n_2).$$

证明略.

定理 4(t 分布) 设 $X \sim N(0,1), Y \sim \chi^2(n)$,并且 X, Y 相互独立,则称随机变量
$$t = \frac{X}{\sqrt{\dfrac{Y}{n}}}$$
服从自由度为 n 的 t 分布(或 Student 分布),记为 $t \sim t(n)$. 密度函数为
$$f_t(x) = \frac{\Gamma[(n+1)/2]}{\sqrt{\pi n}\,\Gamma(n/2)}\left(1 + \frac{x^2}{n}\right)^{-(n+1)/2} \quad (-\infty < x < \infty).$$

证明略.

t 分布的密度函数如图 6.2 所示.

图 6.2 中画出了 $n = 1, n = 10$ 时 $f_t(x)$ 的图形. 它关于 $x = 0$ 对称,当 n 充分大时其图形类似于标准正态分布的概率密度函数的图形. 事实上
$$\lim_{n \to \infty} f_t(x) = \frac{1}{\sqrt{2\pi}} e^{-x^2/2},$$

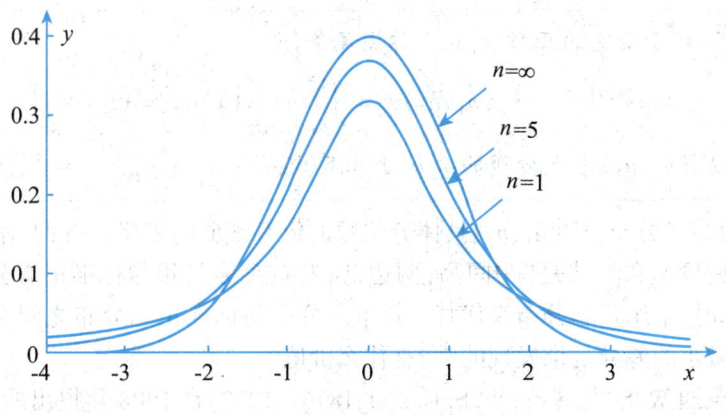

图 6.2　不同自由度的 t 分布

所以当 n 充分大时 t 近似服从 $N(0,1)$ 分布.

定义 6　对于给定的正数 α,我们称满足条件
$$P\{t > t_\alpha(n)\} = \int_{t_\alpha(n)}^{+\infty} f(x)\,\mathrm{d}x = \alpha$$
的点(或数)$t_\alpha(n)$ 为 t 分布的上 α 分位点(或数).

对于不同的 n 和 α,$t_\alpha(n)$ 具体分位数的值有现成的表格供查询(附表 4).

定理 5(F 分布)　设 $U \sim \chi^2(n_1)$,$V \sim \chi^2(n_2)$,且 U,V 相互独立,则称随机变量
$$F = \frac{U/n_1}{V/n_2}$$
服从自由度为 (n_1,n_2) 的 F 分布,记为 $F \sim F(n_1,n_2)$.

$F(n_1,n_2)$ 分布的概率密度为
$$f(x) = \begin{cases} \dfrac{\Gamma[(n_1+n_2)/2]}{\Gamma(n_1/2)\Gamma(n_2/2)} \dfrac{(n_1/n_2)^{n_1/2} x^{n_1/2-1}}{[1+(n_1 x/n_2)]^{(n_1+n_2)/2}}, & x > 0, \\ 0, & \text{其他}. \end{cases}$$

证明略.

F 分布的密度函数如图 6.3 所示.

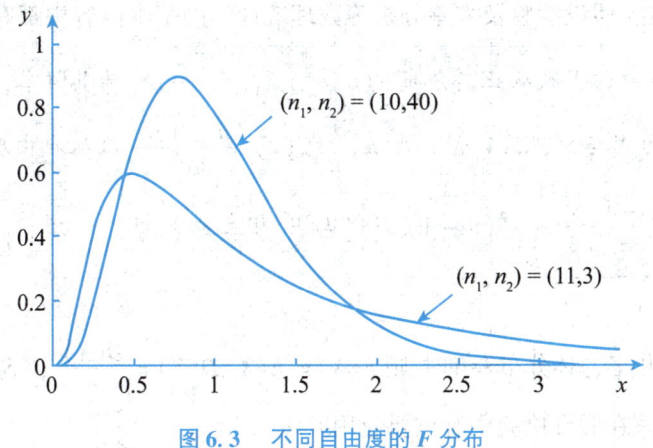

图 6.3　不同自由度的 F 分布

同样地,可定义:

定义 7 对于给定的正数 α,我们称满足条件
$$P\{F > F_\alpha(n_1,n_2)\} = \int_{F_\alpha(n_1,n_2)}^{+\infty} f(x)\mathrm{d}x = \alpha$$
的点(或数)$F_\alpha(n_1,n_2)$ 为 F 分布的上 α 分位点(或数).

对于不同的 F 分布,$F_\alpha(n_1,n_2)$ 具体分位数的值有现成的表格供查询(附表 5).

t 分布的密度函数形状是"中间高,两边低,左右对称",很像标准正态分布的密度函数. 当 $n>30$ 时,常用正态分布来代替 t 分布,t 分布与标准正态分布之间存在着微小差异,那么这个微小的差异是谁发现的呢?有什么价值?

t 分布是英国 W. S. 戈塞特(W. S. Cosset,1876—1937)在 1908 年提出的,戈塞特年轻时在英国牛津大学学习数学与化学,1899 年在一家酿酒厂任酿酒化学技师,从事试验和数据分析工作,这项工作使他对误差有大量的感性认识,戈塞特清楚地知道,在已知总体均值 μ 和标准差 σ 时,样本均值 $\overline{X}$ 的分布将随着样本容量 n 的增大而越来越接近正态分布,但戈塞特在试验中遇到的样本容量都不大,一般只有 5 个,他对每个样本分别计算 $t = \sqrt{n}(\overline{x}-\mu)/s$,从而获得大量 t 的观察值,发现其在 $(-1,1),(-2,2),(-3,3)$ 内的频率 $0.626,0.884,0.960$ 与 $N(0,1)$ 在这些区间上的概率 $0.683,0.995,0.997$ 相差较大,于是他怀疑是否还存在一个不属于正态分布族的其他分布,他下决心研究这个问题. 在 1906—1907 年他去了伦敦大学学习统计方法,与老皮尔逊(K. Pearson,1857—1936,他的儿子 E. S. Pearson 也是著名统计学家,被人们称为小皮尔逊)共同讨论,靠着他的敏锐直觉,终于得到新的密度函数曲线. 并在 1908 年以"Student"笔名发表此项结果,故后人称此分布为"学生氏分布"或"t 分布". 戈塞特作为统计学的新手,毅然提出一个崭新的分布是需要勇气的. 在当时正态分布被看作是"万能分布"的时代里,代表统计学最高水平的老皮尔逊只研究大样本问题,他认为,小样本是与统计精神相违背的,是危险的倾向. 在这样的气氛下,t 分布没有被外界所理解和接受,只在戈塞特的酿酒公司里使用. 过了一段时间后,英国另一位著名的统计学家费希尔在他的农业试验中也遇到小样本问题,发现 t 分布有实用价值,直到 1923 年,费希尔给出严格而简单的推导,1925 年又编制了 t 分布表后,戈塞特的小样本方法才被学术界承认,并获得迅速传播、发展和应用. 戈塞特的 t 分布打开了人们的思路,开创了小样本方法的研究先河.

下面来认识 X 在正态总体的基本假定下得到的几个重要的有关抽样分布的定理,这些定理在估计理论、假设检验及方差分析等数理统计学的基本内容中都有重要的作用.

定理 6 设总体 X 服从正态分布 $N(\mu,\sigma^2)$,$X_1,X_2,\cdots,X_n$ 为其样本,样本均值与样本方差分别记为 $\overline{X}$ 与 S^2,则 (1) $\overline{X} \sim N(\mu,\dfrac{\sigma^2}{n})$,(2) $\dfrac{(n-1)S^2}{\sigma^2}$ 服从自由度为 $n-1$ 的 χ^2 分布,简记为 $\dfrac{(n-1)S^2}{\sigma^2} \sim \chi^2(n-1)$,且 $\overline{X}$ 与 S^2 相互独立.

证明略.

大家可以证明:若总体分布未知时,则 $E(\overline{X}) = E(X), D(\overline{X}) = \dfrac{D(X)}{n}, E(S^2) = D(X)$.

以下两个定理在假设检验中有重要应用.

定理 7 设总体 X 服从正态分布 $N(\mu,\sigma^2)$，$X_1,X_2,\cdots,X_n$ 为其样本，则有
$$T=\frac{\overline{X}-\mu}{S/\sqrt{n}}$$
服从自由度为 $n-1$ 的 t 分布，记作 $T\sim t(n-1)$.

证明 由 $\overline{X}\sim N(\mu,\frac{\sigma^2}{n})$，$\frac{(n-1)S^2}{\sigma^2}\sim\chi^2(n-1)$，且由 $\overline{X}$ 与 $\frac{(n-1)S^2}{\sigma^2}$ 相互独立知下述两个随机变量
$$\psi=\frac{\overline{X}-\mu}{\sigma/\sqrt{n}}\sim N(0,1),\quad Y=\frac{(n-1)S^2}{\sigma^2}\sim\chi^2(n-1)$$
也相互独立，由 t 分布定义知
$$\frac{\psi}{\sqrt{Y/(n-1)}}=\frac{\overline{X}-\mu}{S/\sqrt{n}}=T$$
服从自由度为 $n-1$ 的 t 分布，记作 $\frac{\overline{X}-\mu}{S/\sqrt{n}}\sim t(n-1)$.

定理 8 设总体 X 服从正态分布 $N(\mu_1,\sigma^2)$，$X_1,X_2,\cdots,X_{n_1}$ 为其样本，总体 Y 服从正态分布 $N(\mu_2,\sigma^2)$，$Y_1,\cdots,Y_{n_2}$ 为其样本，而且这两个样本是相互独立的. 记
$$\overline{X}=\frac{1}{n_1}\sum_{i=1}^{n_1}X_i,\quad S_1^2=\frac{1}{n_1-1}\sum_{i=1}^{n_1}(X_i-\overline{X})^2,$$
$$\overline{Y}=\frac{1}{n_2}\sum_{j=1}^{n_2}Y_j,\quad S_2^2=\frac{1}{n_2-1}\sum_{j=1}^{n_2}(Y_j-\overline{Y})^2,$$
则

(1) $\frac{S_1^2}{S_2^2}\sim F(n_1-1,n_2-1)$，其中第一自由度为 n_1-1，第二自由度为 n_2-1.

(2) $\sqrt{\frac{n_1 n_2(n_1+n_2-2)}{n_1+n_2}}\frac{(\overline{X}-\overline{Y})-(\mu_1-\mu_2)}{\sqrt{(n_1-1)S_1^2+(n_2-1)S_2^2}}\sim t(n_1+n_2-2)$，即左端的量服从自由度为 n_1+n_2-2 的 t 分布.

证明略.

定理 9 设总体 X 服从正态分布 $X\sim N(\mu_1,\sigma_1^2)$，$X_1,X_2,\cdots,X_{n_1}$ 为其样本，总体 Y 服从正态分布 $Y\sim N(\mu_2,\sigma_2^2)$，$Y_1,\cdots,Y_{n_2}$ 为其样本，而且这两个样本是相互独立的. 记
$$\overline{X}=\frac{1}{n_1}\sum_{i=1}^{n_1}X_i,\quad S_1^2=\frac{1}{n_1-1}\sum_{i=1}^{n_1}(X_i-\overline{X})^2,$$
$$\overline{Y}=\frac{1}{n_2}\sum_{j=1}^{n_2}Y_j,\quad S_2^2=\frac{1}{n_2-1}\sum_{j=1}^{n_2}(Y_j-\overline{Y})^2,$$
则 $\frac{S_1^2/\sigma_1^2}{S_2^2/\sigma_2^2}\sim F(n_1-1,n_2-1)$，即左端的统计量服从第一自由度为 n_1-1，第二自由度为 n_2-1 的 F 分布.

例 6.2 (1) 设 X 与 Y 相互独立,且有 $X \sim N(5,15), Y \sim \chi^2(5)$,求概率 $P(X-5 > 3.5\sqrt{Y})$.

(2) 设总体 $X \sim N(2.5, 6^2), X_1, X_2, X_3, X_4, X_5$ 是来自 X 的样本,求概率 $P(1.3 < \bar{X} < 3.5, 6.3 < S^2 < 9.6)$.

解 (1) 因为 $\dfrac{X-5}{\sqrt{15}} \sim N(0,1), Y \sim \chi^2(5)$ 且两者独立,所以再通过查 t 分布表可有

$$P\{X-5 > 3.5\sqrt{Y}\} = P\left\{\frac{X-5}{\sqrt{Y}} > 3.5\right\}$$

$$= P\left\{\frac{(X-5)/\sqrt{15}}{\sqrt{Y/5}} > \frac{3.5/\sqrt{15}}{\sqrt{1/5}}\right\}$$

$$= P\{t_5 > 2.02\} = 0.05.$$

(2) 因 $\bar{X}$ 与 S^2 相互独立,故再通过查 χ^2 分布表和正态分布表有

$$P\{1.3 < \bar{X} < 3.5, 6.3 < S^2 < 9.6\}$$
$$= P\{1.3 < \bar{X} < 3.5\} P\{6.3 < S^2 < 9.6\},$$

而 $\bar{X} \sim N(2.5, 6^2/5)$,即有

$$P\{1.3 < \bar{X} < 3.5\}$$
$$= P\left\{\frac{1.3-2.5}{6/\sqrt{5}} < \frac{\bar{X}-2.5}{6/\sqrt{5}} < \frac{3.5-2.5}{6/\sqrt{5}}\right\}$$
$$= \Phi\left(\frac{3.5-2.5}{6/\sqrt{5}}\right) - \Phi\left(\frac{1.3-2.5}{6/\sqrt{5}}\right)$$
$$= \Phi(0.37) - \Phi(-0.45) = 0.3179,$$

$$P\{6.3 < S^2 < 9.6\}$$
$$= P\left\{6.3 \times \frac{4}{6^2} < \frac{4S^2}{6^2} < 9.6 \times \frac{4}{6^2}\right\}$$
$$= P\{0.7 < \chi^2 < 1.067\}$$
$$= P\{\chi^2 > 0.7\} - P\{\chi^2 > 1.067\}$$
$$= 0.95 - 0.90 = 0.05,$$

于是所求概率为 $P = 0.3179 \times 0.05 = 0.01595$.

习 题

一、单项选择题

1. 设总体 $X \sim N(\mu, \sigma^2)$,其中 μ 未知,σ^2 已知,$X_1, X_2, \cdots, X_n$ 是来自总体 X 的样本,则下列表达式中不是统计量的是( ).

A. $\bar{X}/\sigma^2$ B. $\dfrac{1}{n}\sum\limits_{i=1}^{n}(X_i - \mu)^2$ C. $\dfrac{1}{n}\sum\limits_{i=1}^{n}(X_i - \bar{X})^2$ D. $\min\limits_{1 \leq i \leq n}\{X_i\}$

2. 设总体 X 和 Y 相互独立且都服从正态分布 $N(\mu, \sigma^2)$,$\bar{X}, \bar{Y}$ 分别是来自总体 X 和 Y 的容量为 n 的样本均值,则当 n 固定时,概率 $P\{|\bar{X} - \bar{Y}| > \sigma\}$ 的值随着 σ 的增大而( ).

A. 单调增大   B. 单调减小   C. 保持不变   D. 增减不定

3. 设 $X_1, X_2, \cdots, X_n$ 是来自总体 $N(0, \sigma^2)$ 的样本,$\bar{X}$ 为样本均值,S^2 为样本方差,则下

列统计量中,服从自由度为 $n-1$ 的 t 分布的是( ).

A. $\dfrac{\sqrt{n}\bar{X}}{S}$ B. $\dfrac{n\bar{X}}{S}$ C. $\dfrac{\sqrt{n}\bar{X}}{S^2}$ D. $\dfrac{n\bar{X}}{S^2}$

4. 设随机变量 X 和 Y 都服从标准正态分布,则( ).

A. $X+Y$ 服从正态分布　　　　　　　B. X^2+Y^2 服从 χ^2 分布

C. $\dfrac{X^2}{Y^2}$ 服从 F 分布　　　　　　　D. X^2 和 Y^2 都服从 χ^2 分布

5. 设 $X_1,X_2,\cdots,X_{10}$ 是来自总体 $X \sim N(0,\sigma^2)$ 的样本,$Y^2 = \dfrac{1}{10}\sum_{i=1}^{10}X_i^2$,则下列选项正确的是( ).

A. $X^2 \sim \chi^2(1)$　　B. $Y^2 \sim \chi^2(10)$　　C. $\dfrac{X}{Y} \sim t(10)$　　D. $\dfrac{X^2}{Y^2} \sim F(10,1)$

二、填空题

1. 设随机变量 $X \sim N(1,2^2)$,$X_1,X_2,\cdots,X_{100}$ 是取自总体 X 的样本,$\bar{X}$ 为样本均值,已知 $Y = a\bar{X} + b \sim N(0,1)$,则 $a = \underline{\qquad}$,$b = \underline{\qquad}$.

2. 设 $X_1,X_2,\cdots,X_{100}$ 是取自总体 $X \sim N(12,2^2)$ 的样本,则样本均值和总体均值(数学期望)之差的绝对值大于 1 的概率为 $\underline{\qquad}$,$P\{\max\{X_1,X_2,\cdots,X_5\} > 15\} = \underline{\qquad}$.

3. 设总体 X 服从正态分布 $N(0,2^2)$,$X_1,X_2,\cdots,X_{15}$ 是来自总体 X 的样本,则随机变量 $Y = \dfrac{X_1^2 + \cdots + X_{10}^2}{2(X_{11}^2 + \cdots + X_{15}^2)}$ 服从 $\underline{\qquad}$ 分布,参数为 $\underline{\qquad}$.

4. 若 $U \sim N(0,1)$,$U^2 \sim \underline{\qquad}$.

5. 若 X 服从 $t(n)$,则 $\dfrac{1}{X^2} \sim \underline{\qquad}$.

6. 设 $X_1,X_2,\cdots,X_{16}$ 为来自标准正态总体 $X \sim N(0,1)$ 的样本,记 $Y = \left(\sum_{i=1}^{4}X_i\right)^2 + \left(\sum_{i=5}^{8}X_i\right)^2 + \left(\sum_{i=9}^{12}X_i\right)^2 + \left(\sum_{i=13}^{16}X_i\right)^2$,则当 $c = \underline{\qquad}$ 时,cY 服从 χ^2 分布,$E(cY) = \underline{\qquad}$.

7. 设 $X_1,X_2,\cdots,X_n$ 是来自总体 $X \sim N(\mu,\sigma^2)$ 的一个样本,$\bar{X}$ 为样本均值,S^2 为样本方差,则 $E(\bar{X}) = \underline{\qquad}$,$E(S^2) = \underline{\qquad}$,$D(S^2) = \underline{\qquad}$.

8. 设 $X_1,X_2,\cdots,X_n$ 是正态总体 $X \sim N(\mu,\sigma^2)$ 的简单随机样本,$S^2 = \dfrac{1}{n-1}\sum_{k=1}^{n}(X_k - \bar{X})^2$ 是样本方差,则 $\dfrac{(n-1)S^2}{\sigma^2} \sim \underline{\qquad}$,$X_i \sim \underline{\qquad}$,$\dfrac{\bar{X} - \mu}{\sigma/\sqrt{n}} \sim \underline{\qquad}$.

9. 设 $X_1,X_2,\cdots,X_n$ 是来自正态总体 $N(\mu,\sigma^2)$ 的样本,则 $\underline{\qquad}$ 是总体均值 μ 的无偏估计,$\underline{\qquad}$ 是总体方差 $\bar{X}$ 的无偏估计.

10. 设 θ 是总体 X 的未知参数,$\hat{\theta}_1,\hat{\theta}_2$ 都是未知参数 θ 的无偏估计量,若满足 $\underline{\qquad}$,则称 $\hat{\theta}_1$ 比 $\hat{\theta}_2$ 更有效.

三、解答题

1. 设总体 X 服从正态分布 $N(12,2^2)$,今抽取容量为 5 的子样 $X_1,\cdots,X_5$,试问子样的平均值 $\bar{X}$ 大于 13 的概率是多少?

2. 设总体 X 服从泊松分布 $P(\lambda)$ 时,子样的平均值 $\bar{X}$ 的渐近分布是什么?

3. 设总体 X 服从正态分布 $N(20,3^2)$,今从中抽取容量为 10 及 15 的两个独立子样,试问这两个子样的平均值之差的绝对值大于 0.3 的概率是多少?

4. 设 $X_1,\cdots,X_n$ 相互独立且分别服从正态分布 $N(\mu_i,\sigma_i^2)$,试证 $Y=\sum_{i=1}^{n}c_iX_i$ 服从正态分布 $N\left(\sum_{i=1}^{n}c_i\mu_i,\sum_{i=1}^{n}c_i^2\sigma_i^2\right)$.

5. 某一工厂制造一种工具,已知 2% 是次品.在一批 500 个这种工具中求下列概率: (1) 次品多于 3%;(2) 次品少于 2%.

6. 设 $X_1,X_2,\cdots,X_{16}$ 是总体 $X\sim N(\mu,\sigma^2)$ 的一个样本,μ,σ^2 为未知,而 $\bar{x}=12.5$,$s^2=5.333$.求 $P(|\bar{x}-\mu|<0.4)$.

7. 设 X_1,X_2,X_3,X_4 是来自正态总体 $N(\mu,\sigma^2)$ 的样本,试问随机变量

$$T=\frac{X_3-X_4}{\sqrt{\sum_{i=1}^{2}(X_i-\mu)^2}}$$

服从什么分布?

8. 若从方差相等的正态总体中抽出 $n_1=8$ 和 $n_2=12$ 的独立样本,其样本方差分别为 S_1^2 和 S_2^2,求 $P\left\{\dfrac{S_1^2}{S_2^2}<4.89\right\}$.

9. (1) 设样本 $X_1,X_2,\cdots,X_6$ 来自总体 $N(0,1)$,$Y=(X_1+X_2+X_3)^2+(X_4+X_5+X_6)^2$,试确定常数 C 使 CY 服从 χ^2 分布.

(2) 设样本 $X_1,X_2,\cdots,X_5$ 来自总体 $N(0,1)$,$Y=\dfrac{C(X_1+X_2)}{(X_3^2+X_4^2+X_5^2)^{1/2}}$,试确定常数 C 使 Y 服从 t 分布.

(3) 已知 $X\sim t(n)$,求证 $X^2\sim F(1,n)$.

10. 设在总体 $N(\mu,\sigma^2)$ 中抽得一容量为 16 的样本,这里 μ,σ^2 均未知.求:

(1) $P\{S^2/\sigma^2\leq 2.041\}$,其中 S^2 为样本方差.

(2) $D(S^2)$.

第 7 章
参数估计

上一章介绍了数理统计的基本概念和常用的抽样分布. 从本章开始, 将讨论数理统计重要的组成部分 —— 统计推断理论.

统计推断的基本问题主要有: 估计问题、检验问题、方差分析和回归分析问题. 本章主要研究估计问题. 统计估计是根据样本对总体分布的概率特性如分布类型, 即总体未知参数等作出估计, 它分为参数估计 (parametric hypothesis) 和非参数估计 (non-parametric hypothesis).

本章只讨论参数估计问题, 即如何根据样本信息对总体分布中未知参数作出估计. 参数估计又分为点估计和区间估计.

本章主要内容
§7.1 参数的点估计
§7.2 估计量的优良性
§7.3 参数的区间估计
习 题

§7.1 参数的点估计

本节内容概要

1. 矩估计法的基本步骤

设总体 X 的分布中含 k 个未知参数 $\theta_1,\theta_2,\cdots,\theta_k$，总体 X 的前 k 阶原点矩 $\alpha_1, \alpha_2,\cdots,\alpha_k$ 存在，这里 $\alpha_m = E(X^m), m = 1,2,\cdots,k$.

它们是这 k 个未知参数 $\theta_1,\theta_2,\cdots,\theta_k$ 的函数

$$\alpha_m = g_m(\theta_1,\theta_2,\cdots,\theta_k), m = 1,2,\cdots,k.$$

(1) 将上式看作是一个包含 k 个未知参数 $\theta_1,\theta_2,\cdots,\theta_k$ 的联立方程组，解之得

$$\theta_m = h_m(\mu_1,\mu_2,\cdots,\mu_k), m = 1,2,\cdots,k.$$

(2) 再用样本原点矩 $A_m(m=1,2,\cdots,k)$ 作为总体原点矩 $\alpha_m(m=1,2,\cdots,k)$ 的估计，代入上式，即可得 $\theta_m(m=1,2,\cdots,k)$ 的矩估计量

$$\hat{\theta}_m = h_m(A_1,A_2,\cdots,A_k), m = 1,2,\cdots,k.$$

(3) 将样本值 $(x_1,x_2,\cdots,x_n)$ 代入，即得矩估计值.

2. 最大似然估计求解步骤

由于对数函数是单调增函数，因此函数 $L(\theta_1,\theta_2,\cdots,\theta_k)$ 与其对数函数 $\ln L(\theta_1, \theta_2,\cdots,\theta_k)$ 有相同的最大值点，为了便于运算，似然函数 $L(\theta_1,\theta_2,\cdots,\theta_k)$ 的最大值点常常通过求对数似然函数 $\ln L(\theta_1,\theta_2,\cdots,\theta_k)$ 的最大值点得到. 最大似然估计法具体求法如下：

(1) 写出似然函数 $L(\theta_1,\theta_2,\cdots,\theta_k) = \prod_{i=1}^{n} f(x_i;\theta_1,\theta_2,\cdots,\theta_k)$；

(2) 当似然函数 $L(\theta_1,\theta_2,\cdots,\theta_k)$ 对 $\theta_1,\theta_2,\cdots,\theta_k$ 存在连续的偏导数时，令

$$\frac{\partial L(x_1,x_2,\cdots,x_n;\theta)}{\partial \theta_j} = 0 \text{ 或 } \frac{\partial \ln L(x_1,x_2,\cdots,x_n;\theta)}{\partial \theta_j} = 0 (j=1,2,\cdots,k)$$

解之，求出驻点. 上述方程称为似然方程或对数似然方程.

(3) 判断并求出最大值点，即最大似然估计量. 将样本值代入最大似然估计量的表达式中，得到参数的最大似然估计值.

设 θ 为总体 X 分布函数中的未知参数，$X_1,X_2,\cdots,X_n$ 为来自 X 的一个样本，$x_1,x_2,\cdots,x_n$ 是相应的一个样本值，构造一个适当的统计量 $\hat{\theta} = \hat{\theta}(X_1,X_2,\cdots,X_n)$，用其观察值 $\hat{\theta}(x_1,x_2,\cdots,x_n)$ 作为未知参数 θ 的近似值，称 $\hat{\theta}(X_1,X_2,\cdots,X_n)$ 为参数 θ 的点估计量，$\hat{\theta}(x_1,x_2,\cdots,x_n)$ 为参数 θ 的点估计值.

参数 θ 的点估计量 $\hat{\theta}(X_1,X_2,\cdots,X_n)$ 为样本的函数，是一个随机变量. 对于随机获取的不同的样本值 $x_1,x_2,\cdots,x_n$，参数 θ 的点估计值 $\hat{\theta}(x_1,x_2,\cdots,x_n)$ 一般取不同的值. 根据实际含义，在可区分的情况下，点估计量和点估计值统称为 点估计(point estimation).

下面介绍两种常用的构造点估计量的方法：矩估计法和最大似然估计法.

7.1.1 矩估计法(method of moment)

矩估计法是由英国统计学家皮尔逊于1894年首次提出,虽然它是一种古老的方法,但由于它直观简单,运用方便,目前仍是一种常用的方法.

由于来自总体的样本,可在一定程度上反映总体的概率特性,因此,可以通过样本矩来估计总体矩.

可以证明,样本原点矩与总体原点矩之间存在如下关系:

若总体的r阶原点矩存在,当样本容量n无限增大时,样本的$k(k\leq r)$阶原点矩依概率收敛于总体的k阶原点矩. 从而,当n足够大时,可以用样本的k阶原点矩近似代替总体的k阶原点矩.

事实上,总体参数与总体原点矩往往存在一定的关系. 根据未知参数与总体原点矩的关系,运用"替代"的思想,用样本的k阶原点矩来作为总体k阶原点矩的估计,用样本的k阶原点矩的函数来估计总体k阶原点矩相应的同一函数,进而得到总体参数的估计量. 这种估计方法称为**矩估计法**.

设总体X的分布中含k个未知参数$\theta_1,\theta_2,\cdots,\theta_k$,总体$X$的前$k$阶原点矩$\alpha_1,\alpha_2,\cdots,\alpha_k$存在,这里$\alpha_m = E(X^m), m=1,2,\cdots,k$,它们是这$k$个未知参数$\theta_1,\theta_2,\cdots,\theta_k$的函数

$$\alpha_m = g_m(\theta_1,\theta_2,\cdots,\theta_k), m=1,2,\cdots,k. \tag{7.1}$$

设$X_1, X_2, \cdots, X_n$为来自总体X的样本,其相应的样本前k阶原点矩为

$$A_m = \frac{1}{n}\sum_{i=1}^{n} X_i^m, m=1,2,\cdots,k.$$

矩估计法的基本步骤是:

将式(7.1)看作一个包含k个未知参数$\theta_1,\theta_2,\cdots,\theta_k$的联立方程组,解之得

$$\theta_m = h_m(\alpha_1,\alpha_2,\cdots,\alpha_k), m=1,2,\cdots,k;$$

再用样本原点矩$A_m(m=1,2,\cdots,k)$作为总体原点矩$\alpha_m(m=1,2,\cdots,k)$的估计,代入上式,即可得$\theta_m(m=1,2,\cdots,k)$的矩估计量

$$\hat{\theta}_m = h_m(A_1, A_2, \cdots, A_k), m=1,2,\cdots,k;$$

将样本值$(x_1, x_2, \cdots, x_n)$代入,即得矩估计值.

例7.1 设总体X服从几何分布,其概率分布为

$$P(X=k) = (1-p)^{k-1}p \quad (k=1,2,\cdots),$$

$X_1, X_2, \cdots, X_n$为来自X的样本,求参数p的矩估计量.

解 总体X的一阶原点矩为

$$\alpha_1 = EX = \sum_{k=1}^{+\infty} k\cdot P(X=k) = \sum_{k=1}^{+\infty} k\cdot(1-p)^{k-1}p = \frac{1}{p}.$$

解得

$$p = \frac{1}{\alpha_1},$$

用样本一阶原点矩$A_1 = \bar{X}$估计总体一阶原点矩α_1,代入上式,得参数p的矩估计量为

$$\hat{p} = \frac{1}{\bar{X}}.$$

例7.2 设总体$X \sim f(x,\theta) = \begin{cases} e^{-(x-\theta)}, & x \geq \theta, \\ 0, & x < \theta, \end{cases}$ θ为总体参数,$X_1, X_2, \cdots, X_n$为来自总体X的一个样本,求参数θ的矩估计量.

解 总体 X 的一阶原点矩为

$$\alpha_1 = EX = \int_{-\infty}^{+\infty} xf(x)\mathrm{d}x = \int_{\theta}^{+\infty} x \cdot \mathrm{e}^{-(x-\theta)}\mathrm{d}x = \mathrm{e}^{\theta} \cdot \int_{\theta}^{+\infty} x\mathrm{e}^{-x}\mathrm{d}x$$

$$= \mathrm{e}^{\theta} \cdot (-x\mathrm{e}^{-x} - \mathrm{e}^{-x})\Big|_{\theta}^{+\infty} = \theta + 1,$$

解得

$$\theta = \alpha_1 - 1,$$

用样本一阶原点矩 $A_1 = \overline{X}$ 估计总体一阶原点矩 α_1，代入上式，得参数 θ 的矩估计量

$$\hat{\theta} = \overline{X} - 1.$$

例 7.3 设总体 X 的均值 μ 及方差 σ^2 都存在，且有 $\sigma^2 > 0$，但 μ, σ^2 均未知，$X_1, X_2, \cdots, X_n$ 为来自 X 的样本，求 μ 和 σ^2 的矩估计量.

解 总体一阶原点矩和二阶原点矩分别为

$$\alpha_1 = EX = \mu,$$
$$\alpha_2 = EX^2 = DX + (EX)^2 = \sigma^2 + \mu^2,$$

解得

$$\begin{cases} \mu = \alpha_1, \\ \sigma^2 = \alpha_2 - \alpha_1^2, \end{cases}$$

分别以 $A_1 = \frac{1}{n}\sum_{i=1}^{n} X_i = \overline{X}, A_2 = \frac{1}{n}\sum_{i=1}^{n} X_i^2$ 估计 α_1, α_2，代入上式，得 μ 和 σ^2 的矩估计量分别为

$$\begin{cases} \hat{\mu} = \overline{X}, \\ \hat{\sigma}^2 = \frac{1}{n}\sum_{i=1}^{n} X_i^2 - \overline{X}^2 = \frac{1}{n}\sum_{i=1}^{n}(X_i - \overline{X})^2. \end{cases} \tag{7.2}$$

此例表明：对于任意总体，其均值 μ（总体的一阶原点矩）的矩估计量为样本的一阶原点矩 $\overline{X}$，其方差（总体的二阶中心矩）的矩估计量为样本的二阶中心矩 $\frac{1}{n}\sum_{i=1}^{n}(X_i - \overline{X})^2$.

需要注意的是，这里并不等于样本方差 $S^2 = \frac{1}{n-1}\sum_{i=1}^{n}(X_i - \overline{X})^2$，而是等于 $\frac{n-1}{n}S^2$.

由此例还可以得到：

对于正态总体 $X \sim N(\mu, \sigma^2)$，总体参数 μ, σ^2 未知，μ 为总体均值，σ^2 为总体方差，它们的矩估计量分别为

$$\hat{\mu} = \overline{X},$$
$$\hat{\sigma}^2 = \frac{1}{n}\sum_{i=1}^{n}(X_i - \overline{X})^2.$$

设总体 X 服从参数为 λ 的泊松分布，参数 λ 未知，而 $\lambda = EX = DX$，则由式(7.2)可得两个估计量

$$\hat{\lambda}_1 = \overline{X},$$
$$\hat{\lambda}_2 = \frac{1}{n}\sum_{i=1}^{n}(X_i - \overline{X})^2,$$

均为参数 λ 的矩估计量. 这里说明用矩估计法得到的矩估计量并不是唯一的.

一般地，总体的 k 阶中心矩 $\beta_k = E(X - EX)^2$ 总可展开并表达成总体不超过 k 阶的原点矩的函数，样本的 k 阶中心矩 $B_k = \frac{1}{n}\sum_{i=1}^{n}(X_i - \overline{X})^k$ 也可展开并表达成样本不超过 k 阶原

点矩的同样函数.因此,可以用样本的 k 阶中心矩 B_k 作为总体的 k 阶中心矩 β_k 的估计量.

例7.4 设总体 X 服从 $[a,b]$ 上的均匀分布,a,b 为未知参数,$X_1,X_2,\cdots,X_n$ 为来自总体 X 的一个样本,求 a,b 的矩估计量.

解 总体 X 的一阶原点矩和二阶中心矩分别为

$$\alpha_1 = EX = \frac{a+b}{2},$$

$$\beta_2 = DX = \frac{(b-a)^2}{12},$$

解得 $a = \alpha_1 - \sqrt{3\beta_2}, b = \alpha_1 + \sqrt{3\beta_2}$.

分别以 $A_1 = \frac{1}{n}\sum_{i=1}^{n}X_i = \overline{X}, B_2 = \frac{1}{n}\sum_{i=1}^{n}(X_i - \overline{X})^2 = S^{*2}$ 估计 α_1,β_2,代入上式,得 a 和 b 的矩估计量分别为

$$\hat{a} = \overline{X} - \sqrt{3}S^*,$$

$$\hat{b} = \overline{X} + \sqrt{3}S^*.$$

矩估计法适用面广泛,只要确定未知参数和总体矩的关系,就可以很方便地运用,而不必以已知总体分布的具体类型为条件.下面介绍的最大似然估计法,其运用前提是已知总体的分布类型,它可以充分利用概率分布给出的信息,得到估计效果更好的估计量,是一种重要的点估计方法.

7.1.2 最大似然估计(maximum likelihood estimate)

1. 基本思想

> **定义1** 设总体 X 的分布密度(或概率函数)为 $f(x;\theta_1,\theta_2,\cdots,\theta_k)$,其中 $\theta_1,\theta_2,\cdots,\theta_k$ 为 k 个未知参数,$(\theta_1,\theta_2,\cdots,\theta_k) \in \Theta, \Theta$ 为 k 维向量空间,称为参数空间.设 $X_1,X_2,\cdots,X_n$ 为来自 X 的样本,$x_1,x_2,\cdots,x_n$ 是相应的一个样本值,由于样本的独立性,$X_1,X_2,\cdots,X_n$ 的联合分布密度(或联合分布律)为
>
> $$\prod_{i=1}^{n}f(x_i;\theta_1,\theta_2,\cdots,\theta_k),$$
>
> 对于取定的一组样本 $x_1,x_2,\cdots,x_n$,它是待估参数 $\theta_1,\theta_2,\cdots,\theta_k$ 的函数,称为似然函数.记为
>
> $$L(\theta_1,\theta_2,\cdots,\theta_k) = \prod_{i=1}^{n}f(x_i;\theta_1,\theta_2,\cdots,\theta_k).$$

最大似然估计法的基本思想:

似然函数 $L(\theta_1,\theta_2,\cdots,\theta_k) = \prod_{i=1}^{n}f(x_i;\theta_1,\theta_2,\cdots,\theta_k)$ 是样本 $x_1,x_2,\cdots,x_n$ 的联合分布密度(或联合分布律),其值的大小反映随机变量 $X_1,X_2,\cdots,X_n$ 取得样本值 $x_1,x_2,\cdots,x_n$ 的概率大小.在 n 次观察中,样本 $x_1,x_2,\cdots,x_n$ 已经出现的情况下,应该在参数空间 Θ 内选取使 $x_1,x_2,\cdots,x_n$ 出现概率最大,也就是使似然函数 $L(\theta_1,\theta_2,\cdots,\theta_k)$ 达到最大的参数值 $\hat{\theta}_1,\hat{\theta}_2,\cdots,\hat{\theta}_k$,分别作为参数 $\theta_1,\theta_2,\cdots,\theta_k$ 的估计值.这种求点估计的方法称为最大似然估计法.

定义 2 对于任意给定的样本值 $x_1, x_2, \cdots, x_n$,若存在统计量 $\hat{\theta} = (\hat{\theta}_1, \hat{\theta}_2, \cdots, \hat{\theta}_k)$,满足

$$L(\hat{\theta}_1, \hat{\theta}_2, \cdots, \hat{\theta}_k) = \max_{(\theta_1, \theta_2, \cdots, \theta_k) \in \Theta} L(\theta_1, \theta_2, \cdots, \theta_k), \tag{7.3}$$

其中 $\hat{\theta}_j = \hat{\theta}_j(X_1, X_2, \cdots, X_n)$,$j = 1, 2, \cdots, k$,则称统计量 $\hat{\theta}$ 为参数 $\theta = (\theta_1, \theta_2, \cdots, \theta_k)$ 的最大似然估计量,这里 Θ 为参数空间.

这样,求未知参数 $\theta = (\theta_1, \theta_2, \cdots, \theta_k)$ 的最大似然估计量的问题转归结为求似然函数 $L(\theta_1, \theta_2, \cdots, \theta_k)$ 的最大值点问题,这是一个多元函数求最大值点的问题.

2. 最大似然估计的解法

由于对数函数是单调增函数,因此函数 $L(\theta_1, \theta_2, \cdots, \theta_k)$ 与其对数函数 $\ln L(\theta_1, \theta_2, \cdots, \theta_k)$ 有相同的最大值点,为了便于运算,似然函数 $L(\theta_1, \theta_2, \cdots, \theta_k)$ 的最大值点常常通过求对数似然函数 $\ln L(\theta_1, \theta_2, \cdots, \theta_k)$ 的最大值点得到. 最大似然估计法具体求法如下:

① 写出似然函数 $L(\theta_1, \theta_2, \cdots, \theta_k) = \prod_{i=1}^{n} f(x_i; \theta_1, \theta_2, \cdots, \theta_k)$.

② 当似然函数 $L(\theta_1, \theta_2, \cdots, \theta_k)$ 对 $\theta_1, \theta_2, \cdots, \theta_k$ 存在连续的偏导数时,令

$$\frac{\partial L(x_1, x_2, \cdots, x_n; \theta)}{\partial \theta_j} = 0 \text{ 或 } \frac{\partial \ln L(x_1, x_2, \cdots, x_n; \theta)}{\partial \theta_j} = 0 \, (j = 1, 2, \cdots, k)$$

解之,求出驻点. 上述方程称为似然方程或对数似然方程.

③ 判断并求出最大值点,即为最大似然估计量. 将样本值代入最大似然估计量的表达式中,就得到参数的最大似然估计值.

需要说明的是,似然方程或对数似然方程的解,只是驻点,需要判别是否是最大值点,判别的过程有时相当复杂. 当似然方程(或对数似然方程)的解是唯一解时,我们常常简单地把它当作是最大似然估计值. 当似然方程(或对数似然方程)无解时,或似然函数 $L(\theta_1, \theta_2, \cdots, \theta_k)$ 对 $\theta_1, \theta_2, \cdots, \theta_k$ 不可微时,可考虑用最大似然估计的基本思想或寻找其他方法进行估计.

例 7.5 设总体 $X \sim B(1, p)$,p 为未知参数,$X_1, X_2, \cdots, X_n$ 为来自 X 的一个样本,$x_1, x_2, \cdots, x_n$ 是相应的一个样本值,求参数 p 的最大似然估计.

解 由于总体 X 服从两点分布,其分布律为

$$P(X = x) = p^x (1-p)^{1-x} \quad (x = 0, 1),$$

设 $x_1, x_2, \cdots, x_n$ 为样本的一组观测值,则似然函数为

$$L(p) = \prod_{i=1}^{n} P\{X_i = x_i\} = \prod_{i=1}^{n} p^{x_i}(1-p)^{1-x_i} = p^{\sum_{i=1}^{n} x_i}(1-p)^{n - \sum_{i=1}^{n} x_i},$$

两边取对数得

$$\ln L(p) = \left(\sum_{i=1}^{n} x_i\right) \cdot \ln p + \left(n - \sum_{i=1}^{n} x_i\right) \ln(1-p),$$

这里,虽然总体 X 是一个离散型随机变量,但似然函数 $L(p)$ 关于 p 是连续且可导的. 上式两边对 p 求导,得

$$\frac{\mathrm{d}\ln L}{\mathrm{d}p} = \frac{\sum_{i=1}^{n} x_i}{p} - \frac{n - \sum_{i=1}^{n} x_i}{1-p} = \frac{\sum_{i=1}^{n} x_i - np}{n(1-p)}.$$

令 $\frac{\mathrm{d}\ln L}{\mathrm{d}p} = 0$,解得 $p = \frac{1}{n}\sum_{i=1}^{n} x_i = \bar{x}$,它是 $\ln L$ 的一个极大值点,也是 L 的极大值点,又由于 L 在 $0 < p < 1$ 时只有一个极值点,因此它是 L 的最大值点,故 p 的最大似然估计值为

$$\hat{p} = \frac{1}{n}\sum_{i=1}^{n} x_i = \bar{x},$$

从而 p 的最大似然估计量为

$$p = \frac{1}{n}\sum_{i=1}^{n} X_i = \overline{X}.$$

例 7.6 已知总体 X 服从正态分布 $N(\mu,\sigma^2)$，参数 μ,σ^2 均未知，$X_1,X_2,\cdots,X_n$ 为来自总体 X 的一个样本，求总体均值 μ 和方差 σ^2 的最大似然估计量.

解 正态分布密度函数为

$$f(x;\mu,\sigma^2) = \frac{1}{\sqrt{2\pi}\sigma}e^{-\frac{(x-\mu)^2}{2\sigma^2}}.$$

似然函数为

$$\begin{aligned} L(\mu,\sigma^2) &= \prod_{i=1}^{n} f(x_i,\mu,\sigma^2) \\ &= \prod_{i=1}^{n} \frac{1}{\sqrt{2\pi}\sigma}e^{-\frac{(x-\mu)^2}{2\sigma^2}} \\ &= \left(\frac{1}{\sqrt{2\pi}\sigma}\right)^{\frac{n}{2}} e^{-\frac{1}{2\sigma^2}\sum_{i=1}^{n}(x_i-\mu)^2}. \end{aligned}$$

两边取对数得

$$\ln L(\mu,\sigma^2) = -\frac{n}{2}\ln(2\pi\sigma^2) - \frac{1}{2\sigma^2}\sum_{i=1}^{n}(x_i-\mu)^2.$$

似然方程为

$$\begin{cases} \dfrac{\partial \ln L}{\partial \mu} = \dfrac{1}{\sigma^2}\sum_{i=1}^{n}(x_i-\mu) = 0, \\ \dfrac{\partial \ln L}{\partial \sigma^2} = -\dfrac{n}{2\sigma^2} + \dfrac{1}{2\sigma^4}\sum_{i=1}^{n}(x_i-\mu)^2 = 0. \end{cases}$$

解得

$$\mu = \frac{1}{n}\sum_{i=1}^{n} x_i,\quad \sigma^2 = \frac{1}{n}\sum_{i=1}^{n}(x_i-\overline{x})^2,$$

这是唯一驻点，且为最大值点. 故 μ,σ^2 的最大似然估计量分别为

$$\hat{\mu} = \frac{1}{n}\sum_{i=1}^{n} X_i = \overline{X},$$

$$\hat{\sigma}^2 = \frac{1}{n}\sum_{i=1}^{n}(X_i-\overline{X})^2 = \frac{1}{n}\left(\sum_{i=1}^{n} X_i^2 - n\overline{X}^2\right).$$

它们分别为样本均值 $\overline{X}$ 与样本二阶中心距，与例 7.3 矩估计法得到的结果一致.

可以证明，$\hat{\theta}$ 是总体参数 θ 的最大似然估计量，且 $f(\theta)$ 为单调函数，则 $f(\hat{\theta})$ 一定是 $f(\theta)$ 的最大似然估计量.

例 7.7 已知某电子元件的"寿命"(单位：h)服从正态分布，总体参数均未知. 现从生产的电子元件中随机抽取 10 件，经计算 $\sum_{i=1}^{10} x_i = 1\,024,\sum_{i=1}^{10} x_i^2 = 107\,107.6$，试用最大似然估计该天生产的元件能使用 120 h 以上的概率.

解 由例 $\sum_{i=1}^{10} x_i = 1\,024,\sum_{i=1}^{10} x_i^2 = 107\,107.6$，得总体参数 μ,σ^2 的最大似然估计值分别为

$$\begin{cases} \hat{\mu} = \overline{x} = 102.4, \\ \hat{\sigma}^2 = \dfrac{1}{10}\sum_{i=1}^{n}(x_i-\overline{x})^2 = \dfrac{1}{10}\sum_{i=1}^{10} x_i^2 - \overline{x}^2 = 225, \end{cases}$$

故 $P(X > 120)$ 的最大似然估计值为 $1 - \varPhi\left(\dfrac{120 - 102.4}{\sqrt{225}}\right) = 0.12$.

例7.8 设总体 X 服从 $[a,b]$ 上的均匀分布,a,b 为未知参数,$X_1,X_2,\cdots,X_n$ 为来自总体 X 的一个样本,$x_1,x_2,\cdots,x_n$ 是相应的一个样本值,求 a,b 的最大似然估计.

解 X 的密度函数为

$$f(x) = \begin{cases} \dfrac{1}{b-a}, & a \leqslant x \leqslant b, \\ 0, & \text{其他}. \end{cases}$$

似然函数为

$$L(a,b) = \prod_{i=1}^{n} f(x_i) = \begin{cases} \dfrac{1}{(b-a)^n}, & a \leqslant x_1, x_2, \cdots, x_n \leqslant b, \\ 0, & \text{其他}. \end{cases}$$

对数似然函数为

$$L(a,b) = -n\ln(b-a).$$

对数似然方程组为

$$\begin{cases} \dfrac{\partial L(a,b)}{\partial a} = \dfrac{n}{b-a} = 0, \\ \dfrac{\partial L(a,b)}{\partial b} = \dfrac{-n}{b-a} = 0. \end{cases}$$

此方程组无解. 这里,用解似然方程的方法求 $L(a,b)$ 的最大值是不可行的.

下面从似然函数的表达式来分析. 对于似然函数

$$L(a,b) = \prod_{i=1}^{n} f(x_i) = \begin{cases} \dfrac{1}{(b-a)^n}, & a \leqslant x_1, x_2, \cdots, x_n \leqslant b, \\ 0, & \text{其他}. \end{cases}$$

显然,当 $b-a$ 最小时,$L(a,b)$ 取得最大值. 对于满足 $a \leqslant x_1, x_2, \cdots, x_n \leqslant b$ 的 a,b,当且仅当 $a = \min_{1 \leqslant i \leqslant n}\{x_i\}$,$b = \max_{1 \leqslant i \leqslant n}\{x_i\}$ 时,$b-a$ 最小,此时 $L(a,b)$ 取得最大值. 故 a,b 的最大似然估计分别是:$\hat{a} = \min_{1 \leqslant i \leqslant n}\{x_i\}$,$\hat{b} = \max_{1 \leqslant i \leqslant n}\{x_i\}$.

3. 最大似然估计的不变性

求未知参数 θ 的某种函数 $g(\theta)$ 的最大似然估计可用最大似然估计的不变原则进行.

不变原则:设 $\hat{\theta}$ 是 θ 的最大似然估计,$g(\theta)$ 是 θ 的连续函数,则 $g(\theta)$ 的最大似然估计为 $g(\hat{\theta})$.

例7.9 设某元件失效时间服从参数为 λ 的指数分布,其密度函数为 $f(x;\lambda) = \lambda e^{-\lambda x}(x \geqslant 0)$,$\lambda$ 未知. 现从中抽取了 n 个元件测得其失效时间为 $x_1, x_2, \cdots, x_n$,试求 λ 及平均寿命的最大似然估计.

分析:可先求 λ 的最大似然估计,由于元件的平均寿命即为 X 的期望值,在指数分布场合,有 $E(X) = \dfrac{1}{\lambda}$,它是 λ 的函数,故可用最大似然估计的不变原则,求其最大似然估计.

解 (1) 写出似然函数 $L(\lambda) = \prod\limits_{i=1}^{n} \lambda e^{-\lambda x_i} = \lambda^n e^{-\lambda \sum\limits_{i=1}^{n} x_i}$;

(2) 取对数得对数似然函数 $l(\lambda) = n\ln\lambda - \lambda \sum\limits_{i=1}^{n} x_i$;

(3) 将 $l(\lambda)$ 对 λ 求导得似然方程为 $\dfrac{\mathrm{d}l(\lambda)}{\mathrm{d}\lambda} = \dfrac{n}{\lambda} - \sum\limits_{i=1}^{n} x_i = 0$;

(4) 解似然方程得 $\hat{\lambda} = \dfrac{n}{\sum\limits_{i=1}^{n} x_i} = \dfrac{1}{\bar{x}}$.

经验证,$\hat{\lambda}$ 能使 $l(\lambda)$ 达到最大,由于上述过程对一切样本观察值成立,故 λ 的最大似然估计为 $\hat{\lambda} = \dfrac{1}{\bar{X}}$;根据最大似然估计的不变原则,元件的平均寿命的最大似然估计为

$$E(X) = \frac{1}{\lambda} = \bar{X}.$$

应用案例 1 假设湖中有 N 条鱼,钓出 r 条,做上记号后全部放回湖中,然后再钓出 s 条,发现其中有 x_0 条有记号,试以此估计湖中鱼数 N 的值.

解　最大似然估计法　要求 N,使 $P(X = x_0)$ 最大,记 $L(x_0, N) = P(X = x_0)$,则

$$\frac{L(x_0, N)}{L(x_0, N-1)} = \frac{C_r^{x_0} C_{N-r}^{s-x_0}}{C_N^s} \times \frac{C_{N-1}^s}{C_r^{x_0} C_{N-r-1}^{s-x_0}} = \frac{N^2 - (r+s)N + rs}{N^2 - (r+s)N + Nx_0}.$$

为使 $L(x_0, N) > L(x_0, N-1)$,应有 $rs > Nx_0$,所以 $N < \dfrac{x_0}{rs}$.

为使 $L(x_0, N) > L(x_0, N+1)$,应有 $rs < (N+1)x_0$,即 $N > \dfrac{x_0}{rs} - 1$.

所以 N 的最大似然估计为 $\hat{N} = \left[\dfrac{rs}{x_0}\right]$.

比例法(用频率估计)　依题意湖中有记号鱼的比例为 $P = \dfrac{r}{N}$,而在捕的 s 条鱼中有记号鱼的比例是 $\dfrac{x_0}{s}$,由于捕鱼是随机的,每一条鱼是独立的,可以认为应该有 $\dfrac{r}{N} = \dfrac{x_0}{s}$,$N = \dfrac{rs}{x_0}$,从而 N 的估计为 $\hat{N} = \left[\dfrac{rs}{x_0}\right]$.

应用案例 2　甲、乙两个校对员,彼此独立地校对同一本书的校样.甲共发现 a 个印刷错误,乙共发现 b 个印刷错误,而其中甲和乙共同发现的错误有 c 个,试由此估计未被发现的印刷错误的个数.

解　设此书印刷错误个数为 N,每个印刷错误被甲发现的概率为 p_1,被乙发现的概率为 p_2,被甲、乙共同发现的概率为 p_{12},则 p_1, p_2, p_{12} 的矩估计分别为

$$\hat{p}_1 = \frac{a}{N}, \hat{p}_2 = \frac{b}{N}, \hat{p}_{12} = \frac{c}{N},$$

由于甲、乙发现错误彼此独立,取 $\hat{p}_{12} = \hat{p}_1 \hat{p}_2$,$\dfrac{c}{N} = \dfrac{a}{N} \times \dfrac{b}{N}$,所以 N 的矩估计为 $\hat{N} = \dfrac{ab}{c}$,而未被发现的印刷错误的个数的估计值为 $\hat{N} - a - b + c = \dfrac{ab}{c} - a - b + c$.

§7.2　估计量的优良性

本节内容概要

1. 无偏性

设 $\hat{\theta} = \hat{\theta}(x_1, \cdots, x_n)$ 是 θ 的一个估计量,θ 的参数空间为 Θ,若对任意的 $\theta \in \Theta$,有 $E(\hat{\theta}) = \theta$,则称 $\hat{\theta}$ 是 θ 的无偏估计,否则称为有偏估计.

2. 有效性

设 $\hat{\theta}_1, \hat{\theta}_2$ 是 θ 的两个无偏估计,若对任意的 $\theta \in \Theta$ 有 $D(\hat{\theta}_1) \leq D(\hat{\theta}_2)$,且至少有一

个 $\theta \in \Theta$ 使得上述不等号严格成立,则称 $\hat{\theta}_1$ 比 $\hat{\theta}_2$ 有效.

3. 相合性

设 $\theta \in \Theta$ 为未知参数,$\hat{\theta}_n = \hat{\theta}_n(x_1, \cdots, x_n)$ 是 θ 的一个估计量,n 是样本容量,若对任何一个 $\varepsilon > 0$,有 $\lim\limits_{n \to \infty} P(|\hat{\theta}_n - \theta| > \varepsilon) = 0, \forall \theta \in \Theta$,则称 $\hat{\theta}_n$ 为参数 θ 的相合估计.

对总体未知参数的估计有许多方法,可以得到许多不同的估计量. 我们自然希望选取好的估计量,使其尽可能准确地估计未知参数的真值. 究竟什么样的估计量更好呢? 可以从三个方面考虑,即有无系统偏差,波动性的大小以及随样本容量增大时准确性的变化. 由此提出对估计量优良性的评价的三个标准: 无偏性、有效性和相合性.

7.2.1 无偏性

设未知参数 θ 的估计量为 $\hat{\theta}(X_1, X_2, \cdots, X_n)$,则它是样本的一个函数,也是一个随机变量. 对于不同的样本值 $x_1, x_2, \cdots, x_n$,可以得到不同的估计值 $\hat{\theta}(x_1, x_2, \cdots, x_n)$,虽然它不等于未知参数 θ 的真值,但希望 $\hat{\theta}(X_1, X_2, \cdots, X_n)$ 的取值的波动是以 θ 的真值为中心,且 $\hat{\theta}(X_1, X_2, \cdots, X_n)$ 与 θ 的真值的偏差只是随机性的,而不是系统性的. 这就提出了无偏性的标准,即要求估计量 $\hat{\theta}(X_1, X_2, \cdots, X_n)$ 的数学期望等于 θ 的真值.

定义 3(无偏性) 设 $\hat{\theta}(X_1, X_2, \cdots, X_n)$ 是总体分布中未知参数 θ 的估计量,若
$$E(\hat{\theta}) = \theta, \tag{7.4}$$
则称 $\hat{\theta}$ 为 θ 的**无偏估计量**(unbiased estimator).

例 7.10 设 $X_1, X_2, \cdots, X_n$ 为来自总体 X 的样本,且 $EX = \mu$ 存在,问估计量 $\sum\limits_{i=1}^{n} a_i X_i$(其中 $a_1, a_2, \cdots, a_n$ 为常数)是总体均值 μ 的无偏估计量吗?

解 由于 $E\left(\sum\limits_{i=1}^{n} a_i X_i\right) = \sum\limits_{i=1}^{n} E(a_i X_i) = \sum\limits_{i=1}^{n} a_i E(X) = \left(\sum\limits_{i=1}^{n} a_i\right)\mu$,所以当 $\sum\limits_{i=1}^{n} a_i = 1$ 时,估计量 $\sum\limits_{i=1}^{n} a_i X_i$ 是总体均值 μ 的无偏估计量;当 $\sum\limits_{i=1}^{n} a_i \neq 1$ 时估计量 $\sum\limits_{i=1}^{n} a_i X_i$ 不是总体均值 μ 的无偏估计量.

特别地,取 $a_1 = a_2 = \cdots = a_n = \dfrac{1}{n}$,可知样本均值 $\overline{X} = \dfrac{1}{n}\sum\limits_{i=1}^{n} X_i$ 是总体均值 μ 的无偏估计量.

对于任意常数 $a_1, a_2, \cdots, a_n$,当 $\sum\limits_{i=1}^{n} a_i \neq 0$ 时,由此例可得 $\hat{X} = \left(\sum\limits_{i=1}^{n} a_i X_i\right) \Big/ \left(\sum\limits_{i=1}^{n} a_i\right)$ 也是总体均值 μ 的无偏估计量.

例 7.11 设总体 X 的数学期望为 μ,方差为 σ^2 存在,$X_1, X_2, \cdots, X_n$ 为来自总体 X 的样本,可证明:

(1) 当总体均值 μ 已知时,估计量 $S_0^2 = \dfrac{1}{n}\sum\limits_{i=1}^{n}(X_i - \mu)^2$ 是总体方差 σ^2 的无偏估计量;

(2) 样本方差(修正)$S^2 = \dfrac{1}{n-1}\sum\limits_{i=1}^{n}(X_i - \overline{X})^2$ 是总体方差 σ^2 的无偏估计量.

证明 (1) 由于 $ES_0^2 = E\dfrac{1}{n}\sum\limits_{i=1}^{n}(X_i - \mu)^2 = \dfrac{1}{n}\sum\limits_{i=1}^{n}E(X_i - \mu)^2$,

而
$$E(X_i - \mu)^2 = \sigma^2 (i = 1, 2, \cdots, n),$$

故
$$ES_0^2 = \dfrac{1}{n}\sum\limits_{i=1}^{n}\sigma^2 = \sigma^2,$$

即估计量 $S_0^2 = \dfrac{1}{n}\sum\limits_{i=1}^{n}(X_i - \mu)^2$ 是总体方差 σ^2 的无偏估计量.

(2) 由 $\sum\limits_{i=1}^{n}(X_i - \overline{X})^2 = \sum\limits_{i=1}^{n}X_i^2 - n\overline{X}^2$,可得
$$E\left[\sum\limits_{i=1}^{n}(X_i - \overline{X})^2\right] = E\left(\sum\limits_{i=1}^{n}X_i^2 - n\overline{X}^2\right) = n[E(X^2) - E(\overline{X}^2)],$$

又
$$E(X^2) = D(X^2) + (EX)^2 = \sigma^2 + \mu^2,$$
$$E(\overline{X}^2) = D(\overline{X}) + (E\overline{X})^2 = D\left(\dfrac{1}{n}\sum\limits_{i=1}^{n}X_i\right) + \left[E\left(\dfrac{1}{n}\sum\limits_{i=1}^{n}X_i\right)\right]^2 = \dfrac{\sigma^2}{n} + \mu^2,$$

于是
$$E\left[\sum\limits_{i=1}^{n}(X_i - \overline{X})^2\right] = n\left[(\sigma^2 + \mu^2) - \left(\dfrac{\sigma^2}{n} + \mu^2\right)\right] = (n-1)\sigma^2,$$

故
$$E(S^2) = E\left[\dfrac{1}{n-1}\sum\limits_{i=1}^{n}(X_i - \overline{X})^2\right] = \dfrac{1}{n-1} \cdot (n-1)\sigma^2 = \sigma^2,$$

即样本方差 $S^2 = \dfrac{1}{n-1}\sum\limits_{i=1}^{n}(X_i - \overline{X})^2$ 是总体方差 σ^2 的无偏估计量. 但对于样本的二阶中心矩 $S^{*2} = \dfrac{1}{n}\sum\limits_{i=1}^{n}(X_i - \overline{X})^2$,由于 $E(S^{*2}) = \dfrac{n-1}{n}\sigma^2$,因此二阶中心矩 $S^{*2} = \dfrac{1}{n}\sum\limits_{i=1}^{n}(X_i - \overline{X})^2$ 不是总体方差 σ^2 的无偏估计量.

根据无偏性的标准,样本方差 $S^2 = \dfrac{1}{n-1}\sum\limits_{i=1}^{n}(X_i - \overline{X})^2$ 作为总体方差 σ^2 的估计量,比未修正的样本方差 $S^{*2} = \dfrac{1}{n}\sum\limits_{i=1}^{n}(X_i - \overline{X})^2$ 更合理. 不过,在大样本情况下,$\dfrac{n-1}{n}$ 接近于 1,$S^2 = \dfrac{1}{n-1}\sum\limits_{i=1}^{n}(X_i - \overline{X})^2$ 与 $S^{*2} = \dfrac{1}{n}\sum\limits_{i=1}^{n}(X_i - \overline{X})^2$ 其实差别并不大.

需要说明的是,样本标准差 $S = \sqrt{\dfrac{1}{n-1}\sum\limits_{i=1}^{n}(X_i - \overline{X})^2}$ 并不是总体标准差 σ 的无偏估计量. 一般地,若 $\hat{\theta}$ 是总体参数 θ 的无偏估计量,其函数 $f(\hat{\theta})$ 不一定是 $f(\theta)$ 的无偏估计,但是若 f 是线性函数,则 $f(\hat{\theta})$ 是 $f(\theta)$ 的无偏估计.

例 7.12 设 $X_1, X_2, \cdots, X_n$ 为来自总体 $N(\mu, \sigma^2)$ 的一个样本,试选择常数 C,使得 $C\sum\limits_{i=1}^{n-1}(X_{i+1} - X_i)^2$ 为 σ^2 的无偏估计量.

解 由于 $C\sum\limits_{i=1}^{n-1}(X_{i+1} - X_i)^2$ 为 σ^2 的无偏估计量,于是

$$E\left[C\sum_{i=1}^{n-1}(X_{i+1}-X_i)^2\right]=\sigma^2,$$

即

$$C\sum_{i=1}^{n-1}E(X_{i+1}-X_i)^2=\sigma^2.$$

由 X_i,X_{i+1} 相互独立且同分布,可得

$$\begin{aligned}E(X_{i+1}-X_i)^2&=D(X_{i+1}-X_i)+[E(X_{i+1}-X_i)]^2\\&=(DX_{i+1}+DX_i)+0^2\\&=2\sigma^2,\end{aligned}$$

因而 $C\sum_{i=1}^{n-1}2\sigma^2=\sigma^2$,即 $C=\dfrac{1}{2(n-1)}$.

例7.13 已知总体 $X\sim f(x,\theta)=\begin{cases}\dfrac{1}{\theta}e^{-\frac{x}{\theta}},&x\geq 0,\\0,&x<0,\end{cases}$ $X_1,X_2,\cdots,X_n$ 为来自总体 X 的一个样本,试证 $nZ=n[\min(X_1,X_2,\cdots,X_n)]$ 是 θ 的无偏估计量.

证明 由于 $X_1,X_2,\cdots,X_n$ 相互独立且同分布,于是 $Z=\min(X_1,X_2,\cdots,X_n)$ 的分布函数为

$$F_Z(z)=1-[1-F_X(z)]^n,$$

由于总体 X 服从参数为 $\lambda=\dfrac{1}{\theta}$ 的指数分布,于是其分布函数为

$$F_X(x)=\begin{cases}1-e^{-\frac{x}{\theta}},&x>0,\\0,&\text{其他}.\end{cases}$$

代入 $F_Z(z)$ 的表达式,得

$$F_Z(z)=\begin{cases}1-e^{-\frac{nz}{\theta}},&z>0,\\0,&\text{其他}.\end{cases}$$

由此可知 Z 服从参数为 $\lambda=\dfrac{n}{\theta}$ 的指数分布,故

$$E(nZ)=nE(Z)=n\cdot\dfrac{\theta}{n}=\theta,$$

即 nZ 是参数 θ 的无偏估计量.

7.2.2 有效性

对于总体某一待估参数,其无偏估计量并不是唯一的. 无偏性只是表明估计量 $\hat{\theta}$ 的数学期望等于 θ 的真值,而不能说明所有取值在 θ 的真值附近的集中程度或波动的大小. 在无偏估计量中,我们认为波动小的更有效,于是提出了对估计量的又一个标准——有效性.

定义4(有效性) 设 $\hat{\theta}_1=\hat{\theta}_1(X_1,X_2,\cdots,X_n)$ 和 $\hat{\theta}_2=\hat{\theta}_2(X_1,X_2,\cdots,X_n)$ 都是 θ 的无偏估计量,若对任意 $\theta\in\Theta$,有

$$D(\hat{\theta}_1)\leq D(\hat{\theta}_2)\tag{7.5}$$

且至少对于某一个 $\theta\in\Theta$ 上式中的不等号成立,则称估计量 $\hat{\theta}_1$ 比 $\hat{\theta}_2$ **有效**.

例 7.14 设 $X_1, X_2, \cdots, X_n$ 为来自总体 X 的一个样本,且 $E(X) = \mu, D(X) = \sigma^2$,试比较总体期望 μ 的两个无偏估计量 $\overline{X} = \dfrac{1}{n}\sum\limits_{i=1}^{n} X_i$ 与 $\hat{X} = \dfrac{1}{k}\sum\limits_{i=1}^{k} X_i$ (其中 $k < n$) 的有效性.

解 显然 $E(\overline{X}) = E(\hat{X}) = \mu$, $\overline{X}$ 与 $\hat{X}$ 都是无偏估计量. 由于
$$D(\overline{X}) = D\left(\frac{1}{n}\sum_{i=1}^{n} X_i\right) = \frac{1}{n^2}\sum_{i=1}^{n} D(X_i) = \frac{1}{n^2} \cdot n\sigma^2 = \frac{\sigma^2}{n},$$
$$D(\hat{X}) = D\left(\frac{1}{k}\sum_{i=1}^{k} X_i\right) = \frac{1}{k^2}\sum_{i=1}^{k} D(X_i) = \frac{1}{k^2} \cdot k\sigma^2 = \frac{\sigma^2}{k},$$
故由 $k > n$,得 $D(\overline{X}) < D(\hat{X})$,即 $\overline{X}$ 是比 $\hat{X}$ 更有效的无偏估计量. 这说明,样本容量越大,用样本均值作为总体均值的估计量,估计值越精确.

例 7.15 设 $X_1, X_2, \cdots, X_n$ 为来自总体 X 的一个样本,且 $EX = \mu, DX = \sigma^2$,试证:对于总体均值 μ 的线性无偏估计量 $\hat{\mu} = \sum\limits_{i=1}^{n} a_i X_i$ (其中 $a_1, a_2, \cdots, a_n$ 为常数,且 $\sum\limits_{i=1}^{n} a_i = 1$),都有 $D(\overline{X}) \leq D(\hat{\mu})$,即样本均值 $\overline{X}$ 是总体均值 μ 的最小方差线性无偏估计量.

证明 由于 $a_i^2 + a_j^2 \geq 2a_i a_j$,于是
$$\left(\sum_{i=1}^{n} a_i\right)^2 = \sum_{i=1}^{n} a_i^2 + \sum_{i=1}^{n} 2a_i a_j \leq \sum_{i=1}^{n} a_i^2 + \sum_{i<j}(a_i^2 + a_j^2)$$
$$= \sum_{i=1}^{n} a_i^2 + (n-1)\sum_{i=1}^{n} a_i^2$$
$$= n\sum_{i=1}^{n} a_i^2,$$

再由 $\sum\limits_{i=1}^{n} a_i = 1$,得
$$\sum_{i=1}^{n} a_i^2 \geq \frac{1}{n}\left(\sum_{i=1}^{n} a_i\right)^2 = \frac{1}{n},$$

当且仅当 $a_1 = a_2 = \cdots = a_n = \dfrac{1}{n}$ 时,等号成立. 因而
$$D(\hat{\mu}) = D\left(\sum_{i=1}^{n} a_i X_i\right) = \left(\sum_{i=1}^{n} a_i^2\right)\sigma^2 \geq \frac{\sigma^2}{n},$$
又
$$D(\overline{X}) = D\left(\frac{1}{n}\sum_{i=1}^{n} X_i\right) = \frac{1}{n^2}\sum_{i=1}^{n} D(X_i) = \frac{\sigma^2}{n},$$

故 $D(\overline{X}) \leq D(\hat{\mu})$,即 $\overline{X} = \dfrac{1}{n}\sum\limits_{i=1}^{n} X_i$ 是 μ 的最小方差线性无偏估计量.

7.2.3 相合性

在给定样本容量 n 时,估计值一般不会等于总体待估参数 θ 的真值,但我们希望,一个好的估计量,能随着样本容量 n 的增大,估计值能稳定地趋于 θ 的真值,从而使估计更准确. 这就是对估计量的第三个标准——相合性.

定义 5(相合性) 设 $\hat{\theta}(X_1, X_2, \cdots, X_n)$ 是总体分布中未知参数 θ 的估计量,若对一切 $\theta \in \Theta$ 当 $n \to +\infty$ 时,$\hat{\theta}(X_1, X_2, \cdots, X_n)$ 依概率收敛于 θ,即对任意 $\varepsilon > 0$,有
$$\lim_{n \to +\infty} P\{|\hat{\theta} - \theta| < \varepsilon\} = 1, \tag{7.6}$$
则称 $\hat{\theta}$ 是 θ 的**相合估计量**(或**一致估计量**).

设 $X_1, X_2, \cdots, X_n$ 为来自总体 X 的一个样本,且 $EX = \mu$ 存在,则 $X_1, X_2, \cdots, X_n$ 相互独立且同分布,且

$$EX_i = EX = \mu \ (i = 1, 2, \cdots, n).$$

根据辛钦大数定律,对任意 $\varepsilon > 0$,有

$$\lim_{n \to +\infty} P\{|\overline{X} - \mu| < \varepsilon\} = \lim_{n \to +\infty}\left\{\left|\frac{1}{n}\sum_{i=1}^{n} X_i - \mu\right| < \varepsilon\right\} = 1,$$

即当 $n \to +\infty$ 时,$\overline{X} = \frac{1}{n}\sum_{i=1}^{n} X_i$ 依概率收敛于 μ. 因此样本均值 $\overline{X} = \frac{1}{n}\sum_{i=1}^{n} X_i$ 是总体均值 μ 的相合估计量.

可以证明:样本的 k 阶原点矩 $A_k = \frac{1}{n}\sum_{i=1}^{n} X_i^k$ 是总体的 k 阶原点矩 $\alpha_k = EX^k$ 的相合估计量.

§7.3 参数的区间估计

本节内容概要

1. 置信区间的概念

设 θ 是总体的一个参数,其参数空间为 Θ,$x_1, \cdots, x_n$ 是来自该总体的样本,对给定的一个 $\alpha (0 < \alpha < 1)$,若有两个统计量 $\hat{\theta}_1 = \hat{\theta}_1(X_1, \cdots, X_n)$ 和 $\hat{\theta}_2 = \hat{\theta}_2(X_1, \cdots, X_n)$,使得对任意的 $\theta \in \Theta$,有

$$P\{\hat{\theta}_1 < \theta < \hat{\theta}_2\} \geq 1 - \alpha,$$

则称随机区间 $(\hat{\theta}_1, \hat{\theta}_2)$ 是 θ 的置信水平为 $1 - \alpha$ 的置信区间.

2. 常用的置信区间

设 $x_1, \cdots, x_n$ 是来自 $N(\mu, \sigma^2)$ 的样本,$\overline{X}$ 为样本均值,S 为样本标准差,u_p 为标准正态分布的 p 分位数,$t_p(k)$ 为自由度是 k 的 t 分布 $t(k)$ 的 p 分位数,$\chi_p^2(k)$ 为自由度是 k 的 χ^2 分布 $\chi^2(k)$ 的 p 分位数,取置信水平 $1 - \alpha$,则

σ 已知时 μ 的双侧置信区间为 $(\overline{X} - u_{\alpha/2}\sigma/\sqrt{n}, \overline{X} + u_{\alpha/2}\sigma/\sqrt{n})$;

σ 未知时 μ 的双侧置信区间为 $(\overline{X} - t_{\alpha/2}s/\sqrt{n}, \overline{X} + t_{\alpha/2}s/\sqrt{n})$;

$\sigma^2 (\mu$ 未知$)$ 的双侧置信区间为 $\left(\dfrac{(n-1)S^2}{\chi_{\alpha/2}^2(n-1)}, \dfrac{(n-1)S^2}{\chi_{1-\alpha/2}^2(n-1)}\right)$;

$\sigma (\mu$ 未知$)$ 的双侧置信区间为 $\left(\dfrac{S\sqrt{n-1}}{\sqrt{\chi_{\alpha/2}^2(n-1)}}, \dfrac{S\sqrt{n-1}}{\sqrt{\chi_{1-\alpha/2}^2(n-1)}}\right)$.

7.3.1 置信区间的概念

参数的点估计方法是先求出待估参数 θ 的点估计量 $\hat{\theta}(X_1, X_2, \cdots, X_n)$,再将样本值 $x_1, x_2, \cdots, x_n$ 代入其中,即得到估计值 $\hat{\theta}(x_1, x_2, \cdots, x_n)$. 但将它作为参数 θ 的近似值时,与未知参数 θ 的真值会有偏差,而点估计法并没有对其误差范围以及可靠程度作出说明. 我们希

望能得到参数的一个估计范围,并且能够说明这个范围包含参数 θ 真值的可靠程度,这就是区间估计问题.

> **定义6** 设 θ 是总体 X 分布中的未知参数,对给定的 $\alpha(0 < \alpha < 1)$,若由样本 $X_1, X_2, \cdots, X_n$ 确定的两个统计量 $\hat{\theta}_1(X_1, X_2, \cdots, X_n)$ 和 $\hat{\theta}_2(X_1, X_2, \cdots, X_n)$,满足
> $$P\{\hat{\theta}_1(X_1, X_2, \cdots, X_n) < \theta < \hat{\theta}_2(X_1, X_2, \cdots, X_n)\} = 1 - \alpha,$$
> 则称区间 $(\hat{\theta}_1, \hat{\theta}_2)$ 为参数 θ 的置信度 $1 - \alpha$ 的双侧置信区间(confidence interval),$\hat{\theta}_1, \hat{\theta}_2$ 分别称为参数 θ 的置信下限和置信上限,概率 $1 - \alpha$ 称为置信度(或置信系数,或置信水平).

置信区间是一个随机区间,对于样本的每一个观察值,都可以确定相应的一个区间. 参数 θ 的置信度为 $1 - \alpha$ 的置信区间的意义是:对于一次抽样所确定的置信区间,它包含 θ 真值的概率为 $1 - \alpha$.

置信区间长度反映了区间估计的精确程度. 置信区间短表明估计的精确性高. 在给定的置信度 $1 - \alpha$ 的情况,置信区间长度当然是越小越好.

置信度 $1 - \alpha$ 表示置信区间包含参数的真值的可靠程度,由不同的置信度,得到的置信区间也随之不同. 置信度可以根据问题需要选取,通常取 $1 - \alpha = 0.90, 0.95, 0.98$ 或 0.99,等等.

下面对于正态总体 $X \sim N(\mu, \sigma^2)$ 中的参数 μ 和 σ^2 进行区间估计.

7.3.2 单个正态总体的均值和方差的区间估计

1. 正态总体 $X \sim N(\mu, \sigma^2)$ 的均值 μ 的区间估计

对于正态总体 $X \sim N(\mu, \sigma^2)$,$X_1, X_2, \cdots, X_n$ 为来自总体 X 的样本,下面分别在 σ^2 已知和 σ^2 未知的情况下,讨论总体均值 μ 的区间估计.

(1) σ^2 已知,求总体均值 μ 的 $1 - \alpha$ 的双侧置信区间.

对于总体 $X \sim N(\mu, \sigma^2)$,由上一章的结论,有 $\overline{X} \sim \left(\mu, \dfrac{\sigma^2}{n}\right)$,将其标准化,得

$$U = \frac{\overline{X} - \mu}{\dfrac{\sigma}{\sqrt{n}}} \sim N(0, 1),$$

对于给定的置信度 $1 - \alpha$(其中 $0 < \alpha < 1$),由正态分布表(附表2)可查出数 $u_{\frac{\alpha}{2}}$,使

$$P\{|U| < u_{\frac{\alpha}{2}}\} = 1 - \alpha,$$

即

$$P\left\{\left|\frac{\overline{X} - \mu}{\dfrac{\sigma}{\sqrt{n}}}\right| < u_{\frac{\alpha}{2}}\right\} = 1 - \alpha,$$

或

$$P\left\{\overline{X} - u_{\frac{\alpha}{2}} \cdot \frac{\sigma}{\sqrt{n}} < \mu < \overline{X} + u_{\frac{\alpha}{2}} \cdot \frac{\sigma}{\sqrt{n}}\right\} = 1 - \alpha,$$

故总体均值 μ 的置信度为 $1 - \alpha$ 的双侧置信区间是

$$\left(\overline{X} - u_{\frac{\alpha}{2}} \cdot \frac{\sigma}{\sqrt{n}}, \overline{X} + u_{\frac{\alpha}{2}} \cdot \frac{\sigma}{\sqrt{n}}\right). \tag{7.7}$$

这是一个以 $\bar{X}$ 为中心,$u_{\frac{\alpha}{2}} \cdot \frac{\sigma}{\sqrt{n}}$ 为半径的对称区间,其区间长度为 $2u_{\frac{\alpha}{2}} \cdot \frac{\sigma}{\sqrt{n}}$. 对于不同的置信度 $1-\alpha$,参数 μ 的置信区间也不同. 可以看出,给定的置信度 $1-\alpha$ 越大,查表值 $u_{\frac{\alpha}{2}}$ 也越大,由式(7.7)确定的置信区间越长.

例 7.16 设总体 $X \sim N(\mu, 2^2)$,$X_1, X_2, \cdots, X_{25}$ 为来自总体 X 的简单随机样本,样本均值为 8,求总体均值 μ 的置信度为 95% 的双侧置信区间.

解 这是总体方差已知的总体均值的区间估计,所求双侧置信区间为

$$\left(\bar{X} - u_{\frac{\alpha}{2}} \cdot \frac{\sigma}{\sqrt{n}}, \bar{X} + u_{\frac{\alpha}{2}} \cdot \frac{\sigma}{\sqrt{n}}\right),$$

当 $1-\alpha = 0.95$ 时,查标准正态分布表得 $u_{\alpha/2} = u_{0.025} = 1.96$,代入得

$$\bar{X} - u_{\frac{\alpha}{2}} \frac{\sigma}{\sqrt{n}} = 8 - 1.96 \times \frac{2}{\sqrt{25}} = 7.216,$$

$$\bar{X} + u_{\frac{\alpha}{2}} \frac{\sigma}{\sqrt{n}} = 8 + 1.96 \times \frac{2}{\sqrt{25}} = 8.784,$$

故总体均值 μ 的置信度为 95% 的双侧置信区间是 $(7.216, 8.784)$.

例 7.17 从总体 X 中抽取容量为 4 的简单随机样本为 $0.50, 1.25, 0.80, 2.00$,又已知 $X = \ln Y$,Y 服从正态分布 $N(\mu, 1)$.

(1) 求 X 的数学期望 EX(记为 b);

(2) 求 μ 的置信度为 95% 的双侧置信区间;

(3) 利用上述结果求 b 的置信度为 95% 的双侧置信区间.

解 (1) 由 $Y \sim N(\mu, 1)$,得 Y 的概率密度函数为

$$f(y) = \frac{1}{\sqrt{2\pi}} e^{-\frac{(y-\mu)^2}{2}} \quad (y \in \mathbf{R}),$$

于是

$$b = EX = Ee^Y = \int_{-\infty}^{+\infty} e^y \cdot \frac{1}{\sqrt{2\pi}} e^{-\frac{(y-\mu)^2}{2}} dy.$$

令 $t = y - \mu$,

$$b = \frac{1}{\sqrt{2\pi}} \int_{-\infty}^{+\infty} e^{t+\mu} \cdot e^{-\frac{t^2}{2}} dt = e^{\mu + \frac{1}{2}} \cdot \int_{-\infty}^{+\infty} \frac{1}{\sqrt{2\pi}} e^{-\frac{(t-1)^2}{2}} dt = e^{\mu + \frac{1}{2}}.$$

(2) 当 $1-\alpha = 0.95$ 时,查标准正态分布表得 $u_{\alpha/2} = u_{0.025} = 1.96$,故由 $\bar{Y} \sim N\left(\mu, \frac{1}{4}\right)$,得

$$P\left\{\bar{Y} - 1.96 \times \frac{1}{\sqrt{4}} < \mu < \bar{Y} + 1.96 \times \frac{1}{\sqrt{4}}\right\} = 0.95,$$

其中

$$\bar{Y} = \frac{1}{4}(\ln 0.50 + \ln 1.25 + \ln 0.80 + \ln 2.00) = \frac{1}{4}\ln 1 = 0,$$

从而

$$P\{-0.98 < \mu < 0.98\} = 0.95, \tag{7.8}$$

故 μ 的置信度为 95% 的双侧置信区间是 $(-0.98, 0.98)$.

(3) 由式(7.8)及 e^x 的严格递增性,可得

$$P\{e^{-0.98 + \frac{1}{2}} < e^{\mu + \frac{1}{2}} < e^{0.98 + \frac{1}{2}}\} = 0.95,$$

即

$$P\{e^{-0.48} < b < e^{1.48}\} = 0.95,$$

故 μ 的置信度为 95% 的双侧置信区间是 $(e^{-0.48}, e^{1.48})$.

(2) σ^2 未知,求总体均值 μ 的 $1-\alpha$ 的置信区间.

在很多实际问题中,总体方差 σ^2 常常是未知的,很自然想到用修正的样本方差 $S^2 = \dfrac{1}{n-1}\sum_{i=1}^{n}(X_i - \overline{X})^2$ 作 σ^2 的估计.

由于
$$T = \frac{\overline{X} - \mu}{S/\sqrt{n}} \sim t(n-1),$$

对于给定的置信度 $1-\alpha$(其中 $0 < \alpha < 1$),查自由度为 $n-1$ 个的 t 分布数表(附表4),得双侧分位数 $t_{\frac{\alpha}{2}}(n-1)$,使
$$P\{|T| \geq t_{\frac{\alpha}{2}}(n-1)\} = \alpha,$$

即
$$P\left\{\left|\frac{\overline{X} - \mu}{S/\sqrt{n}}\right| < t_{\frac{\alpha}{2}}(n-1)\right\} = 1-\alpha.$$

因此
$$P\left\{\overline{X} - t_{\frac{\alpha}{2}}(n-1) \cdot \frac{S}{\sqrt{n}} < \mu < \overline{X} + t_{\frac{\alpha}{2}}(n-1) \cdot \frac{S}{\sqrt{n}}\right\} = 1-\alpha,$$

故 μ 的置信度为 $1-\alpha$ 的双侧置信区间是
$$\left(\overline{X} - t_{\frac{\alpha}{2}}(n-1) \cdot \frac{S}{\sqrt{n}}, \overline{X} + t_{\frac{\alpha}{2}}(n-1) \cdot \frac{S}{\sqrt{n}}\right). \tag{7.9}$$

例 7.18 设包装生产线上某药品的质量服从正态分布. 现从生产线抽取容量为 16 的样本,其观测到的质量(单位:g)分别为

6.0　5.8　5.7　6.0　6.2　5.7　5.9　6.0
5.9　5.6　5.7　6.0　6.1　5.7　5.8　5.9

求药品平均质量的 95% 的双侧置信区间.

解 经计算
$$\overline{X} = \frac{1}{16}\sum_{i=1}^{16} X_i = 5.875, \quad S = \sqrt{\frac{1}{15}\sum_{i=1}^{16}(X_i - \overline{X})^2} = 0.1693,$$

当 $1-\alpha = 0.95$ 时,查 t 分布表得 $t_{\frac{\alpha}{2}}(n-1) = t_{0.025}(15) = 2.1315$,
于是,置信下限和置信上限分别为
$$\overline{X} - \frac{S}{\sqrt{n}} t_{\frac{\alpha}{2}}(n-1) = 5.875 - 2.1315 \times \frac{0.1693}{\sqrt{16}} = 6.785,$$
$$\overline{X} + \frac{S}{\sqrt{n}} t_{\frac{\alpha}{2}}(n-1) = 5.875 + 2.1315 \times \frac{0.1693}{\sqrt{16}} = 6.965,$$

故药品平均质量的 95% 的双侧置信区间是 $(6.785, 6.965)$.

2. 正态总体 $X \sim N(\mu, \sigma^2)$ 的方差 σ^2 的区间估计

(1) μ 已知,求总体方差 σ^2 的 $1-\alpha$ 的双侧置信区间.

由 $X \sim N(\mu, \sigma^2)$,可得 $U = \dfrac{X - \mu}{\sigma} \sim N(0,1)$.

设样本 $X_1, X_2, \cdots, X_n$ 来自总体 X,则

$$U_i = \frac{X_i - \mu}{\sigma} \sim N(0,1),$$

由定义有

$$W = \sum_{i=1}^{n} U_i^2 \sim \chi(n),$$

即

$$W = \frac{\sum_{i=1}^{n}(X_i - \mu)^2}{\sigma^2} \sim \chi^2(n).$$

对于给定的置信度 $1-\alpha$(其中 $0 < \alpha < 1$),设

$$P\{\lambda_1 < W < \lambda_2\} = 1 - \alpha,$$

并取

$$P\{W < \lambda_1\} = P\{W > \lambda_2\} = \frac{\alpha}{2},$$

查 χ^2 分布表(附表3),有

$$\lambda_1 = \chi^2_{1-\frac{\alpha}{2}}(n), \lambda_2 = \chi^2_{\frac{\alpha}{2}}(n),$$

即

$$P\left\{\chi^2_{1-\frac{\alpha}{2}}(n) < \frac{\sum_{i=1}^{n}(X_i - \mu)^2}{\sigma^2} < \chi^2_{\frac{\alpha}{2}}(n)\right\} = 1 - \alpha.$$

因此

$$P\left\{\frac{\sum_{i=1}^{n}(X_i - \mu)^2}{\chi^2_{\frac{\alpha}{2}}(n)} < \sigma^2 < \frac{\sum_{i=1}^{n}(X_i - \mu)^2}{\chi^2_{1-\frac{\alpha}{2}}(n)}\right\} = 1 - \alpha,$$

故 σ^2 的置信度为 $1-\alpha$ 的双侧置信区间是

$$\left(\frac{\sum_{i=1}^{n}(X_i - \mu)^2}{\chi^2_{\frac{\alpha}{2}}(n)}, \frac{\sum_{i=1}^{n}(X_i - \mu)^2}{\chi^2_{1-\frac{\alpha}{2}}(n)}\right). \tag{7.10}$$

(2) μ 未知,求总体方差 σ^2 的 $1-\alpha$ 的双侧置信区间.

根据上一章定理有

$$\chi^2 = \frac{(n-1)S^2}{\sigma^2} \sim \chi^2(n-1),$$

其中

$$S^2 = \frac{1}{n-1}\sum_{i=1}^{n}(X_i - \overline{X})^2.$$

用同样的方法可以得到 σ^2 的置信度为 $1-\alpha$ 的双侧置信区间是

$$\left(\frac{(n-1)S^2}{\chi^2_{\frac{\alpha}{2}}(n-1)}, \frac{(n-1)S^2}{\chi^2_{1-\frac{\alpha}{2}}(n-1)}\right),$$

或

$$\left(\frac{\sum_{i=1}^{n}(X_i - \overline{X})^2}{\chi^2_{\frac{\alpha}{2}}(n-1)}, \frac{\sum_{i=1}^{n}(X_i - \overline{X})^2}{\chi^2_{1-\frac{\alpha}{2}}(n-1)}\right), \tag{7.11}$$

例 7.19 沿用例 7.18 数据,求药品质量方差 σ^2 的 95% 的双侧置信区间.

解 在例 7.18 中,已计算 $S = \dfrac{1}{15}\sum\limits_{i=1}^{16}(X_i - \bar{X})^2 = 0.1693$,查 χ^2 分布表,得

$$\lambda_1 = \chi^2_{1-\frac{\alpha}{2}}(n) = \chi^2_{0.975}(15) = 6.262,$$

$$\lambda_2 = \chi^2_{\frac{\alpha}{2}}(n) = \chi^2_{0.025}(15) = 27.488,$$

故药品质量方差 σ^2 的 95% 的双侧置信区间为 $\left(\dfrac{15 \times 0.1693^2}{27.488}, \dfrac{15 \times 0.1693^2}{6.262}\right)$,即 $(0.0156, 0.0687)$.

7.3.3 两个正态总体的均值差和方差比的区间估计

1. 两个总体 $X_1 \sim N(\mu_1, \sigma_1^2)$ 和 $X_2 \sim N(\mu_2, \sigma_2^2)$ 的均值差 $\mu_1 - \mu_2$ 的区间估计

设 $X_1, X_2, \cdots, X_{n1}$ 和 $Y_1, Y_2, \cdots, Y_{n2}$ 分别来自正态总体 $X_1 \sim N(\mu_1, \sigma_1^2)$ 和 $X_2 \sim N(\mu_2, \sigma_2^2)$ 的样本,且 X 与 Y 相互独立,取样本均值之差 $\bar{X} - \bar{Y}$ 可作为两总体期望差 $\mu_1 - \mu_2$ 的估计量,下面讨论 $\mu_1 - \mu_2$ 的双侧置信区间.

(1) σ_1^2, σ_2^2 已知,求两个总体的均值差 $\mu_1 - \mu_2$ 的 $1 - \alpha$ 双侧置信区间.

由 $X_1 \sim N(\mu_1, \sigma_1^2)$ 和 $X_2 \sim N(\mu_2, \sigma_2^2)$,得

$$\bar{X} \sim N\left(\mu_1, \frac{\sigma_1^2}{n_1}\right); \bar{Y} \sim N\left(\mu_2, \frac{\sigma_2^2}{n_2}\right),$$

且

$$E(\bar{X} - \bar{Y}) = \mu_1 - \mu_2; D(\bar{X} - \bar{Y}) = \frac{\sigma_1^2}{n_1} + \frac{\sigma_2^2}{n_2},$$

从而

$$\bar{X} - \bar{Y} \sim N\left(\mu_1 - \mu_2, \frac{\sigma_1^2}{n_1} + \frac{\sigma_2^2}{n_2}\right),$$

因此

$$U = \frac{(\bar{X} - \bar{Y}) - \mu_1 - \mu_2}{\sqrt{\dfrac{\sigma_1^2}{n_1} + \dfrac{\sigma_2^2}{n_2}}} \sim N(0, 1).$$

对给定的置信水平 $1 - \alpha$,查正态分布表得 $u_{\frac{\alpha}{2}}$,使

$$P\{|U| < u_{\frac{\alpha}{2}}\} = 1 - \alpha,$$

即

$$P\left\{\left|\frac{(\bar{X} - \bar{Y}) - \mu_1 - \mu_2}{\sqrt{\dfrac{\sigma_1^2}{n_1} + \dfrac{\sigma_2^2}{n_2}}}\right| < u_{\frac{\alpha}{2}}\right\} = 1 - \alpha.$$

因此

$$P\left\{(\bar{X} - \bar{Y}) - u_{\frac{\alpha}{2}}\sqrt{\dfrac{\sigma_1^2}{n_1} + \dfrac{\sigma_2^2}{n_2}} < \mu_1 - \mu_2 < (\bar{X} - \bar{Y}) + u_{\frac{\alpha}{2}}\sqrt{\dfrac{\sigma_1^2}{n_1} + \dfrac{\sigma_2^2}{n_2}}\right\} = 1 - \alpha,$$

故 $\mu_1 - \mu_2$ 置信水平为 $1 - \alpha$ 的双侧置信区间是

$$\left(\bar{X} - \bar{Y} - u_{\frac{\alpha}{2}}\sqrt{\dfrac{\sigma_1^2}{n_1} + \dfrac{\sigma_2^2}{n_2}}, \bar{X} - \bar{Y} + u_{\frac{\alpha}{2}}\sqrt{\dfrac{\sigma_1^2}{n_1} + \dfrac{\sigma_2^2}{n_2}}\right). \tag{7.12}$$

例 7.20 设总体 $X \sim N(\mu_1, 64)$ 与 $Y \sim N(\mu_2, 36)$ 相互独立,从 X 中抽取 $n_1 = 75$ 的样本,得 $\bar{x} = 82$;从 Y 中抽取 $n_2 = 50$ 的样本,得 $\bar{y} = 76$. 试求 $\mu_1 - \mu_2$ 的置信水平为 96% 的双侧置信区间.

解 依题意,两个总体的方差均已知,分别为 $\sigma_1^2 = 64, \sigma_2^2 = 36$,查标准正态分布表,得 $u_{\frac{\alpha}{2}} = u_{0.02} = 2.05$,故 $\mu_1 - \mu_2$ 置信水平为 96% 的双侧置信区间为

$$\left((82 - 76) - 2.05\sqrt{\frac{64}{75} + \frac{36}{50}}, (82 - 76) + 2.05\sqrt{\frac{64}{75} + \frac{36}{50}}\right),$$

即 $(3.42, 8.58)$.

(2) $\sigma_1^2 = \sigma_2^2 = \sigma^2$,但 σ^2 未知,求两个总体的均值差 $\mu_1 - \mu_2$ 的 $1 - \alpha$ 双侧置信区间.

根据上一章定理有

$$T = \frac{(\bar{X} - \bar{Y}) - (\mu_1 - \mu_2)}{S_\omega \sqrt{\frac{1}{n_1} + \frac{1}{n_2}}} \sim t(n_1 + n_2 - 2),$$

其中

$$S_\omega^2 = \frac{(n_1 - 1)S_1^2 + (n - 1)S_2^2}{n_1 + n_2 - 2},$$

$$S_1^2 = \frac{1}{n_1 - 1} \sum_{i=1}^{n_1} (X_i - \bar{X})^2,$$

$$S_2^2 = \frac{1}{n_2 - 1} \sum_{i=1}^{n_2} (Y_i - \bar{Y})^2,$$

对于给定的置信水平 $1 - \alpha$,查自由度为 $n_1 + n_2 - 2$ 的 t 分布表,得双侧分位数 $t_{\frac{\alpha}{2}}(n_1 + n_2 - 2)$,使

$$P\{|T| \geq t_{\frac{\alpha}{2}}(n_1 + n_2 - 2)\} = \alpha,$$

即

$$P\left\{\left|\frac{(\bar{X} - \bar{Y}) - (\mu_1 - \mu_2)}{S_\omega \sqrt{\frac{1}{n_1} + \frac{1}{n_2}}}\right| < t_{\frac{\alpha}{2}}(n_1 + n_2 - 2)\right\} = 1 - \alpha.$$

故 $\mu_1 - \mu_2$ 的置信水平为 $1 - \alpha$ 的双侧置信区间是

$$\left(\bar{X} - \bar{Y} - t_{\frac{\alpha}{2}}(n_1 + n_2 - 2) \cdot S_\omega \sqrt{\frac{1}{n_1} + \frac{1}{n_2}}, \bar{X} - \bar{Y} + t_{\frac{\alpha}{2}}(n_1 + n_2 - 2) \cdot S_\omega \sqrt{\frac{1}{n_1} + \frac{1}{n_2}}\right).$$

(7.13)

2. 两个总体 $X_1 \sim N(\mu_1, \sigma_1^2)$ 和 $X_2 \sim N(\mu_2, \sigma_2^2)$ 的方差比 $\frac{\sigma_1^2}{\sigma_2^2}$ 的区间估计

设总体 $X \sim N(\mu_1, \sigma_1^2), Y \sim N(\mu_2, \sigma_2^2)$,且 X 和 Y 相互独立,其中 $\mu_1, \mu_2, \sigma_1^2, \sigma_2^2$ 均未知,$X_1, X_2, \cdots, X_{n_1}$ 和 $Y_1, Y_2, \cdots, Y_{n_2}$ 分别为来自 $X \sim N(\mu_1, \sigma_1^2)$ 和 $Y \sim N(\mu_2, \sigma_2^2)$ 的样本,下面对两个总体的方差比 $\frac{\sigma_1^2}{\sigma_2^2}$ 作区间估计.

根据上一章定理有

$$F = \frac{S_1^2/S_2^2}{\sigma_1^2/\sigma_2^2} \sim F(n_1 - 1, n_2 - 1),$$

对给定的置信水平 $1 - \alpha$,查 F 分布数表(附表 5),得 $F_{\alpha/2}(n_1 - 1, n_2 - 1)$ 及 $F_{1-\alpha/2}(n_1 - 1, n_2 - 1)$,使

$$P\left\{F_{1-\frac{\alpha}{2}}(n_1-1,n_2-1)<\frac{S_1^2/S_2^2}{\sigma_1^2/\sigma_2^2}<F_{\frac{\alpha}{2}}(n_1-1,n_2-1)\right\}=1-\alpha,$$

即

$$P\left\{\frac{1}{F_{\frac{\alpha}{2}}(n_1-1,n_2-1)}\frac{S_1^2}{S_2^2}<\frac{\sigma_1^2}{\sigma_2^2}F_{1-\frac{\alpha}{2}}(n_1-1,n_2-1)\frac{S_1^2}{S_2^2}\right\}=1-\alpha.$$

由于

$$F_{1-\frac{\alpha}{2}}(n_1-1,n_2-1)=\frac{1}{F_{\frac{\alpha}{2}}(n_1-1,n_2-1)},$$

故 $\dfrac{\sigma_1^2}{\sigma_2^2}$ 的置信水平为 $1-\alpha$ 的区间估计是

$$\left(\frac{1}{F_{\frac{\alpha}{2}}(n_1-1,n_2-1)}\frac{S_1^2}{S_2^2},\ F_{\frac{\alpha}{2}}(n_1-1,n_2-1)\frac{S_1^2}{S_2^2}\right). \tag{7.14}$$

例7.21 已知两正态总体 $X\sim N(\mu_1,\sigma_1^2),Y\sim N(\mu_2,\sigma_2^2)$ 相互独立,其中参数均未知,各随机抽一样本,容量分别为 $n_1=21,n_2=16$,且 $S_1=9,S_2=10$,求 $\dfrac{\sigma_1^2}{\sigma_2^2}$ 的置信水平为 0.98 的双侧置信区间.

解 由题意 $1-\alpha=0.98$ 得 $\alpha=0.02$,查 F 分布上侧分位数表,得

$$F_{\alpha/2}(n_1-1,n_2-1)=F_{0.01}(20,15)=3.372,$$
$$F_{\alpha/2}(n_2-1,n_1-1)=F_{0.01}(15,20)=3.088,$$

代入式(7.14)即得 $\dfrac{\sigma_1^2}{\sigma_2^2}$ 的置信水平为 0.98 的双侧置信区间是

$$\left(\frac{1}{3.372}\times\frac{9^2}{10^2},\ 3.088\times\frac{9^2}{10^2}\right),$$

即置信水平为 0.98 的双侧置信区间是 $(0.24,2.5)$.

7.3.4 单侧置信区间

在上述讨论中,对于未知参数 θ,我们给出了两个统计量 $\hat\theta_1,\hat\theta_2$,得到 θ 的双侧置信区间 $(\hat\theta_1,\hat\theta_2)$.但在某些实际问题中,例如对于设备、原件的寿命来说,平均寿命越长是我们所希望的,我们更关心的是平均寿命 θ 的"下限";与之相反,在考虑化学药品中杂质含量的均值 μ 时,我们常更关心参数 μ 的"上限",这就引出了单侧置信区间的概念.

对于给定值 $\alpha(0<\alpha<1)$,若由样本 $X_1,X_2,\cdots,X_n$ 确定的统计量 $\hat\theta_1=\hat\theta_1(X_1,X_2,\cdots,X_n)$,对于任意的 $\theta\in\Theta$ 满足

$$P\{\theta>\hat\theta_1\}\geq 1-\alpha,$$

称随机区间 $(\hat\theta_1,+\infty)$ 是参数 θ 的置信水平为 $1-\alpha$ 的<u>单侧置信区间</u>,$\hat\theta_1$ 称为 θ 的置信水平为 $1-\alpha$ 的<u>单侧置信下限</u>.

又若统计量 $\hat\theta_2=\hat\theta_2(X_1,X_2,\cdots,X_n)$,对于任意的 $\theta\in\Theta$ 满足

$$P\{\theta<\hat\theta_2\}\geq 1-\alpha,$$

称随机区间 $(-\infty,\hat\theta_2)$ 是参数 θ 的置信水平为 $1-\alpha$ 的<u>单侧置信区间</u>,$\hat\theta_2$ 称为 θ 的置信水平为 $1-\alpha$ 的<u>单侧置信上限</u>.

例如,对于正态总体 X,若均值 μ,方差 σ^2 均为未知,设 $X_1,X_2,\cdots,X_n$ 是一个样本,由

$$\frac{\overline{X} - \mu}{S/\sqrt{n}} \sim t(n-1),$$

有

$$P\left\{\frac{\overline{X} - \mu}{S/\sqrt{n}} < t_\alpha(n-1)\right\} = 1 - \alpha,$$

即

$$P\left\{\mu > \overline{X} - \frac{S}{\sqrt{n}}t_\alpha(n-1)\right\} = 1 - \alpha.$$

于是得 μ 的置信水平为 $1-\alpha$ 的单侧置信区间为

$$\left(\overline{X} - \frac{S}{\sqrt{n}}t_\alpha(n-1), +\infty\right),$$

μ 的置信水平为 $1-\alpha$ 的单侧置信区间下限为

$$\overline{X} - \frac{S}{\sqrt{n}}t_\alpha(n-1).$$

又由参数 μ, σ^2 均未知时,有

$$\frac{(n-1)S^2}{\sigma^2} \sim \chi^2(n-1),$$

从而得

$$P\left\{\frac{(n-1)S^2}{\sigma^2} > \chi^2_{1-\alpha}(n-1)\right\} = 1 - \alpha,$$

即

$$P\left\{\sigma^2 < \frac{(n-1)S^2}{\chi^2_{1-\alpha}(n-1)}\right\} = 1 - \alpha.$$

于是得 σ^2 的置信水平为 $1-\alpha$ 的单侧置信区间为

$$\left(0, \frac{(n-1)S^2}{\chi^2_{1-\alpha}(n-1)}\right),$$

σ^2 的置信水平为 $1-\alpha$ 的单侧置信上限为

$$\frac{(n-1)S^2}{\chi^2_{1-\alpha}(n-1)}.$$

例 7.22 从一批灯泡中随机地取 5 只做寿命试验,测得寿命(单位:h)为

1 050, 1 100, 1 120, 1 250, 1 280

设灯泡寿命服从正态分布,求灯泡寿命均值 μ 的置信水平为 0.95 的单侧置信下限.

解 由题意 $1-\alpha = 0.95, n = 5, t_\alpha(n-1) = t_{0.05}(4) = 2.131\ 8, \overline{x} = 1\ 160$,

$S^2 = \frac{1}{4}\sum_{i=1}^{5}(x_i - \overline{x})^2 = 9\ 950$,所以均值 μ 的置信水平为 0.95 的单侧置信下限为

$$\overline{x} - \frac{s}{\sqrt{n}}t_\alpha(n-1) = 1\ 065.$$

习 题

一、单项选择题

1. 设 X_1, X_2, X_3 是来自正态总体的样本,则( )是 μ 的无偏估计.

A. $X_1 + X_2 + X_3$ B. $\frac{2}{3}X_1 + \frac{2}{3}X_2 + \frac{1}{3}X_3$

C. $\frac{2}{3}X_1 + \frac{1}{3}X_2 + \frac{1}{3}X_3$ D. $\frac{1}{3}X_1 + \frac{1}{3}X_2 + \frac{1}{3}X_3$

2. 设 $X_1, X_2, \cdots, X_n$ 是来自总体 X 的样本，$D(X) = \sigma^2$，S^2 为样本方差，则(　　).

A. S 是 σ 的矩估计量   B. S 是 σ 的最大似然估计量

C. S 是 σ 的无偏估计量   D. S 是 σ 的一致估计量

3. 设总体 X 服从正态分布 $N(\mu, \sigma^2)$，其中 σ^2 已知. 当样本容量固定时，均值 μ 的置信区间长度 L 与置信度 $1-\alpha$ 的关系是(　　).

A. 当 $1-\alpha$ 减小时，L 增大   B. 当 $1-\alpha$ 减小时，L 变小

C. 当 $1-\alpha$ 减小时，L 不变   D. 当 $1-\alpha$ 减小时，L 增减不定

4. 从正态分布 $N(\mu, \sigma^2)$ 中抽取容量为 9 的样本，测得样本均值 $\bar{x} = 15$，样本方差 $s^2 = 0.4^2$. 当 σ^2 未知时，总体期望 μ 的置信度为 0.95 的单侧置信下限为(　　). (参考数据：$t_{0.05}(8) = 1.8595, t_{0.05}(9) = 1.8331$)

A. $15 - (0.4/3) \times 1.8595$ B. $15 - (0.4/3) \times 1.8331$

C. $15 - (0.16/9) \times 1.8595$ D. $15 - (0.16/9) \times 1.8331$

5. 与总体方差的置信区间优劣无关的是(　　).

A. 样本容量   B. 区间长度   C. 总体方差   D. 总体均值

二、填空题

1. 设总体 $X \sim B(m, p)$，其中 m 已知，$p(0 < p < 1)$ 未知，$X_1, X_2, \cdots, X_n$ 来自总体的样本，则 p 的矩估计量为_____.

2. 已知 $\hat{\theta}_1, \hat{\theta}_2$ 是未知参数 θ 的两个无偏估计量，且 $\hat{\theta}_1$ 与 $\hat{\theta}_2$ 不相关，$D(\hat{\theta}_1) = 4D(\hat{\theta}_2)$. 如果 $\hat{\theta}_3 = a\hat{\theta}_1 + b\hat{\theta}_2$ 也是 θ 的无偏估计量，且是 $\hat{\theta}_1, \hat{\theta}_2$ 的所有同类型线性组合中方差最小的，则 $a = $_____，$b = $_____.

3. 设 $\hat{\theta}$ 是某总体分布中未知参数 θ 的最大似然估计量，则 $2\theta^2 + 1$ 的最大似然估计量为_____.

4. 从正态总体 $N(\mu, \sigma^2)$ 中抽取容量为 9 的样本，测得样本均值 $\bar{x} = 10$，样本方差 $s^2 = 0.3^2$，方差 σ^2 的置信度为 0.95 的单侧置信上限为_____. (参考数据：$\chi^2_{0.95}(8) = 2.733, \chi^2_{0.05}(8) = 15.507$)

5. 设 $\hat{\theta}$ 是未知参数 θ 的一个估计，当满足 $D(\hat{\theta}) = $_____，则称 $\hat{\theta}$ 为 θ 的无偏估计.

三、解答题

1. 设总体 X 的概率密度函数为

$$f(x, \alpha) = \begin{cases} \dfrac{2}{\alpha^2}(\alpha - x), & 0 < x < \alpha, \\ 0, & 其他, \end{cases}$$

其中，α 为总体参数，$X_1, X_2, \cdots, X_n$ 为来自总体 X 的一个样本，求参数 α 的矩估计量.

2. 设 $X_1, X_2, \cdots, X_n$ 为来自总体 X 的一个样本，X 服从几何分布，其分布列为

$$P\{X = x\} = p(1-p)^{x-1} \quad (x = 1, 2, \cdots),$$

其中未知参数 $p \in (0, 1)$，试求 p 的最大似然估计量.

3. 总体 X 服从参数为 λ 的指数分布，求参数 λ 的矩估计量和最大似然估计量.

4. 设总体 X 的密度函数为

$$f(x, \beta) = \begin{cases} \beta x^{\beta-1}, & 0 < x < 1, \\ 0, & 其他, \end{cases}$$

其中，β 为未知参数，$X_1, X_2, \cdots, X_n$ 为来自总体 X 的一个样本，求参数 β 的矩估计量和最大

似然估计量.

5. 设总体 $X \sim f(x,\theta) = \begin{cases} e^{-(x-\theta)}, & x \geq \theta \\ 0, & x < \theta \end{cases}$，$\theta$ 为总体参数，$X_1, X_2, \cdots, X_n$ 为来自总体 X 的一个样本，求参数 θ 的最大似然估计量.

6. 设总体 X 的对数函数 $\ln X$ 服从正态分布 $N(\mu, \sigma^2)$，$X_1, X_2, \cdots, X_n$ 为来自总体 X 的一个样本，求参数 μ 和 σ^2 的最大似然估计量.

7. 总体 X 服从参数为 λ 的泊松分布，试证：$\left(\dfrac{2}{3}\bar{X} + \dfrac{1}{3}S^2\right)$ 是总体均值的无偏估计量.

8. 设 $\hat{\theta}$ 为 θ 的无偏估计量，且 $D(\hat{\theta}) > 0$，证明 $\hat{\theta}^2$ 不是 θ^2 的无偏估计.

9. 设总体 $X \sim N(\mu_1, \sigma^2)$ 与 $Y \sim N(\mu_2, \sigma^2)$ 相互独立，$X_1, X_2, \cdots, X_{n_1}$ 为取自 X 的简单随机样本，$Y_1, Y_2, \cdots, Y_{n_2}$ 为取自 Y 的简单随机样本.

试证：$S_\omega^2 = \dfrac{1}{n_1 + n_2 - 2}\left[\sum_{i=1}^{n_1}(X_i - \bar{X})^2 + \sum_{i=1}^{n_2}(Y_i - \bar{Y})^2\right]$ 是 σ^2 的无偏估计量.

10. 设 $\hat{\theta}_1$ 和 $\hat{\theta}_2$ 为参数 θ 的两个独立的无偏估计量，且假定 $D\hat{\theta}_1 = 2D\hat{\theta}_2$，求常数 c 和 d，使 $\hat{\theta} = c\hat{\theta}_1 + d\hat{\theta}_2$ 为 θ 的无偏估计，并使方差 $D\hat{\theta}$ 最小.

11. 从长期实践中知某车间生产滚珠的直径 $X \sim N(\mu, 0.06)$. 从某天产品中随机抽取 6 件，测得其直径（单位：mm）为
$$14.60, 15.10, 14.90, 14.80, 15.20, 15.10$$
求：(1) 求 μ 的双侧置信水平为 0.95 的置信区间；

(2) 若题目中 σ^2 未知，则 μ 的双侧置信水平为 0.95 的置信区间是多少？

12. 假设人的身高服从正态分布，现从某班随机抽查 10 名女生，测其身高（单位：cm）如下：
$$162, 159.5, 168, 160, 157, 162, 163.4, 158.5, 170.3, 166$$
求该班女生平均身高的双侧 95% 的置信区间.

13. 对于方差 σ^2 已知的正态总体，问需取容量 n 为多大的样本，才能使总体均值 μ 的双侧置信水平为 $1 - \alpha$ 的置信区间平均长度不大于 L?

14. 设某产品的某质量指标服从正态分布 $N(\mu, \sigma^2)$，现从这批产品中随机抽取 25 件，测得 $S = 10$，试求 $\alpha = 0.05$ 时的双侧 σ 的置信区间.

15. 设甲、乙两种元件的某强度指标都服从正态分布，标准差均为 0.5，现取样本容量 $n_1 = n_2 = 20$，得平均强度指标分别为 $\bar{x} = 18, \bar{y} = 24$，求这两个元件的平均强度之差的双侧 99% 的置信区间.

16. 随机地从 A 种导线中取 4 根，并从 B 种导线中抽 5 根，测得其电阻（单位：Ω）为

A 种导线：0.143　　0.142　　0.143　　0.147

B 种导线：0.140　　0.142　　0.136　　0.138　　0.140

设测试数据分别服从正态分布 $N(\mu_1, \sigma^2)$ 和 $N(\mu_2, \sigma^2)$，并且它们相互独立，其中 μ_1, μ_2, σ^2 均未知，试求 $\mu_1 - \mu_2$ 的双侧 0.95 的置信区间.

17. 设总体 $X \sim N(\mu_1, \sigma_1^2)$ 与 $Y \sim N(\mu_2, \sigma_2^2)$ 相互独立，从 X 中抽取 $n_1 = 16$ 的样本，得 $\sum_{i=1}^{16}(X_i - \bar{X})^2 = 380$；从 Y 中抽取 $n_2 = 10$ 的样本，得 $\sum_{i=1}^{10}(X_i - \bar{X})^2 = 180$，试求两总体方差比 $\dfrac{\sigma_1^2}{\sigma_2^2}$ 的双侧置信水平为 95% 的置信区间.

*第 8 章 假设检验

假设检验与参数估计一样,在数理统计的理论研究与实际应用中都占有重要地位,假设检验是统计推断的另一个主要内容.在总体的分布函数完全未知或只知道其分布形式,但存在未知参数的情况下,为了推断总体的某些未知特性,提出某些关于总体的假设.例如,一方面,已知总体的分布,要根据样本信息对总体未知参数提出的假设作出是接受还是拒绝的决策;另一方面,总体分布未知,提出总体服从泊松分布的假设,要根据样本对所提出的假设作出是接受还是拒绝的决策,前者称为参数假设检验,后者称为非参数假设检验.

本章主要内容

§8.1 假设检验的基本概念

§8.2 一个正态总体均值与方差的检验

§8.3 两个正态总体均值与方差的检验

§8.4 检验的 p 值

§8.5 分布拟合检验

§8.6 非正态总体参数的大样本检验

习 题

§8.1 假设检验的基本概念

本节内容概要

1. 假设(hypothesis)

参数空间 $\Theta = \{\theta\}$ 的非空子集或有关参数 θ 的命题,称为统计假设,简称假设;

原假设(也称零假设),根据需要而设立的假设,常记为 $H_0: \theta \in \Theta_0$;

备择假设,在原假设被拒绝后采用(接受)的假设,常记为 $H_1: \theta \in \Theta_1$.

2. 两类错误及其发生的概率

原假设 H_0 正确,但被拒绝,这种判断错误称为犯第一类错误,其发生概率称为犯第一类错误的概率,或称拒真概率,常记为 α;

原假设 H_0 不真,但被接受,这种判断错误称为犯第二类错误,其发生概率称为犯第二类错误的概率,或称受伪概率,常记为 β.

3. 假设检验的基本步骤

(1) 建立假设,根据要求建立原假设 H_0 和备择假设 H_1;

(2) 选择检验统计量,给出拒绝域 W 的形式;

(3) 选择显著性水平 $\alpha(0 < \alpha < 1)$;

(4) 给出拒绝域,由概率等式 $P(W) = \alpha$ 确定具体的拒绝域;

(5) 作出判断:

当样本 $(x_1, \cdots, x_n) \in W$,则拒绝 H_0,即接受 H_1.

当样本 $(x_1, \cdots, x_n) \in \overline{W}$,则接受 H_0.

8.1.1 假设检验问题

估计理论与假设检验的基本任务是相同的,但它们对问题的提法与解决问题的途径不同. 什么是假设检验问题?先看一些实例.

例 8.1 假定按国家规定,某种产品的次品率不得超过 1%,现从一批产品中随机抽出 200 件,经检查发现有 3 件次品,试问:这批产品的次品率 p 是否符合国家标准?

在本例中,根据抽样的结果来判断 $p \leq 0.01$ 是否成立.

例 8.2 有一批枪弹,其初速度 $v \sim N(\mu_0, \sigma_0^2)$,其中 $\mu_0 = 950$ m/s,$\sigma_0^2 = 10$ m²/s². 经过较长时间储存后,问这批枪弹的初速度均值与初速度的方差是否发生了变化?根据实践经验及理论分析,枪弹经储存后,其初速度仍服从正态分布 $v \sim N(\mu_0, \sigma_0^2)$. 通过抽样,利用样本提供的信息来判断

$$\mu = \mu_0 = 950 \text{ m/s}, \sigma^2 = \sigma_0^2 = 10 \text{ m}^2/\text{s}^2$$

是否成立.

例 8.3 某种建筑材料,其抗断强度的分布以往一直是服从正态分布的,现改变配料方案,希望确定新产品的抗断强度 X 的分布是否仍然服从正态分布,或者不管抗断强度 X 服从什么分布,只想知道抗断强度 X 的平均值 $E(X)$ 是否符合规定的要求.

在本例,抽取一定数量的新产品进行抗断强度试验,利用试验得到的样本值所提供

的信息,设法判断是否有
$$X \sim N(\mu_0, \sigma_0^2) \text{ 或 } E(X) \geq c,$$
其中 c 为规定的常数.

这些例子所代表的问题称为假设检验问题,它们有两个共同特点:

(1) 先根据实际问题的要求提出一个论断,称为**统计假设**,记为 H_0. 例如以上三个例子的统计假设分别为:

① $H_0: p \leq 0.01$;

② $H_0: \mu = u_0$ 或 $H_0: \sigma^2 = \sigma_0^2$;

③ $H_0: X \sim N(\mu_0, \sigma_0^2)$ 或 $H_0: E(X) \geq c$.

(2) 然后抽取样本和集中样本的有关信息,要求对假设 H_0 的真伪进行判断,称为检验假设. 最后对假设 H_0 作出拒绝(认为 H_0 不正确)或不拒绝的决策.

假设检验问题分为**参数假设检验**与**非参数假设检验**两类.

若总体的分布函数 $F(x; \theta_1, \cdots, \theta_m)$ 或概率函数 $p(x; \theta_1, \cdots, \theta_m)$ 的数学表达式为已知,只是分布中的参数有些为未知,假设针对未知参数而提出并要求检验,这样的问题称为**参数假设检验问题**;

若总体的分布函数或概率函数为未知,假设 H_0 针对总体的分布、分布的特性或总体的数字特征而提出,并要求检验,这类问题的检验不依赖于总体分布,称为**非参数假设检验问题**.

例 8.1 与例 8.2 属于参数假设检验问题;例 8.3 是非参数假设检验问题.

上面用 H_0 表示原来的假设,称为**原假设**或**零假设**,而把所考察的问题的反面称为**备择假设**或**对立假设**,记为 H_1. 例如:

在例 8.1 中,原假设 $H_0: p \leq 0.01$;备择假设 $H_1: p > 0.01$.

在例 8.2 中,原假设 $H_0: \mu = \mu_0$;备择假设 $H_1: \mu < \mu_0$(这里排除了初速度的平均值 $\mu > \mu_0$ 的可能性,因为枪弹的初速度不会经过储存而增加),或原假设 $H_0: \sigma^2 = \sigma_0^2$;备择假设 $H_1: \sigma^2 \neq \sigma_0^2$.

在例 8.3 中,原假设 $H_0: X \sim N(\mu, \sigma^2)$;备择假设 $H_1: X$ 不服从 $N(\mu, \sigma^2)$,或原假设 $H_0: E(X) \geq c$;备择假设 $H_1: E(X) < c$.

下面先浅谈**假设检验的基本思想**:

首先提出 H_0 假设,显然这个假设可能是对的,也可能是错误的,现在要在对与错之间作出一个选择. 选择的依据只能是样本,也可以说是试验结果. 要计算出在 H_0 假设之下,这种试验结果出现的概率有多大,根据此概率对 H_0 假设的正确与否作出评判. 对 H_0 假设的对与错的评判标准必须人为事先规定,即试验结果出现的概率为多大时,认为 H_0 假设是错误的. 一般的做法是规定一个阈值,比如,对:错 = 95:5,即试验结果出现的概率为 5%,若其出现则认为 H_0 假设是错误的,从而拒绝 H_0 假设.

为什么试验结果出现的概率小于 5% 就拒绝 H_0 假设?因为要对 H_0 假设进行检验,先假定 H_0 假设正确,在此假设之下构造一个事件 A 及其对立事件 $\bar{A}$,使其概率为 $P(A | H_0 \text{ 真}) = 5\%$,$P(\bar{A} | H_0 \text{ 真}) = 95\%$,如果 H_0 假设是对的,那么在一次试验时,事件 A 出现的概率是 5%,可以认为几乎是不可能出现的,而 $\bar{A}$ 出现的概率 (95%) 是极大的,可以认为几乎必然出现. 于是在一次试验中 $\bar{A}$ 应该出现而 A 不应该出现,故若 A 出现就否定 H_0 假设.

为什么要否定 H_0 假设?我们由条件概率 $P(A | H_0 \text{ 真})$ 和 $P(\bar{A} | H_0 \text{ 真})$ 并不能得出有关 $P(A | H_0 \text{ 假})$ 和 $P(\bar{A} | H_0 \text{ 假})$ 的任何信息. 事实上,$P(A | H_0 \text{ 真})$、$P(\bar{A} | H_0 \text{ 真})$ 与 $P(A | H_0 \text{ 假})$、

$P(\bar{A}|H_0$ 假$)$ 没有任何联系. 若 H_0 假设为假,则 $P(A|H_0$ 假$)$ 和 $P(\bar{A}|H_0$ 假$)$ 就应该有其相应的概率值,假如实际是 $P(A|H_0$ 假$)=90\%$,$P(\bar{A}|H_0$ 假$)=10\%$,则在 H_0 假设为假的情况下,A 出现的概率是很大的,而 $\bar{A}$ 出现的概率是很小的. 在一次试验中,A 应该出现而 $\bar{A}$ 则不应该出现. 假设 H_0 为真而得出 A 出现的概率很小,从而认为在一次试验中 A 不应该出现,可事实上 H_0 不真,而且 A 出现的概率很大,从而导致在一次试验中 A 以很大的概率出现,现在 A 出现了,在 H_0 不真时,A 的出现是很正常的,相反若 H_0 为真,则 A 的出现就成为不正常的现象了,按照 H_0 假设,A 不应该出现,但现在是 A 出现了,这就不得不怀疑一定是 H_0 假设错了. 这就是在 A 出现以后要否定 H_0 假设的理由. 当然也是在冒着犯错误的危险的情况下作出判断的.

为什么会犯错误,能犯哪几种错误?

当 H_0 假设为真时,A 的出现是小概率事件,但并不是说 A 一定不能出现,因 A 出现从而拒绝 H_0 假设,进而犯错误,犯错误的概率很小. 由于样本的随机性,犯错误在所难免,就本例而言犯错误的概率只有 5%,是可以接受的. 这种错误称为犯第一类错误(弃真错误).

当 H_0 假设为假时,而 $\bar{A}$ 出现,因而不能拒绝 H_0 假设,从而犯错误,这时犯错误的概率就很难计算了. 这种错误称为犯第二类错误(取伪错误)(可能有人会说:弃真不就是取伪吗?注意:真、伪都是直接针对 H_0 假设而言的,针对 H_0 假设的真、伪来谈弃真和取伪). 一般来说,样本越多犯错误的概率越小;$P(A|H_0$ 假$)$ 越大,犯错误的概率就越小. 正因为 $P(A|H_0$ 真$)$ 很小,因而当拒绝 H_0 假设时,我们有足够的把握认为自己没有犯错误(即使犯错误,其概率也很小),然而当不拒绝 H_0 假设时,因为不知道 $P(A|H_0$ 假$)$ 的概率值,若接受 H_0 假设,则不知道有多大的把握是对的[$P(A|H_0$ 假$)$ 可能不易计算,这需要具体问题具体分析]. 正因为如此,当不拒绝 H_0 假设时,我们并不提接受 H_0 假设,而只说不拒绝 H_0 假设,隐含意味着可能继续进行进一步的检验.

一般情况下,称这种检验为显著性检验,即当 H_0 假设的对立面与 H_0 假设具有比较大的差异时,通过显著性检验可以进行检验.

8.1.2 假设检验的基本原理

不论假设是怎么样的,进行检验的基本思想都是一个,就是所谓 概率性质的反证法;为了检验原假设 H_0 是否正确,先假定 H_0 这个假设正确,看由此能推出什么结果,如果导致一个不合理现象的出现,则表明"假设 H_0 正确"是错误的,即原假设 H_0 不正确,因此拒绝原假设 H_0. 如果没有导致不合理现象出现,则不能认为原假设 H_0 不正确,因此不拒绝 H_0,此时根据问题的需要或做进一步的试验考察或接受 H_0.

概率性质的反证法的根据是 小概率事件原理(也称 实际推断原理),该原理是说"小概率事件(概率很小的事件)在一次试验中几乎是不可能发生的".

利用概率性质的反证法进行假设检验的一般做法是:设有某个假设 H_0 需要检验,先假定 H_0 正确,在此"假定"之下,构造一个事件 A,在 H_0 为正确的条件下 A 是一个小概率事件. 譬如,$P(A|H_0$ 为真$)=0.05$,现在进行一次试验[经常把 n 个样本作为一个整体来看待即抽得一个容量为 n 的样本观测值 $(x_1,x_2,\cdots,x_n)$],如果事件 A 发生了,那便是出现了一个小概率事件. 但是,小概率事件在一次试验中几乎不可能发生的,现在居然出现了,这与小概率事件原理相"矛盾",这表明"假定 H_0 正确"是错误的,因而拒绝 H_0;反之,如果小概率事件 A 没有出现,没有理由拒绝 H_0,通常就接受 H_0.

概率性质的反证法与纯数学中的反证法,在推理过程上类似,但它们毕竟不相同. 小概率事件在一次试验中发生与小概率事件原理相"矛盾",这种"矛盾"并不是形式逻辑中的绝对矛盾,因为"小概率事件在一次试验中几乎是不可能发生的",并不是"小概率事件在一次试验中绝对不会发生". 因此,如 H_0 正确,但碰巧小概率事件在一次试验中发生了,那么,根据概率性质的反证法就应该作出拒绝 H_0 的决策,而这一决策是错误的(后面会把犯这类错误的概率控制在适当小的范围内). 换句话说,在假设检验中,我们作出接受 H_0 或拒绝 H_0 的决策,并不等于我们证明了原假设 H_0 正确或错误,而只是根据样本所提供的信息以一定的可靠程度认为 H_0 是正确或错误的.

概率要小到什么程度才算小概率呢?这没有一个绝对标准,要根据所讨论的具体问题来确定,一般取 $P \leq 0.10$,例如可以取 $0.01, 0.05, 0.10$,等等.

例8.4 设某粮食加工厂用打包机包装大米,规定每袋的标准质量为 100 kg,设打包机装的大米质量服从正态分布,由以往长期经验知其标准差 $\sigma = 0.9$ kg,且保持不变. 某天开工后,为了检验打包机工作是否正常,随机抽取该机所装的 9 袋,称得其净重(单位:kg)为 99.3, 98.7, 100.5, 101.2, 98.3, 99.7, 105.1, 102.6, 100.5. 问该天打包机的工作是否正常?

解 设打包机所包装的大米质量为 X,由题意 $X \sim N(\mu, \sigma^2)$,其中 $\sigma = 0.9$ 为已知. 现在的问题是不知道总体均值 μ 是否等于规定的标准 $\mu_0 = 100$,若 $\mu = \mu_0$,就意味着打包机工作正常;否则就要对打包机进行调整.

提出原假设与备择假设

$$H_0: \mu = \mu_0 = 100; H_1: \mu \neq \mu_0.$$

知道 $\hat{\mu} = \overline{X}$ 是正态总体均值 μ 的无偏估计量,如果原假设 H_0 为真,则样本均值 $\overline{X}$ 的观测值 $\overline{x}$ 应该比较集中在 μ_0 的附近,即 $\overline{x}$ 与 μ_0 的差别不显著(由于随机因素的影响,$\overline{x}$ 与 μ_0 有些小差别是不可避免的). 若 $|\overline{X} - \mu_0|$ 比较大就应该认为是小概率事件,即 $|\overline{X} - \mu_0| \geq k$ 是小概率事件,其中 k 是待定的正数. k 取决于把多大的概率作为小概率,还取决于样本容量 n.

如果 $H_0: \mu = \mu_0$ 为真,把抽得的一个样本值 $(x_1, x_2, \cdots, x_n)$ 看成一次试验(由 n 次重复独立试验所构成)的结果,若在一次试验中出现小概率事件 $|\overline{x} - \mu_0| \geq k$,则根据概率性质的反证法就应该拒绝 H_0.

下面来确定正数 k.

假定取 $\alpha = 0.05$ 作为小概率事件的标准,当 H_0 为真时,$|\overline{X} - \mu_0| \geq k$ 是小概率事件,取

$$P(|\overline{X} - \mu_0| \geq k | H_0 \text{ 真}) = P(|\overline{X} - 100| \geq k | H_0 \text{ 真}) = \alpha.$$

当 H_0 为真时,有 $X \sim N(\mu_0, \sigma^2) = N(100, 0.9^2)$,从而有

$$\overline{X} \sim N(\mu_0, \sigma^2/n) = N(100, 0.9^2/9),$$

得

$$\frac{\overline{X} - \mu_0}{\sigma/\sqrt{n}} = \frac{\overline{X} - 100}{0.9/\sqrt{9}} \sim N(0, 1),$$

于是

$$P(|\overline{X} - \mu_0| \geq k | H_0 \text{ 真}) = P\left(\left|\frac{\overline{X} - \mu_0}{\sigma/\sqrt{n}}\right| \geq \frac{k}{\sigma/\sqrt{n}} \bigg| H_0 \text{ 真}\right) = \alpha.$$

当 H_0 为真,由标准正态变量的分位数,有

$$P\left(\left|\frac{\bar{X}-\mu_0}{\sigma/\sqrt{n}}\right| \geq u_{\alpha/2}\right) = \alpha,$$

故

$$\frac{k}{\sigma/\sqrt{n}} = u_{\alpha/2},$$

即

$$k = \frac{\alpha}{\sqrt{n}} u_{\alpha/2} = \frac{0.9}{\sqrt{9}} \times 1.96 = 0.588.$$

于是,对于一个样本值$(x_1, x_2, \cdots, x_n)$,若出现

$$|\bar{x} - 100| \geq k = 0.588,$$

则应拒绝H_0,即认为平均每袋质量不是 100 kg.

在本例中,易算得$\bar{x} = 100.66$,得

$$|\bar{x} - 100| = 0.66 \geq k = 0.588,$$

因此拒绝原假设H_0,即认为该天的打包机工作不正常,要停机进行调整.

由本例看到

当$|\bar{x} - 100| \geq 0.588$时,拒绝$H_0$;

当$|\bar{x} - 100| < 0.588$时,接受H_0.

这就是检验例 8.4 中原假设H_0的检验法则. 这里给出拒绝H_0或接受H_0的法则,实际上是把样本空间S划分为两部分:

$S_0 = \{(x_1, x_2, \cdots, x_9) \in S \mid |\bar{x} - 100| \geq 0.588\}$;

$S_1 = \{(x_1, x_2, \cdots, x_9) \in S \mid |\bar{x} - 100| < 0.588\}$.

显然$S = S_0 \cup S_1$,于是例 8.4 的检验法则又可表示为:当获得的观测值$(x_1, x_2, \cdots, x_9)$有

$(x_1, x_2, \cdots, x_9) \in S_0$时,拒绝$H_0$;

$(x_1, x_2, \cdots, x_9) \in S_1$时,暂时接受$H_0$.

一般地,所谓对假设H_0进行检验,就是要找到一个用作检验的统计量$T = T(X_1, X_2, \cdots, X_n)$,以此统计量构造一个检验法则,这个检验法则本质上就是对样本空间S的一个划分,$S = S_0 \cup S_1$(其中$S_0 \cap S_1 = \Phi$),使得对于给定的小概率α,满足

$$P[(x_1, x_2, \cdots, x_n) \in S_0 \mid H_0 \text{ 为真}] = \alpha,$$

当获得的样本观测值$(x_1, x_2, \cdots, x_n)$有:$(x_1, x_2, \cdots, x_9) \in S_0$时,拒绝$H_0$;$(x_1, x_2, \cdots, x_9) \in S_1$时,暂时接受$H_0$.

称S_0为检验的**拒绝域(rejection region)**,S_1叫作检验的**接受域(acceptance region)**. 拒绝H_0还是接受H_0的界限值,称为**临界值**. 例 8.4 的拒绝域可表示为

$$\{(x_1, x_2, \cdots, x_9) \mid |\bar{x} - 100| \geq 0.588\},$$

或

$$\left\{(x_1, x_2, \cdots, x_9) \left| \left|\frac{\bar{x} - 100}{0.9/\sqrt{9}}\right| \geq u_{\alpha/2}\right.\right\},$$

而 0.588 或$u_{\alpha/2} = 1.96$都可作为例 8.4 的临界值.

由于一个统计问题的样本空间是可以事先知道的,又$S_1 = S - S_0$,因此只要知道拒绝域S_0也就知道了检验法则,每一个检验法则对应一个拒绝域. 反之,任意给定S的一个子集S^*,则有唯一的检验法则,以S^*作为它的拒绝域.

从检验的基本思想及例 8.4 的解答过程可以看出,拒绝 H_0 有充分的根据,而接受 H_0 仅是由于没有充分根据拒绝 H_0,并不是在一次试验中对接受 H_0 提供了充分根据. 这表明原假设 H_0 处于被保护的地位,不至于轻易被否定. 对此,在实际问题中是有其作用的, 例 8.4 中拒绝 H_0 意味着生产不正常,从而要停产检修,产品也不能出厂. 工厂做此决定当然要持慎重态度,除非有充分把握,一般不轻易作出停产检修决定. 由于 H_0 在假设检验中的被保护地位,在解决具体问题时往往把久已存在的状态作为原假设,而对立假设则反映新改变.

8.1.3 两类错误

用样本来推断总体,实质上是用部分推断整体,这本身就决定了不能保证绝对不犯错误. 在假设检验中,可能犯的错误不外乎是下面的两类:

(1) 原假设 H_0 本来为正确,但拒绝了 H_0,这就犯了错误. 这类错误称为**弃真错误**. 也称为**第一类错误**. 其发生概率称为弃真概率或犯第一类错误的概率,通常记为 α,即

$$P(拒绝 H_0 \mid H_0 为真) = \alpha;$$

(2) 原假设 H_0 本来不正确,但接受了 H_0,这类错误称为**取伪错误**,也称为**第二类错误**. 其发生的概率称为取伪概率或犯第二类错误的概率,通常记为 β,即

$$P(接受 H_0 \mid H_1 为真) = \beta.$$

当然,α,β 越小越好. 但进一步的讨论表明,当样本容量 n 固定时,不可能同时把 α,β 都减得很小,而是减小其中一个,另一个就会增大. 要使 α,β 都很小,只有通过无限增大样本容量 n 才能实现,但实际上这是办不到的. 解决这类问题的一种原则是限定犯第一类错误的最大概率 α,在这限制之下寻找犯第二类错误的概率 β 尽可能小,但具体实行这一原则还会有许多理论上和实际上的困难. 因而,有时把这一原则简化成只对犯第一类错误的最大概率 α 加以限制, 而不考虑犯第二类错误的概率 β. 这种统计假设检验问题称为**显著性检验**,并将犯第一类错误的最大概率 α 称为假设检验的**显著性水平**(significance level).

在例 8.4 中使用的是双侧检验,在下面的例 8.5 中要使用单侧检验并简单比较一下两种检验的区别.

例 8.5 设总体 $X \sim N(\mu,\sigma^2)$,σ^2 为已知,μ 只能取两个值 μ_0 与 μ_1,$\mu_0 < \mu_1$. 从总体 X 抽取样本 $(X_1,X_2,\cdots,X_n)$,在显著性水平 α 下,检验假设

$$H_0:\mu = \mu_0;H_1:\mu = \mu_1.$$

解 先假定 $H_0:\mu = \mu_0$ 为真,则 $X \sim N(\mu_0,\sigma^2)$,从而 $\overline{X} \sim N(\mu_0,\sigma^2/n)$. 显著性水平 α 就是犯第一类错误的概率,即

$$P(拒绝 H_0 \mid H_0 为真) = \alpha.$$

H_0 为真时,$\overline{X}$ 的观测值应接近 μ_0. 如果 $\overline{X}$ 的观测值比 μ_0 大了许多,自然就认为 H_0 不成立,于是由

$$P(\overline{X} - \mu_0 \geq k \mid H_0 为真) = \alpha$$

确定 H_0 的拒绝域,其中 k 为适当大的待定正数,可得

$$P\left(\frac{\overline{X} - \mu_0}{\sigma/\sqrt{n}} \geq \frac{K}{\sigma/\sqrt{n}} \,\middle|\, H_0 为真\right) = \alpha.$$

当 H_0 为真时,$\dfrac{\overline{X} - \mu_0}{\sigma/\sqrt{n}} \sim N(0,1)$. 由标准正态分布的分位数,得

$$P\left(\frac{\overline{X} - \mu_0}{\sigma/\sqrt{n}} \geq u_\alpha\right) = \alpha,$$

于是
$$\frac{k}{\sigma/\sqrt{n}} = u_\alpha,$$
即
$$k = \frac{\sigma}{\sqrt{n}} u_\alpha,$$
得
$$P\left(\overline{X} - \mu_0 \geq \frac{\sigma}{\sqrt{n}} u_\alpha\right) = \alpha,$$
即
$$P\left(\overline{X} \geq \mu_0 + \frac{\sigma}{\sqrt{n}} u_\alpha\right) = \alpha,$$

记 $\lambda = \mu_0 + \frac{\sigma}{\sqrt{n}} u_\alpha$，上式成为
$$P(\overline{X} \geq \lambda) = \alpha.$$

对于本例只需要看 $\bar{x} \geq \lambda$ 是否成立，若成立则拒绝原假设；否则不拒绝原假设.

下面探讨犯第二类错误的概率计算问题.

画出 H_0 为真时 $\overline{X}$ 的密度曲线，λ, α 的几何意义如图 8.1 所示.

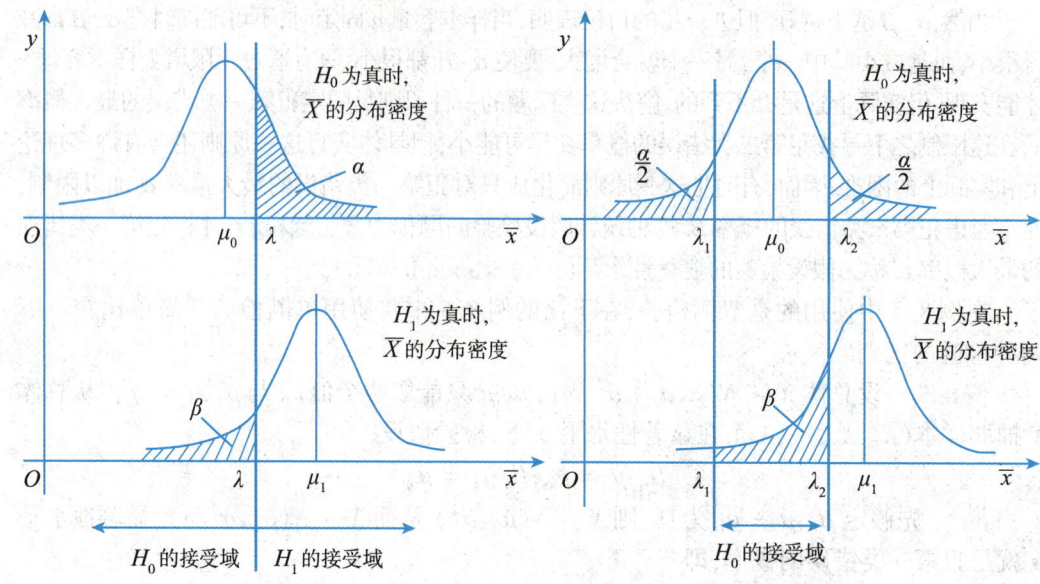

图 8.1　第一类错误与第二类错误

现在假定 H_0 不真（H_1 为真），则 $X \sim N(\mu_1, \sigma^2)$，从而 $\overline{X} \sim N(\mu_1, \sigma^2/n)$. 根据犯第二类错误概率 β 的含义，得
$$P(\text{接受 } H_0 \mid H_0 \text{ 不真}) = \beta,$$
即
$$P(\text{接受 } H_0 \mid H_1 \text{ 不真}) = \beta.$$

前面已经得到，当 $\overline{X} \geq \lambda$ 时拒绝 H_0，而 $\overline{X} < \lambda$ 时接受 H_0，若 H_1 为真，这就意味着犯了第二类错误，于是有
$$P(\overline{X} < \lambda \mid H_1 \text{ 不真}) = \beta.$$

画出 H_1 为真时 $\overline{X}$ 的密度曲线. λ, β 的几何意义如图 8.1 左侧所示.

从图 8.1 左侧可以看出以下几点:

(1) 在其他条件不变时,若减小 α(临界点 λ 右移),则 β 增大;反之,若增大 α(临界点 λ 左移),则 β 减小. 可见 α,β 不能同时减小.

(2) 设想把 H_0 的拒绝域固定下来(临界点 λ 固定),则当样本容量 n 增大时,$\overline{X}$ 的方差 σ^2/n 变小,即 $\overline{X}$ 取值更集中于均值附近,$\overline{X}$ 的分布密度 $f_0(x;\mu_0)$ 与 $f_1(x;\mu_1)$ 的曲线变陡,所以 α,β 同时减少.

(3) 利用已知条件 $\mu_0 < \mu_1$ 作检验时,由
$$P(\overline{X} - \mu_0 \geq k \mid H_0 \text{ 为真}) = \alpha$$
确定 H_0 的拒绝域. 已经得到临界值为
$$\lambda = \mu_0 + \frac{\sigma}{\sqrt{n}} u_\alpha,$$
若没有已知条件 $\mu_0 < \mu_1$,作检验时应该由
$$P(|\overline{X} - \mu_0| \geq k \mid H_0 \text{ 为真}) = \alpha$$
去确定 H_0 的拒绝域. 此时,易得到临界值为
$$\lambda_1 = \mu_0 - \frac{\sigma}{\sqrt{n}} u_{\alpha/2}, \lambda_2 = \mu_0 + \frac{\sigma}{\sqrt{n}} u_{\alpha/2}.$$
如图 8.1 右侧所示.

这两种检验,前面的称为**单侧检验**,后面的称为**双侧检验**. 由图 8.1 左侧与图 8.1 右侧比较可以看出:α 固定时,双侧检验的 β 比单侧检验的 β 大,所以在实际工作中凡是可以采用单侧检验的应该尽量采用,这样可以在取定 β 时有效地减少 β.

例 8.6 设总体 $X \sim N(\mu, \sigma^2), \sigma^2 = 25, \mu$ 只能取 0 或 2. 从总体 X 抽取 16 个样本 $(X_1, \cdots, X_{16})$,经计算 $\overline{X}$ 的观测值为 1,在显著性水平 $\alpha = 0.05$ 的情况下,使用双侧检验假设
$$H_0: \mu = 0; H_1: \mu = 2,$$
并计算犯第二类错误的概率.

解 假定 H_0 为真,则 $X \sim N(0, 25)$,从而 $\overline{X} \sim N(0, 25/16)$,令
$$Y = \frac{\overline{X} - 0}{\sigma/\sqrt{n}} = \frac{\overline{X} - 0}{5/4} \sim N(0, 1).$$

于是 H_0 拒绝域为 $P(|Y| > u_{\alpha/2}) = 0.05$,查表得 $u_{\alpha/2} = 1.96$,将 $\overline{X}$ 的观测值代入 $|Y| > u_{\alpha/2}$ 中有 $0.8 > 1.96$ 不成立,从而不拒绝 H_0 假设.

下面计算犯第二类错误的概率.

若 H_1 为真,则 $\overline{X} \sim N(2, 25/16)$,于是
$$P(H_0 \text{ 的接受域} \mid H_1 \text{ 为真}) = P(|Y| \leq u_{\alpha/2})$$
$$= P\left(\left|\frac{\overline{X} - 0}{\sigma/\sqrt{n}}\right| \leq u_{\alpha/2}\right) = P\left\{\left|\frac{\overline{X} - 0}{5/4}\right| \leq 1.96\right\}$$
$$= P(|0.8\overline{X}| \leq 1.96) = P(-1.96 \leq 0.8\overline{X} \leq 1.96)$$
$$= P\left(-3.56 \leq \frac{\overline{X} - 2}{5/4} \leq 0.36\right) = \Phi(0.36) - \Phi(-3.56)$$
$$\approx 0.64.$$

至此,得到了犯第二类错误的概率为 0.64. 请读者对例 8.6 使用单侧检验并计算犯第二类错误的概率.

在制定检验法则时,显著性水平 α 是事先给定的. 如何选定 α,往往由该问题所涉及的各方协商决定,一般要看犯两类错误的后果而定. 由于 α 是犯第一类错误的概率,α 越小,拒绝 H_0 的说服力越强. 但是,当 α 较小时,相应犯第二类错误的概率 β 就会较大,若用来检验产品质量,就易使不合格的一批产品被抽样检验判定为合格而接受. 如果犯第二类错误的后果严重(如药品生产,不合格产品被接受,有时会造成严重事故),此时为了限

制 β 较小,则应该将 α 适当取大些. 但是, α 较大,又易使合格的一批产品在抽样检验时被判定为不合格而被拒绝,这就会给厂方造成经济损失. 因此,在选取 α 时就要兼顾厂方和用户的利益协商决定. 习惯上一般把 α 取得较小且标准化. 例如,取 $\alpha = 0.001, 0.005, 0.01, 0.05, 0.10$ 等值,而不取 $0.041\ 2$ 这种值.

8.1.4　假设检验的一般步骤

通过前面一些例子已看到,对通常的假设检验问题,首先要明确:总体的分布函数 $F(x;\theta)$ 或概率函数 $p(x;\theta)$ 的表达式是否为已知;为已知时还要明确哪些参数也是已知的等. 这些是解决问题的前提,是解决问题的出发点,必须先明确.

假设检验的一般步骤:

(1) 根据问题的要求提出原假设 H_0 与备择假设 H_1.

参数 θ 的假设检验的原假设 H_0,用参数 θ 的等式、$\geq$、$\leq$ 来表示,而相应的备择假设 H_1 分别用参数 θ 的不等式、<、> 来表示. 通常等号只出现在 H_0 中.

(2) 构造检验统计量与确定拒绝域的形式.

概率密度 $p(x;\theta)$ 的表达式为已知时,通常以 θ 的最大似然估计 $\hat{\theta}$ 为基础构造一个检验统计量 $T = T(X_1, X_2, \cdots, X_n)$,并在 H_0 成立的条件下确定 T 的精确分布或渐近分布.

确定检验统计量 T 后,根据原假设 H_0 与备择假设 H_1 确定拒绝域 S_0 的形式. 一般 S_0 的形式有以下几种可能性:

① 单侧拒绝域:
$$S_0 = \{(x_1, x_2, \cdots, x_n) \mid T(x_1, x_2, \cdots, x_n) \leq c\}$$
$$\text{或 } S_0 = \{(x_1, x_2, \cdots, x_n) \mid T(x_1, x_2, \cdots, x_n) > c\};$$

② 双侧拒绝域:
$$S_0 = \{(x_1, x_2, \cdots, x_n) \mid T(x_1, x_2, \cdots, x_n) \leq c_1 \text{ 或 } T(x_1, x_2, \cdots, x_n) \geq c_2\}$$
$$\text{或 } S_0 = \{(x_1, x_2, \cdots, x_n) \mid T(x_1, x_2, \cdots, x_n) \geq c\}.$$

其中临界值 c, c_1, c_2 待定.

(3) 选定适当的显著性水平 α,并求出临界值.

由 $P\{拒绝域 S_0 \mid H_0 \text{ 为真}\} \leq \alpha$ 出发,使检验犯第一类错误的概率尽可能接近 α. 特别地,当总体为连续型随机变量时,往往使它等于 α,以此确定临界值,从而也就确定了拒绝域 S_0.

(4) 根据样本观测值确定是否拒绝 H_0.

由样本值 $(x_1, x_2, \cdots, x_n)$ 算得了 $T(x_1, x_2, \cdots, x_n)$,把它与临界值相比较,若 $(x_1, x_2, \cdots, x_n) \in S_0$ 则拒绝 H_0,否则不拒绝 H_0.

§8.2　一个正态总体均值与方差的检验

本节内容概要

1. 假设检验与置信区间的关系(以下 α 为显著性水平,$1-\alpha$ 为置信水平)

双侧检验问题: $H_0: \mu = \mu_0$ Vs $H_1: \mu \neq \mu_0$ 的接受域 $\overline{W}$ 可定出正态均值 μ 的 $1-\alpha$ 置信区间;

单侧检验问题:$H_0:\mu \leq \mu_0$ Vs $H_1:\mu > \mu_0$ 的接受域 $\overline{W}$ 可定出正态均值 μ 的 $1-\alpha$ 置信上限;

单侧检验问题:$H_0:\mu \geq \mu_0$ Vs $H_1:\mu < \mu_0$ 的接受域 $\overline{W}$ 可定出正态均值 μ 的 $1-\alpha$ 置信下限.

2. 一个正态总体均值的检验法则

序号	H_0	H_1	σ^2 为已知	σ^2 为未知
			在显著性水平 α 下拒绝 H_0,若	
1	$\mu = \mu_0$	$\mu \neq \mu_0$	$\dfrac{|\bar{x}-\mu_0|}{\sigma/\sqrt{n}} \geq u_{\alpha/2}$	$\dfrac{|\bar{x}-\mu_0|}{s/\sqrt{n}} \geq t_{\alpha/2}(n-1)$
2	$\mu = \mu_0$	$\mu > \mu_0$	$\dfrac{\bar{x}-\mu_0}{\sigma/\sqrt{n}} \geq u_{\alpha}$	$\dfrac{\bar{x}-\mu_0}{s/\sqrt{n}} \geq t_{\alpha}(n-1)$
3	$\mu \leq \mu_0$	$\mu > \mu_0$		
4	$\mu = \mu_0$	$\mu < \mu_0$	$\dfrac{\bar{x}-\mu_0}{\sigma/\sqrt{n}} \leq -u_{\alpha}$	$\dfrac{\bar{x}-\mu_0}{s/\sqrt{n}} \geq -t_{\alpha}(n-1)$
5	$\mu \geq \mu_0$	$\mu < \mu_0$		

3. 一个正态总体方差的检验法则

序号	H_0	H_1	μ 为已知	μ 为未知
			在显著性水平 α 下拒绝 H_0,若	
1	$\sigma^2 = \sigma_0^2$	$\sigma^2 \neq \sigma_0^2$	$W_1 \geq \chi^2_{\alpha/2}(n)$ 或 $W_1 \leq \chi^2_{1-\alpha/2}(n)$	$W_1 \geq \chi^2_{\alpha/2}(n-1)$ 或 $W_1 \leq \chi^2_{1-\alpha/2}(n-1)$
2	$\sigma^2 = \sigma_0^2$	$\sigma^2 > \sigma_0^2$	$W_1 \geq \chi^2_{\alpha}(n)$	$W_2 \geq \chi^2_{\alpha}(n-1)$
3	$\sigma^2 \leq \sigma_0^2$	$\sigma^2 > \sigma_0^2$		
4	$\sigma^2 = \sigma_0^2$	$\sigma^2 < \sigma_0^2$	$W_1 \leq \chi^2_{1-\alpha}(n)$	$W_2 \geq \chi^2_{1-\alpha}(n-1)$
5	$\sigma^2 \geq \sigma_0^2$	$\sigma^2 < \sigma_0^2$		

没有特别申明时,本节总假定所讨论的总体 $X \sim N(\mu,\sigma^2)$,而 $X_1,X_2,\cdots,X_n$ 为 X 的一个样本,$(x_1,x_2,\cdots,x_n)$ 为其样本观测值.

8.2.1 方差 σ^2 为已知时均值 μ 的假设检验

当 σ^2 为已知时,在给定显著性水平 α 下,关于正态总体均值 μ 的常见的假设检验问题有三种检验(其中 μ_0 为已知常数).

(1)(双侧检验)
$$H_0:\mu = \mu_0; \quad H_1:\mu \neq \mu_0.$$

(2)(右侧检验)
$$H_0:\mu = \mu_0; \quad H_1:\mu > \mu_0.$$
$$H_0:\mu \leq \mu_0; \quad H_1:\mu > \mu_0.$$

(3)(左侧检验)
$$H_0:\mu = \mu_0; \quad H_1:\mu < \mu_0.$$
$$H_0:\mu \geq \mu_0; \quad H_1:\mu < \mu_0.$$

问题(1)实际上已经在上面例题中讨论过了,不再重复.下面我们来推导出问题(2)的检验法则.

先讨论:$H_0:\mu = \mu_0$;$H_1:\mu > \mu_0$.

对于正态总体,样本均值$\bar{X}$是μ的无偏估计量.当H_0为真时,$\bar{X}$的观测值$\bar{x}$应该比较集中地分布在μ_0的附近;当H_1为真时,$\bar{X}$则以较大的概率位于μ_0的右侧,而且μ与μ_0的差距越大,$\bar{x}$与μ_0的差距就越大,于是若$\bar{x} - \mu_0$比较大就应该认为在假定H_0为真时出现了小概率事件,从而应该拒绝H_0.由α是假设检验犯第一类错误的最大概率,即

$$P(拒绝\ H_0 \mid H_0\ 为真) \leqslant \alpha,$$

于是取

$$P(\bar{X} - \mu_0 \geqslant k \mid H_0\ 为真) = \alpha,$$

其中k为适当大的正数.上式可写作

$$P\left(\frac{\bar{X} - \mu_0}{\sigma/\sqrt{n}} \geqslant \frac{k}{\sigma/\sqrt{n}} \;\middle|\; H_0\ 为真\right) = \alpha.$$

在H_0为真时,令$U = \dfrac{\bar{X} - \mu_0}{\sigma/\sqrt{n}} \sim N(0,1)$.取$U$为检验统计量,由$N(0,1)$的分位数,把上式改写为

$$P\left(\frac{\bar{X} - \mu_0}{\sigma/\sqrt{n}} \geqslant u_\alpha\right) = \alpha,$$

于是,得到检验的拒绝域为

$$S_0 = \left\{(x_1,\cdots,x_n) \;\middle|\; \frac{\bar{x} - \mu_0}{\sigma/\sqrt{n}} \geqslant u_\alpha\right\}.$$

再讨论:$H_0:\mu \leqslant \mu_0$;$H_1:\mu > \mu_0$.

在H_0为真时,有

$$\frac{\bar{X} - \mu}{\sigma/\sqrt{n}} \geqslant \frac{\bar{X} - \mu_0}{\sigma/\sqrt{n}},$$

于是得

$$\frac{\bar{X} - \mu_0}{\sigma/\sqrt{n}} \geqslant u_\alpha \Rightarrow \frac{\bar{X} - \mu}{\sigma/\sqrt{n}} \geqslant u_\alpha,$$

从而得到

$$\left\{\omega \;\middle|\; \frac{\bar{X} - \mu_0}{\sigma\sqrt{n}} \geqslant u_\alpha\right\} \subseteq \left\{\omega \;\middle|\; \frac{\bar{X} - \mu}{\sigma/\sqrt{n}} \geqslant u_\alpha\right\}, \omega = (x_1,\cdots,x_n).$$

由于总体$X \sim N(\mu,\sigma^2)$,因此,$\dfrac{\bar{X} - \mu}{\sigma/\sqrt{n}} \sim N(0,1)$,故有

$$\alpha = P\left(\frac{\bar{X} - \mu}{\sigma/\sqrt{n}} \geqslant u_\varepsilon\right) \geqslant P\left\{\frac{\bar{X} - \mu_0}{\sigma/\sqrt{n}} \geqslant u_\alpha\right\},$$

也就是说,$\left\{\dfrac{\bar{X} - \mu_0}{\sigma/\sqrt{n}} \geqslant u_\alpha\right\}$是$H_0$为真时的小概率事件,所以得到检验的拒绝域为

$$S_0 = \left\{(x_1,\cdots,x_n) \;\middle|\; \frac{\bar{x} - \mu_0}{\sigma/\sqrt{n}} \geqslant u_\alpha\right\}.$$

综上所述,先后讨论的两个假设检验问题有相同的拒绝域,或者把它写成更便于使用的、假设检验问题(2)的检验法则:

若 $\dfrac{\bar{x} - \mu_0}{\sigma/\sqrt{n}} = u \geq u_\alpha$，则拒绝 H_0；

若 $\dfrac{\bar{x} - \mu_0}{\sigma/\sqrt{n}} = u < u_\alpha$，则接受 H_0.

类似的讨论，可得到假设检验问题(3)的检验法则：

若 $\dfrac{\bar{x} - \mu_0}{\sigma/\sqrt{n}} \leq -u_\alpha$，则拒绝 H_0.

问题(1)的假设检验称为**双侧检验**，问题(2)与(3)的假设检验都称为**单侧检验**，问题(2)又称为**右侧检验问题**，问题(3)又称为**左侧检验问题**. 确定检验是双侧检验还是单侧检验取决于备择假设 H_1，对于双侧检验的情形，备择假设 H_1 常常略而不写.

另外，我们指出，关于参数 $\theta \in \Theta$ 的假设检验的某假设，如果参数空间 Θ 中满足该假设条件的点只有一个，则这假设称为简单假设，如果 Θ 中满足该假设条件的点多于一个，则这假设称为复合假设. 本节开头列出的假设检验问题中只有 $H_0:\mu = \mu_0$ 是简单假设，其他都是复合假设.

一个正态总体均值的假设检验，当 σ^2 为已知时，不论是双侧检验还是单侧检验，都是用 $U \sim N(0,1)$ 进行检验. 这种用正态变量作为检验统计量的假设检验方法，称为 **U 检验法**.

例 8.7 有一批枪弹，其初速度 $v \sim N(\mu, \sigma^2)$，其中 $\mu = 950$ m/s，$\sigma^2 = 10^2$ m^2/s^2. 经过较长时间储存后，现取出 9 发枪弹试射，测其初速度，得样本值(单位：m/s)为 914, 920, 910, 934, 953, 945, 912, 924, 940. 给定显著性水平 $\alpha = 0.05$，问这批枪弹的初速度是否起了变化(假定 σ 没有变化)？

解 问题化为：$v \sim N(\mu, \sigma^2)$，$\sigma = 10$. 根据所给样本值，在显著性水平 $\alpha = 0.05$ 下，检验假设

$$H_0: \mu = 950; \quad H_1: \mu < 950.$$

因为枪弹储存后初速度不可能增加，所以是一个左侧检验问题.

有 $n = 9$，易算得

$$\bar{x} = 928, \quad u = \dfrac{\bar{x} - \mu_0}{\sigma/\sqrt{n}} = \dfrac{928 - 950}{10/\sqrt{9}} = -6.6.$$

查标准正态分布表，得

$$-u_\alpha = -u_{0.05} = -1.65,$$

所以

$$u = \dfrac{\bar{x} - \mu_0}{\sigma/\sqrt{n}} = -6.6 < -1.65 = -u_\alpha.$$

由左侧检验法则应该拒绝 H_0，即接受 H_1. 也就是说，这批枪弹经过较长时间储存后初速度已经起了变化，变小了.

8.2.2 方差 σ^2 为未知时均值 μ 的假设检验

当 σ^2 为未知时，在给定显著性水平 α 下，关于正态总体均值 μ 的常见的假设检验问题，仍然是本节开头列出的三个问题(其中 μ_0 为已知常数).

(1)（双侧检验）

$$H_0 = \mu = \mu_0; \quad H_1: \mu \neq \mu_0.$$

(2)（右侧检验）
$$H_0: \mu = \mu_0; \quad H_1: \mu > \mu_0.$$
$$H_0: \mu \leq \mu_0; \quad H_1: \mu > \mu_0.$$

(3)（左侧检验）
$$H_0: \mu = \mu_0; \quad H_1: \mu < \mu_0.$$
$$H_0: \mu \geq \mu_0; \quad H_1: \mu < \mu_0.$$

下面来推导问题(3)的检验法则，(1)和(2)的推导类似，都总结在表 8.1 中.

先讨论：$H_0: \mu = \mu_0; H_1: \mu < \mu_0$.

对于正态总体，$\overline{X}$ 是 μ 的无偏估计量，当 H_0 为真时 $\overline{X}$ 的观测值 $\bar{x}$ 应该比较集中地分布在 μ_0 的附近，当 H_1 为真时，$\bar{x}$ 则以较大的概率位于 μ_0 的左侧，而且 μ 与 μ_0 的差距越大，$\bar{x}$ 与 μ_0 的差距就越大，于是若 $\mu_0 - \bar{x}$ 比较大就应该认为在假定 H_0 为真时出现了小概率事件，从而应该拒绝 H_0，于是取

$$P(\mu_0 - \overline{X} \geq k \mid H_0 \text{ 为真时}) = \alpha,$$

其中 k 为适当大的正数. 由于方差未知，但容易想到用样本的修正方差代替. 那么上式可改写为

$$P\left(\frac{\overline{X} - \mu_0}{S/\sqrt{n}} \leq \frac{-k}{S/\sqrt{n}} \,\middle|\, H_0 \text{ 为真}\right) = \alpha.$$

在 H_0 为真时，不难有 $T = \frac{\overline{X} - \mu_0}{S/\sqrt{n}} \sim t(n-1)$，取 T 作为检验统计量，由 t 分布的分位数，把上式改写为

$$P\left\{\frac{\overline{X} - \mu_0}{S/\sqrt{n}} \leq t_{1-\alpha}(n-1)\right\} = \alpha.$$

于是，得到检验的拒绝域

$$S_0 = \left\{(x_1, \cdots, x_n) \,\middle|\, \frac{\bar{x} - \mu_0}{S/\sqrt{n}} \leq t_{1-\alpha}(n-1)\right\}.$$

再讨论：$H_0: \mu \geq \mu_0; H_1: \mu < \mu_0$.

在 H_0 为真时，有

$$\frac{\overline{X} - \mu}{S/\sqrt{n}} \leq \frac{\overline{X} - \mu_0}{S/\sqrt{n}},$$

于是得

$$\frac{\overline{X} - \mu}{S/\sqrt{n}} \leq t_{1-\alpha}(n-1) \Leftarrow \frac{\overline{X} - \mu_0}{S/\sqrt{n}} \leq t_{1-\alpha}(n-1),$$

从而得到[经常记 $(x_1, \cdots, x_n)$ 为 ω]

$$\left\{\omega \,\middle|\, \frac{\overline{X} - \mu}{S/\sqrt{n}} \leq t_{1-\alpha}(n-1)\right\} \supseteq \left\{\omega \,\middle|\, \frac{\overline{X} - \mu_0}{S/\sqrt{n}} \leq t_{1-\alpha}(n-1)\right\}.$$

由于总体 $X \sim N(\mu, \sigma^2)$，因此 $\frac{\overline{X} - \mu}{S/\sqrt{n}} \sim t(n-1)$，故有

$$\alpha = P\left\{\frac{\overline{X} - \mu}{S/\sqrt{n}} \leq t_{1-\alpha}(n-1)\right\} \geq P\left\{\frac{\overline{X} - \mu_0}{S/\sqrt{n}} \leq t_{1-\alpha}(n-1)\right\},$$

也就是说，$\left\{\frac{\overline{X} - \mu_0}{S/\sqrt{n}} \leq t_{1-\alpha}(n-1)\right\}$ 是在 H_0 为真时的小概率事件，所以得到检验的拒绝域

$$S_0 = \left\{ (x_1, \cdots, x_n) \ \bigg| \ \frac{\bar{x} - \mu_0}{s/\sqrt{n}} \leq t_{1-\alpha}(n-1) \right\}.$$

综上所述,先后讨论的两个假设检验问题有相同的拒绝域,于是得到假设检验问题(3)的检验法则:

若 $\left\{\dfrac{\bar{x} - \mu_0}{s/\sqrt{n}} \leq t_{1-\alpha}(n-1)\right\}$,则拒绝 H_0;若 $\left\{\dfrac{\bar{x} - \mu_0}{s/\sqrt{n}} > t_{1-\alpha}(n-1)\right\}$,则接受 H_0.

一个正态总体均值的假设检验,当 σ^2 为未知时,不论是双侧检验还是单侧检验,都是用 $T \sim t(n-1)$ 进行检验. 这种用 t 变量作为检验统计量的假设检验方法,称为 T 检验法. 各类检验法则总结见表 8.1.

表 8.1 一个正态总体均值的检验法则

序号	H_0	H_1	σ^2 为已知	σ^2 为未知
			在显著性水平 α 下拒绝 H_0,若	
1	$\mu = \mu_0$	$\mu \neq \mu_0$	$\dfrac{|\bar{x} - \mu_0|}{\sigma/\sqrt{n}} \geq u_{\alpha/2}$	$\dfrac{|\bar{x} - \mu_0|}{s/\sqrt{n}} \geq t_{\alpha/2}(n-1)$
2	$\mu = \mu_0$	$\mu > \mu_0$	$\dfrac{\bar{x} - \mu_0}{\sigma/\sqrt{n}} \geq u_{\alpha}$	$\dfrac{\bar{x} - \mu_0}{s/\sqrt{n}} \geq t_{\alpha}(n-1)$
3	$\mu \leq \mu_0$	$\mu > \mu_0$		
4	$\mu = \mu_0$	$\mu < \mu_0$	$\dfrac{\bar{x} - \mu_0}{\sigma/\sqrt{n}} \leq -u_{\alpha}$	$\dfrac{\bar{x} - \mu_0}{s/\sqrt{n}} \geq -t_{\alpha}(n-1)$
5	$\mu \geq \mu_0$	$\mu < \mu_0$		

例 8.8 要比较甲、乙两种橡胶轮胎的耐磨性,现从甲、乙两种轮胎中各抽取 8 个,各取一个组成一对. 再随机选取 8 架飞机,将 8 对轮胎随机配给 8 架飞机,做耐磨试验. 进行了一定时间的起落后,测得轮胎磨损量(单位:mg)数据为

x_i(甲)	4 900	5 220	5 500	6 020	6 340	7 660	8 650	4 870
y_i(乙)	4 930	4 900	5 140	5 700	6 110	6 880	7 930	5 010

试问这两种轮胎的耐磨性能有无显著性的差异?取 $\alpha = 0.05$,假定甲、乙两种轮胎的磨损量分别为 X、Y,又 $X \sim N(\mu_1, \sigma_1^2), Y \sim N(\mu_2, \sigma_2^2)$ 且两样本相互独立.

解 我们将试验数据配对进行分析.

记 $\psi = X - Y$,则 $\psi \sim N(\mu_1 - \mu_2, \sigma_1^2 + \sigma_2^2) \triangleq N(\mu, \sigma^2)$.

$z_i = x_i - y_i (i = 1, 2, \cdots, 8)$ 为 ψ 的一组样本观测值,有

z_i	-30	320	360	320	230	780	720	-140

问题化为,在显著性水平 $\alpha = 0.05$ 下,检验假设

$$H_0: \mu = \mu_0 = 0; H_1: \mu \neq \mu_0 = 0 (\sigma^2 \ 未知).$$

通过计算得

$$\bar{z} = 320, s^2 = 102\ 200, \frac{\bar{z} - \mu_0}{s/\sqrt{n}} = \frac{320 - 0}{\sqrt{102\ 200/8}} \approx 2.83.$$

查 t 分布表,得 $t_{\alpha/2}(n-1) = t_{0.025}(7) = 2.364\ 8$,有

$$\left| \frac{\bar{z} - \mu_0}{s/\sqrt{n}} \right| = 2.83 > 2.364\ 8 = t_{\alpha/2}(n-1).$$

根据 σ^2 为未知的双侧检验的法则(表 8.1),应该拒绝 H_0,即认为这两种轮胎的耐磨性能有显著差异,且从 $\bar{z} > 0$ 可知甲种轮胎磨损得较厉害(乙种轮胎较耐磨).

8.2.3 均值 μ 为已知时方差 σ^2 的假设检验

当 μ 为已知时,在给定显著性水平 α 下,关于正态总体方差 σ^2 的常见的假设检验问题有三种检验(其中 σ_0^2 为已知常数).

(1)(双侧检验)
$$H_0: \sigma^2 = \sigma_0^2; \quad H_1: \sigma^2 \neq \sigma_0^2.$$

(2)(右侧检验)
$$H_0: \sigma^2 = \sigma_0^2; \quad H_1: \sigma^2 > \sigma_0^2.$$
$$H_0: \sigma^2 \leq \sigma_0^2; \quad H_1: \sigma^2 > \sigma_0^2.$$

(3)(左侧检验)
$$H_0: \sigma^2 = \sigma_0^2; \quad H_1: \sigma^2 < \sigma_0^2.$$
$$H_0: \sigma^2 \geq \sigma_0^2; \quad H_1: \sigma^2 < \sigma_0^2.$$

下面来推导问题(1)的检验法则.

对于正态总体,当 μ 为已知时,$\frac{1}{n}\sum_{i=1}^{n}(X_i - \mu)^2$ 是 σ^2 的无偏估计量. 因此,当 $H_0: \sigma^2 = \sigma_0^2$ 为真时,比值 $\frac{1}{n}\sum_{i=1}^{n}(X_i - \mu)^2/\sigma_0^2$ 应该接近 1,如果比值接近 0 或比值比 1 大得多,就应该认为在假定 H_0 为真时出现了小概率事件,从而应该拒绝 H_0. 于是,取

$$P\left[\sum_{i=1}^{n}\frac{(X_i-\mu)^2}{n\sigma_0^2} \leq k_1\right] + P\left[\sum_{i=1}^{n}\frac{(X_i-\mu)^2}{n\sigma_0^2} \geq k_2\right] = \alpha,$$

其中 k_1 为适当小的正数,k_2 为适当大的正数.

为简便,取

$$P\left[\sum_{i=1}^{n}\frac{(X_i-\mu)^2}{n\sigma_0^2} \leq nk_1\right] = P\left[\sum_{i=1}^{n}\frac{(X_i-\mu)^2}{n\sigma_0^2} \geq nk_2\right] = \alpha/2.$$

当 H_0 为真时,易知 $\sum_{i=1}^{n}(X_i-\mu)^2/\sigma_0^2 \sim \chi^2(n)$,于是由 χ^2 分布的分位数,得到假设检验问题(1)的拒绝域

$$S_0 = \left\{\omega \left| \frac{\sum_{i=1}^{n}(x_i-\mu)^2}{\sigma_0^2} \geq \chi_{\alpha/2}^2(n) \text{ 或 } \frac{\sum_{i=1}^{n}(x_i-\mu)^2}{\sigma_0^2} \leq \chi_{1-\alpha/2}^2(n)\right.\right\},$$

即假设检验问题(1)的检验法则为

若 $\sum_{i=1}^{n}(x_i-\mu)^2/\sigma_0^2 \leq \chi_{1-\alpha/2}^2(n)$ 或 $\sum_{i=1}^{n}(x_i-\mu)^2/\sigma_0^2 \leq \chi_{\alpha/2}^2(n)$,则拒绝 H_0,即认为方差 σ^2 与 H_0 给定的 σ_0^2 之间有显著差异;

若 $\chi_{1-\alpha/2}^2(n) < \sum_{i=1}^{n}(x_i-\mu)^2/\sigma_0^2 < \chi_{\alpha/2}^2(n)$,则接受 H_0,即认为观测结果与假设 H_0 给定的 σ_0^2 无显著差异.

μ 为已知时,方差 σ^2 的单侧检验法则的推导,可参考下一段 μ 为未知时方差 σ^2 的单侧检验的讨论. 其他问题的检验法则见下节表 8.2.

8.2.4 均值 μ 为未知时方差 σ^2 的假设检验

当 μ 为未知时,在给定的显著性水平 α 下,关于正态总体方差 σ^2 的常见的假设检验

问题,与 μ 为已知时的情形一样,仍然是那三个问题. 下面我们来推导问题(2)的检验法则,也就是在 μ 为未知时,在显著性水平 α 下,检验假设

(1) $H_0:\sigma^2 = \sigma_0^2; H_1:\sigma^2 > \sigma_0^2;$
(2) $H_0:\sigma^2 \leq \sigma_0^2; H_1:\sigma^2 > \sigma_0^2.$

先讨论: $H_0:\sigma^2 = \sigma_0^2; H_1:\sigma^2 > \sigma_0^2.$

因 μ 为未知,不能再取 $\sum_{i=1}^{n}(X_i - \mu)^2/\sigma_0^2$ 作为检验统计量. 但由

$$S^2 = \frac{1}{n-1}\sum_{i=1}^{n}(X_i - \overline{X})^2$$

是正态总体方差 σ^2 的无偏估计量,于是在 H_0 为真时,有

$$\sum_{i=1}^{n}\frac{(X_i - \overline{X})^2}{\sigma_0^2} = \frac{(n-1)S^2}{\sigma_0^2} \sim \chi^2(n-1).$$

此时,若 $\sum_{i=1}^{n}(X_i - \overline{X})^2/\sigma_0^2$ 比较大,就应该认为在假设 H_0 为真时出现了小概率事件,从而应该拒绝 H_0,于是取

$$P\left[\sum_{i=1}^{n}\frac{(X_i - \overline{X})^2}{\sigma_0^2} \geq \chi_\alpha^2(n-1)\right] = \alpha,$$

即得所讨论的假设检验问题的拒绝域

$$S_0 = \left\{(x_1,\cdots,x_n) \,\Big|\, \sum_{i=1}^{n}\frac{(x_i - \overline{x})^2}{\sigma_0^2} \geq \chi_\alpha^2(n-1)\right\}.$$

再讨论: $H_0:\sigma^2 \leq \sigma_0^2; H_1:\sigma^2 > \sigma_0^2.$

当 H_0 为真时,有 $\sigma^2 \leq \sigma_0^2$,从而得

$$\sum_{i=1}^{n}\frac{(X_i - \overline{X})^2}{\sigma_0^2} \leq \sum_{i=1}^{n}\frac{(X_i - \overline{X})^2}{\sigma^2},$$

由此可得

$$\left\{\sum_{i=1}^{n}\frac{(X_i - \overline{X})^2}{\sigma_0^2} \geq \chi_\alpha^2(n-1)\right\} \subseteq \left\{\sum_{i=1}^{n}\frac{(X_i - \overline{X})^2}{\sigma^2} \geq \chi_\alpha^2(n-1)\right\}.$$

由于总体 $X \sim N(\mu,\sigma^2)$,得

$$\sum_{i=1}^{n}\frac{(X_i - \overline{X})^2}{\sigma^2} = \frac{(n-1)S^2}{\sigma^2} \sim \chi^2(n-1).$$

又由 χ^2 分布的分位数,得

$$P\left[\sum_{i=1}^{n}\frac{(X_i - \overline{X})^2}{\sigma^2} \geq \chi_\alpha^2(n-1)\right] = \alpha,$$

故当 H_0 为真时,有

$$P\left[\sum_{i=1}^{n}\frac{(X_i - \overline{X})^2}{\sigma_0^2} \geq \chi_\alpha^2(n-1)\right] \leq P\left[\sum_{i=1}^{n}\frac{(X_i - \overline{X})^2}{\sigma^2} \geq \chi_\alpha^2(n-1)\right] = \alpha,$$

所以,检验的拒绝域可取

$$S_0 = \left\{(x_1,\cdots,x_n) \,\Big|\, \sum_{i=1}^{n}(x_i - \overline{x})^2/\sigma_0^2 \geq \chi_\alpha^2(n-1)\right\}.$$

综上所述,先后讨论的两个假设检验问题有相同的拒绝域. 于是,得到 μ 为未知时方差 σ^2 的假设检验问题(2)的检验法则:

若 $\sum_{i=1}^{n}(x_i-\bar{x})^2/\sigma_0^2 \geq \chi_\alpha^2(n-1)$，则拒绝 H_0；

若 $\sum_{i=1}^{n}(x_i-\bar{x})^2/\sigma_0^2 < \chi_\alpha^2(n-1)$，则接受 H_0.

我们把均值 μ 为已知和未知时，方差 σ^2 的检验法则总结在表8.2中. 可以看到，一个正态总体方差 σ^2 的假设检验，不论均值 μ 是已知还是未知，也不论是双侧检验还是单侧检验，都是用 χ^2 变量作为检验的统计量. 这种检验法称为 χ^2 检验法.

例8.9 某类钢板的质量指标平日服从正态分布，它的制造规格规定，钢板质量的方差不得超过 $\sigma_0^2 = 0.016\ \text{kg}^2$. 现由25块钢板组成的一个随机样本给出的修正样本方差为 0.025，从这些数据能否得出钢板不合规格的结论（$\alpha = 0.01, 0.05$）？

解 可把问题化为：设 μ 为未知，在显著性水平 α 下，检验假设
$$H_0: \sigma^2 \leq \sigma_0^2 = 0.016; H_1: \sigma^2 > \sigma_0^2 = 0.016.$$

由题目给定的样本数据，算得
$$\frac{(n-1)s^2}{\sigma_0^2} = \frac{(25-1)(0.025)}{0.016} = 37.5.$$

表8.2 $X \sim N(\mu, \sigma^2)$，方差 σ^2 的检验法则

序号	H_0	H_1	μ 为已知	μ 为未知
			在显著性水平 α 下拒绝 H_0，若	
1	$\sigma^2 = \sigma_0^2$	$\sigma^2 \neq \sigma_0^2$	$W_1 \geq \chi_{\alpha/2}^2(n)$ 或 $W_1 \leq \chi_{1-\alpha/2}^2(n)$	$W_1 \geq \chi_{\alpha/2}^2(n-1)$ 或 $W_1 \leq \chi_{1-\alpha/2}^2(n-1)$
2	$\sigma^2 = \sigma_0^2$	$\sigma^2 > \sigma_0^2$	$W_1 \geq \chi_\alpha^2(n)$	$W_2 \geq \chi_\alpha^2(n-1)$
3	$\sigma^2 \leq \sigma_0^2$	$\sigma^2 > \sigma_0^2$		
4	$\sigma^2 = \sigma_0^2$	$\sigma^2 < \sigma_0^2$	$W_1 \leq \chi_{1-\alpha}^2(n)$	$W_2 \geq \chi_{1-\alpha}^2(n-1)$
5	$\sigma^2 \geq \sigma_0^2$	$\sigma^2 < \sigma_0^2$		

注：其中 $W_1 \triangleq \sum_{i=1}^{n}(x_i-\mu)^2/\sigma_0^2$，$W_2 \triangleq \sum_{i=1}^{n}(x_i-\bar{X})^2/\sigma_0^2$.

当 $\alpha = 0.01$ 时，查 χ^2 分布表，得
$$\chi_\alpha^2(n-1) = \chi_{0.01}^2(24) = 42.98,$$
于是有
$$\frac{(n-1)s^2}{\sigma_0^2} = \sum_{i=1}^{25}\frac{(x_i-\bar{x})^2}{\sigma_0^2} = 37.5 < 42.98 = \chi_\alpha^2(n-1).$$

根据表8.2的检验法则，应接受 H_0，即认为钢板方差合格.

当 $\alpha = 0.05$ 时，查 χ^2 分布表，得
$$\chi_\alpha^2(n-1) = \chi_{0.05}^2(24) = 36.42,$$
于是有
$$\frac{(n-1)s^2}{\sigma_0^2} = \sum_{i=1}^{25}\frac{(x_i-\bar{x})^2}{\sigma_0^2} = 37.5 > 36.4 = \chi_\alpha^2(n-1).$$

根据表8.2的检验法则，应该拒绝 H_0，即认为钢板方差不合格.

可见对原假设 H_0 所做的判断，与所取的显著性水平 α 的大小有关，α 越小，越不容易拒绝 H_0.

最后指出，正态总体参数的区间估计与其参数的假设检验是一一对应的，置信度为 $1-\alpha$ 的置信区间对应一个显著性水平为 α 的检验法则. 以正态总体的参数 μ 为例，如果

已知一置信度为 $1-\alpha$ 的置信区间 (t_1,t_2)，则当 $\mu_0 \in (t_1,t_2)$ 时，接受假设 $H_0:\mu=\mu_0$；当 $\mu_0 \notin (t_1,t_2)$ 时，拒绝 $H_0:\mu=\mu_0$。

§8.3 两个正态总体均值与方差的检验

本节内容概要

1. 两个正态总体均值的检验法则

序号	H_0	H_1	μ 为已知	μ 为未知
			在显著性水平 α 下拒绝 H_0，若	
1	$\mu_1-\mu_2=\delta$	$\mu_1-\mu_2\neq\delta$	$\|W_1\|\geq u_{1-\alpha/2}$	$\|W_2\|\geq t_{1-\alpha/2}(m)$
2	$\mu_1-\mu_2=\delta$	$\mu_1-\mu_2>\delta$	$W_1\geq u_{1-\alpha}$	$W_2\geq u_{1-\alpha}(m)$
3	$\mu_1-\mu_2\leq\delta$	$\mu_1-\mu_2>\delta$		
4	$\mu_1-\mu_2=\delta$	$\mu_1-\mu_2<\delta$	$W_1\leq -u_{1-\alpha}$	$W_2\leq -t_{1-\alpha}(m)$
5	$\mu_1-\mu_2\geq\delta$	$\mu_1-\mu_2<\delta$		

2. 两个正态总体方差的检验法则

序号	H_0	H_1	μ_1,μ_2 为已知	μ_1,μ_2 为未知
			在显著性水平 α 下拒绝 H_0，若	
1	$\sigma_1^2=\sigma_2^2$	$\sigma_1^2\neq\sigma_2^2$	$W_1\geq F_{\alpha/2}(n_1,n_2)$ 或 $W_1\leq F_{1-\alpha/2}(n_1,n_2)$	$W_2\geq F_{\alpha/2}(n_1-1,n_2-1)$ 或 $W_2\leq F_{1-\alpha/2}(n_1-1,n_2-1)$
2	$\sigma_1^2=\sigma_2^2$	$\sigma_1^2>\sigma_2^2$	$W_1\geq F_\alpha(n_1,n_2)$	$W_2\geq F_\alpha(n_1-1,n_2-1)$
3	$\sigma_1^2\leq\sigma_2^2$	$\sigma_1^2>\sigma_2^2$		
4	$\sigma_1^2=\sigma_2^2$	$\sigma_1^2<\sigma_2^2$	$W_1\leq F_{1-\alpha}(n_1,n_2)$	$W_2\leq F_{1-\alpha}(n_1-1,n_2-1)$

没有特别申明时，本节总假定所讨论的总体 $X \sim N(\mu_1,\sigma_1^2)$，$(X_1,X_2,\cdots,X_{n_1})$ 为 X 的一个样本，$(x_1,x_2,\cdots,x_{n_1})$ 为其样本观测值；$Y \sim N(\mu_2,\sigma_2^2)$，$(Y_1,Y_2,\cdots,Y_{n_2})$ 为 Y 的一个样本，$(y_1,y_2,\cdots,y_{n_2})$ 为其样本观测值。还假定这两个样本独立。其他记号 $\bar{X},\bar{Y},\bar{x},\bar{y}$，$S_1^2,S_2^2,S_1^{*2},S_2^{*2}$ 用到时不再说明。

8.3.1 方差已知时均值差 $\mu_1-\mu_2$ 的假设检验

当 σ_1^2,σ_2^2 为已知时，在给定显著性水平 α 下，关于两个正态总体 X,Y 的均值差 $\mu_1-\mu_2$ 的常见的假设检验问题有三种检验：

（1）（双侧检验）
$$H_0:\mu_1-\mu_2=\delta;\quad H_1:\mu_1-\mu_2\neq\delta.$$

（2）（右侧检验）
$$H_0:\mu_1-\mu_2=\delta;\quad H_1:\mu_1-\mu_2>\delta.$$

$$H_0: \mu_1 - \mu_2 \leq \delta; \quad H_1: \mu_1 - \mu_2 > \delta.$$

(3)（左侧检验）

$$H_0: \mu_1 - \mu_2 = \delta; \quad H_1: \mu_1 - \mu_2 < \delta.$$
$$H_0: \mu_1 - \mu_2 \leq \delta; \quad H_1: \mu_1 - \mu_2 < \delta.$$

其中 δ 可以是任意已知常数，但应用上最常遇见的是 $\delta = 0$。

这些假设检验问题的检验法则见表 8.3。

表 8.3 两正态总体均值差的检验法则

序号	H_0	H_1	μ 为已知	μ 为未知
			在显著性水平 α 下拒绝 H_0，若	
1	$\mu_1 - \mu_2 = \delta$	$\mu_1 - \mu_2 \neq \delta$	$\|W_1\| \geq u_{1-\alpha/2}$	$\|W_2\| \geq t_{1-\alpha/2}(m)$
2	$\mu_1 - \mu_2 = \delta$	$\mu_1 - \mu_2 > \delta$	$W_1 \geq u_{1-\alpha}$	$W_2 \geq u_{1-\alpha}(m)$
3	$\mu_1 - \mu_2 \leq \delta$	$\mu_1 - \mu_2 > \delta$		
4	$\mu_1 - \mu_2 = \delta$	$\mu_1 - \mu_2 < \delta$	$W_1 \leq -u_{1-\alpha}$	$W_2 \leq -t_{1-\alpha}(m)$
5	$\mu_1 - \mu_2 \geq \delta$	$\mu_1 - \mu_2 < \delta$		

其中

$$W_1 \triangleq \frac{(\bar{x} - \bar{y}) - \delta}{\sqrt{\sigma_1^2/n_1 + \sigma_2^2/n_2}}, \quad W_2 \triangleq \frac{(\bar{x} - \bar{y}) - \delta}{s_\omega \sqrt{1/n_1 + 1/n_2}},$$

$$m \triangleq n_1 + n_2 - 2, \quad s_\omega = \sqrt{\frac{(n_1 - 1)s_1^2 + (n_2 - 1)s_2^2}{n_1 + n_2 - 2}}.$$

下面我们来推导问题 (2) 的检验法则。

先讨论：$H_0: \mu_1 - \mu_2 = \delta; H_1: \mu_1 - \mu_2 > \delta$。

当 H_0 为真时，$(\bar{X} - \bar{Y}) - \delta$ 比较大就应该认为是出现了小概率事件，从而应该拒绝 H_0，于是

$$P((\bar{X} - \bar{Y}) - \delta \geq k \mid H_0 \text{ 为真}) = \alpha,$$

其中 k 为适当大的正数。上式可变形为

$$P\left(\frac{(\bar{X} - \bar{Y}) - \delta}{\sqrt{\sigma_1^2/n_1 + \sigma_2^2/n_2}} \geq \frac{k}{\sqrt{\sigma_1^2/n_1 + \sigma_2^2/n_2}} \,\middle|\, H_0 \text{ 为真}\right) = \alpha.$$

由抽样定理知，当 H_0 为真时有

$$U = \frac{(\bar{X} - \bar{Y}) - \delta}{\sqrt{\sigma_1^2/n_1 + \sigma_2^2/n_2}} \sim N(0,1).$$

于是，由 $N(0,1)$ 的分位数，可得 H_0 为真时有

$$P\left(\frac{(\bar{X} - \bar{Y}) - \delta}{\sqrt{\sigma_1^2/n_1 + \sigma_2^2/n_2}} \geq u_\alpha\right) = \alpha.$$

再讨论 $H_0: \mu_1 - \mu_2 \leq \delta; H_1: \mu_1 - \mu_2 > \delta$。

当 H_0 为真时，有

$$\frac{(\bar{X} - \bar{Y}) - \delta}{\sqrt{\sigma_1^2/n_1 + \sigma_2^2/n_2}} \leq \frac{(\bar{X} - \bar{Y}) - (\mu_1 - \mu_2)}{\sqrt{\sigma_1^2/n_1 + \sigma_2^2/n_2}},$$

由此可得

$$\left\{\frac{(\bar{X} - \bar{Y}) - \delta}{\sqrt{\sigma_1^2/n_1 + \sigma_2^2/n_2}} \geq u_\alpha\right\} \subseteq \left\{\frac{(\bar{X} - \bar{Y}) - (\mu_1 - \mu_2)}{\sqrt{\sigma_1^2/n_1 + \sigma_2^2/n_2}} \geq u_\alpha\right\}.$$

于是由 $N(0,1)$ 的分位数及当 H_0 为真时有

$$P\left(\frac{(\bar{X}-\bar{Y})-\delta}{\sqrt{\sigma_1^2/n_1+\sigma_2^2/n_2}} \geq u_\alpha\right) \leq P\left(\frac{(\bar{X}-\bar{Y})-(\mu_1-\mu_2)}{\sqrt{\sigma_1^2/n_1+\sigma_2^2/n_2}} \geq u_\alpha\right) = \alpha.$$

综上所述,先后讨论的两个假设检验问题有相同的拒绝域

$$S_0 = \left\{(x_1,\cdots,x_n) \,\bigg|\, \frac{(\bar{x}-\bar{y})-\delta}{\sqrt{\sigma_1^2/n_1+\sigma_2^2/n_2}} \geq u_\alpha\right\},$$

于是,得到假设检验问题(2)的检验法则:

若 $\dfrac{(\bar{x}-\bar{y})-\delta}{\sqrt{\sigma_1^2/n_1+\sigma_2^2/n_2}} \geq u_\alpha$,则拒绝 H_0;若 $\dfrac{(\bar{x}-\bar{y})-\delta}{\sqrt{\sigma_1^2/n_1+\sigma_2^2/n_2}} < u_\alpha$,则接受 H_0.

σ_1^2,σ_2^2 已知时的假设检验问题(1)与(3),也是用统计量

$$\frac{(\bar{X}-\bar{Y})-(\mu_1-\mu_2)}{\sqrt{\sigma_1^2/n_1+\sigma_2^2/n_2}} = U \sim N(0,1).$$

因此,σ_1^2,σ_2^2 为已知时均值差 $\mu_1-\mu_2$ 的检验法都是 U 检验法.

8.3.2 方差未知但相等时 $\mu_1-\mu_2$ 的假设检验

当 σ_1^2,σ_2^2 为未知,但 $\sigma_1^2=\sigma_2^2$ 时,均值差 $\mu_1-\mu_2$ 的常见的假设检验问题,与 σ_1^2,σ_2^2 为已知时的情形一样,仍然是那三个问题,但不能再用

$$\frac{(\bar{X}-\bar{Y})-(\mu_1-\mu_2)}{\sqrt{\sigma_1^2/n_1+\sigma_2^2/n_2}} = U \sim N(0,1).$$

作为检验统计量. 此时,根据抽样定理,有

$$T = \frac{(\bar{X}-\bar{Y})-(\mu_1-\mu_2)}{S_\omega\sqrt{1/n_1+1/n_2}} \sim t(n_1+n_2-2),$$

其中

$$S_\omega = \sqrt{\frac{(n_1-1)S_1^2+(n_2-1)S_2^2}{n_1+n_2-2}}.$$

只要用 T 作为检验统计量,其他做法与 σ_1^2,σ_2^2 为已知时完全类似,不再重复. 得到的检验法则列在表 8.3 中.

在 σ_1^2,σ_2^2 未知但 $\sigma_1^2=\sigma_2^2$ 的情形下,关于均值差 $\mu_1-\mu_2$ 的各种检验问题,都是用 T 检验法.

在实际工作中,抽样时常取 $n_1=n_2=n$,所用统计量成为

$$T = \frac{(\bar{X}-\bar{Y})-(\mu_1-\mu_2)}{\sqrt{S_1^2/n+S_2^2/n}} \sim t(2n-2).$$

此时计算得到简化.

对均值差 $\mu_1-\mu_2$ 常见的三个假设检验问题,可以以此为检验统计量作 U 检验.

例 8.10 在例 8.8 中,对甲、乙两种橡胶轮胎的耐磨性能进行试验,用试验数据配对分析法,在显著性水平 $\alpha=0.05$ 下,得出甲、乙两种轮胎的耐磨性能有显著差异. 下面用试验数据不配对方法再来讨论这个问题.

解 甲、乙两种轮胎的磨损量前面已分别记为 $X \sim N(\mu_1,\sigma_1^2),Y \sim N(\mu_2,\sigma_2^2)$. 用试验数据不配对进行分析,即是两个正态总体均值差的假设检验问题.

注意,对这类没有给出方差(方差未知)的两个正态总体均值差的检验问题,首先必

须检验它们的方差相等(方差齐性),即 $\sigma_1^2 = \sigma_2^2$. 这一问题可用本节的下一段内容检验.

于是,问题就转化为:

σ_1^2, σ_2^2 为未知但 $\sigma_1^2 = \sigma_2^2$,在显著性水平 $\alpha = 0.05$ 下,检验假设

$$H_0: \mu_1 - \mu_2 = 0; H_1: \mu_1 - \mu_2 \neq 0.$$

根据例 8.8 的数据,易算得

$$\bar{x} = 6\,145,\ S_1^2 = 1\,867\,314,\ \bar{y} = 5\,852,\ S_2^2 = 1\,204\,429,$$

$$\frac{|(\bar{x}-\bar{y}) - \delta|}{s_\omega \sqrt{1/n_1 + 1/n_2}} = \frac{|\bar{x}-\bar{y}|}{\sqrt{s_1^2/n + s_2^2/n}} = \frac{320}{619.65} = 0.516,$$

查 t 分布表,得

$$t_{\alpha/2}(n_1 + n_2 - 2) = t_{0.025}(14) = 2.144\,8.$$

由于 $0.516 < 2.144\,8$,应该接受 H_0,即认为甲、乙两种轮胎的耐磨性能的差异不显著.

这表明,在同一个显著性水平 $\alpha = 0.05$ 下,用试验数据配对分析与不配对分析,所得的结论不一致. 究竟哪一个结论是正确的呢? 对这个问题,试验数据配对分析所得结论是正确的. 这是因为处于同一架飞机上的甲、乙两轮胎,可认为耐磨试验条件是完全相同的,因此只要甲、乙两种轮胎的耐磨性能有显著差异,那么这种差异就会从同一架飞机得到的甲、乙两轮胎的磨损数据之差 $x_i - y_i (i = 1, 2, \cdots, 8)$ 反映出来. 可见,数据配对分析突出了甲、乙两种轮胎的耐磨性能的差异,排除了其他各种因素对数据分析的干扰. 一般地,为考察甲、乙两种产品质量指标的差异,而又不易保证所有试验条件一致,因此把试验条件相同的甲、乙两种产品的试验数据进行配对分析,以比较两总体的均值是否有显著差异是合适的. 如果不是这样,而是随意把试验数据进行配对分析,则配对方式不同,就可能得出不同的结论.

例 8.11 在平炉上进行一项试验,以确定改变操作方法的建议是否会增加钢的得率(实际所得量/理论所得量). 试验是在同一只平炉上做的,每炼一炉钢时,除操作方法外,其他条件都尽可能做到相同. 先用标准方法炼一炉,然后用建议的方法炼一炉,以后交替进行各炼了 10 炉,其得率分别为

标准法: 78.1, 72.4, 76.2, 74.3, 77.4, 78.4, 76.0, 75.5, 76.7, 77.3.

新方法: 79.1, 81.0, 77.3, 79.1, 80.0, 79.1, 79.1, 77.3, 80.2, 82.1.

设这两个样本相互独立,并且都来自正态总体. 问建议的操作方法能否提高得率? 取 $\alpha = 0.005$.

解 对这个问题,应该先检验两正态总体的方差齐性

$$\sigma_1^2 = \sigma_2^2.$$

要检验的假设为 σ_1^2, σ_2^2 未知,但 $\sigma_1^2 = \sigma_2^2$,在水平 0.005 下,检验

$$H_0: \mu_1 - \mu_2 = 0; H_1: \mu_1 - \mu_2 < 0.$$

先求出各方法的样本均值及(修正)样本方差

$$n_1 = 10, \bar{x} = 76.23, s_1^2 = 3.325,$$

$$n_2 = 10, \bar{y} = 79.43, s_2^2 = 2.225.$$

因为 $n_1 = n_2 = n$,于是有

$$\frac{\bar{x} - \bar{y}}{\sqrt{s_1^2/n + s_2^2/n}} = \frac{76.23 - 79.43}{\sqrt{0.332\,5 + 0.222\,5}} = -4.295.$$

查 t 分布表,得 $-t_\alpha(n_1 + n_2 - 2) = -t_\alpha(18) = -2.878\,4.$

由于 $-4.295 < -2.878\,4$,应该拒绝 H_0,即认为建议的新操作方法较原来的标准方法为优.

一般地,两个总体均值差异的显著性检验,其实际意义是一种选优的统计方法.

8.3.3 μ_1, μ_2 为未知时方差的假设检验

当 μ_1, μ_2 为未知时,在显著性水平 α 下,关于两个正态总体 X, Y 的方差 σ_1^2, σ_2^2 常见的假设检验问题有三种:

(1)(双侧检验)
$$H_0: \sigma_1^2 = \sigma_2^2; \quad H_1: \sigma_1^2 \neq \sigma_2^2.$$

(2)(右侧检验)
$$H_0: \sigma_1^2 = \sigma_2^2; \quad H_1: \sigma_1^2 > \sigma_2^2.$$
$$H_0: \sigma_1^2 \leq \sigma_2^2; \quad H_1: \sigma_1^2 > \sigma_2^2.$$

(3)(左侧检验)
$$H_0: \sigma_1^2 = \sigma_2^2; \quad H_1: \sigma_1^2 < \sigma_2^2.$$
$$H_0: \sigma_1^2 \geq \sigma_2^2; \quad H_1: \sigma_1^2 < \sigma_2^2.$$

相关检验法则读者可自己推导,结果见表 8.4.

8.3.4 μ_1, μ_2 为已知时方差的假设检验

此时,所采用的检验统计量为
$$F = \frac{1}{n_1 \sigma_1^2} \sum_{i=1}^{n_1} (X_i - \mu_1)^2 \Big/ \frac{1}{n_2 \sigma_2^2} \sum_{i=1}^{n} (Y_i - \mu_2)^2 \sim F(n_1, n_2),$$

检验的其余步骤、方法与 μ_1, μ_2 为未知的情形完全类似. 在此不重复. 在应用上,μ_1, μ_2 为已知的情形比较少见. 把 μ_1, μ_2 为已知和未知的这些假设检验问题的检验法则总结见表 8.4.

表 8.4 两个正态总体方差检验法则

序号	H_0	H_1	μ_1, μ_2 为已知	μ_1, μ_2 为未知
			在显著性水平 α 下拒绝 H_0,若	
1	$\sigma_1^2 = \sigma_2^2$	$\sigma_1^2 \neq \sigma_2^2$	$W_1 \geq F_{\alpha/2}(n_1, n_2)$ 或 $W_1 \leq F_{1-\alpha/2}(n_1, n_2)$	$W_2 \geq F_{\alpha/2}(n_1-1, n_2-1)$ 或 $W_2 \leq F_{1-\alpha/2}(n_1-1, n_2-1)$
2	$\sigma_1^2 = \sigma_2^2$	$\sigma_1^2 > \sigma_2^2$	$W_1 \geq F_{\alpha}(n_1, n_2)$	$W_2 \geq F_{\alpha}(n_1-1, n_2-1)$
3	$\sigma_1^2 \leq \sigma_2^2$	$\sigma_1^2 > \sigma_2^2$		
4	$\sigma_1^2 = \sigma_2^2$	$\sigma_1^2 < \sigma_2^2$	$W_1 \leq F_{1-\alpha}(n_1, n_2)$	$W_2 \leq F_{1-\alpha}(n_1-1, n_2-1)$
5	$\sigma_1^2 \geq \sigma_2^2$	$\sigma_1^2 < \sigma_2^2$		

其中 $W_1 \overset{\Delta}{=} \frac{1}{n_1} \sum_{i=1}^{n_1} (x_i - \mu_1)^2 \Big/ \frac{1}{n_2} \sum_{i=1}^{n} (y_i - \mu_2)^2$,$W_2 \overset{\Delta}{=} s_1^2 / s_2^2$.

两个正态总体方差的假设检验,不论 μ_1, μ_2 是已知还是未知,检验统计量都是 F 变量. 因此,这种检验法称为 F 检验法.

例 8.12 冶炼某种金属有两种方法,为了检验用这两种方法生产的产品中所含杂质的波动性是否有明显差异,各取一个样本,得数据(含杂质的百分数)如下:

甲:26.9,22.8,25.7,23.0,22.3,24.2,26.1,26.4,27.2,30.2,24.5,29.5,25.1.
乙:22.6,22.5,20.6,23.5,24.3,21.9,20.6,23.2,23.4.

由经验知道,产品的杂质含量服从正态分布. 取 $\alpha = 0.05$.

解 设甲、乙两种冶炼方法所生产的产品的杂质含量分别记为 X,Y,假定 $X \sim N(\mu_1,\sigma_1^2)$,$Y \sim N(\mu_2,\sigma_2^2)$,则检验杂质含量的波动性的大小,也就是比较总体方差的大小,故问题化为 μ_1,μ_2 为未知,在显著性水平 $\alpha = 0.05$ 下,检验假设

$$H_0: \sigma_1^2 = \sigma_2^2; H_1: \sigma_1^2 \neq \sigma_2^2.$$

先求出各方法的样本均值及修正样本方差

$$n_1 = 13, \bar{x} = 25.68, s_1^2 = 5.862.$$
$$n_2 = 9, \bar{y} = 22.51, s_2^2 = 1.641.$$

得

$$\frac{s_1^2}{s_2^2} = \frac{5.862}{1.641} = 3.572 > 1.$$

查 F 分布表,得

$$F_{\alpha/2}(n_1 - 1, n_2 - 1) = F_{0.025}(12,8) = 4.20.$$

因为 $s_1^2/s_2^2 = 3.572 < 42.1 = F_{\alpha/2}(n_1 - 1, n_2 - 1)$,根据表8.4中的1,应接受 H_0,即认为用甲、乙两种冶炼方法所生产的产品杂质含量的波动性无明显差异.

但是,若考虑作单侧检验(仍取 $\alpha = 0.05$)

$$H_0: \sigma_1^2 = \sigma_2^2; H_1: \sigma_1^2 > \sigma_2^2,$$

s_1^2/s_2^2 是否偏大. 此时,由 F 分布查得

$$F_\alpha(n_1 - 1, n_2 - 1) = F_{0.05}(12,8) = 2.85.$$

因为有 $s_1^2/s_2^2 = 3.572 > 2.85 = F_\alpha(n_1 - 1, n_2 - 1)$,根据表8.4中的情形2,应该拒绝 H_0,接受 H_1,即认为甲种方法生产的产品的杂质含量的波动性比较大.

至此,正态总体参数的假设检验已经讨论完毕. 为了便于记忆,概括一下检验问题与所用的检验方法的关系.

正态总体检验的类别:

(1) 总体均值检验 $\begin{cases} U \text{检验法(方差为已知)}, \\ T \text{检验法(方差为未知)}; \end{cases}$

(2) 总体方差检验 $\begin{cases} \chi^2 \text{检验法(对一个总体)}, \\ F \text{检验法(对两个总体)}. \end{cases}$

例8.13 两厂生产同一产品,其质量指标假定都服从正态分布,标准规格为均值等于120. 现从甲厂抽出5件产品,测得其指标值为 119,120,119.2,119.7,119.6. 从乙厂也抽出5件产品,测得其指标值为 110.5,106.3,122.2,113.8,117.2. 根据这些数据去判断两厂产品是否符合预定规格120.

解 可以提出假设检验问题

$$H_0: \theta = 120; H_1: \theta \neq 120,$$

方差 σ^2 未知,对甲厂数据,算出

$$\bar{X} = 119.5, S = 0.4,$$

取 $\alpha = 0.05$,查表得

$$t_{\alpha/2}(n - 1) = t_{0.025}(4) = 2.776,$$

有

$$\sqrt{n}|\bar{X} - \theta_0|/S = \sqrt{15}|119.5 - 120|/0.4 = 2.795 > 2.776.$$

对乙厂数据,算出 $\bar{X} = 114, S = 6.105$,而

$$\sqrt{n}|\overline{X}-\theta_0|/S = \sqrt{5}|114-120|/6.105 = 2.198 < 2.776,$$

故按 0.05 的水平,结论是:甲厂产品与规格不符,但未发现乙厂产品不符合规格的有力证据.

这个结论可能使不少人感到难以接受. 因为甲厂 5 件产品都与标准值 120 相差很少, 反倒认为不合规格;而乙厂 5 件中除一件外,都比规格值 120 低不少,反倒认为可以通过. 这是为什么?

我们说,问题不能这么简单地看.

(1) 首先,我们注意到,甲厂的 $S = 0.4$ 远低于乙厂的 $S = 6.105$. 这表明,甲厂产品规格比乙厂稳定得多.

(2) 也正因为甲厂产品规格很齐整(误差很小),所以,与标准值 120 的细微差别(此处 $\overline{X} = 119.5$ 比 120 只差 0.5)也被检出来了. 不能不承认:甲厂产品的平均规格,有很大可能略低于标准值 120. 虽只略低些,也是事实,不能委之于随机误差. 至于这样一个差别的实际重要性如何,那要另当别论了,此处只讲统计上的显著性,即差异不能用随机误差解释. 统计上显著的差异不一定有现实重要性.

(3) 乙厂抽出的几件产品的指标大多远低于标准值 120,使我们很有理由怀疑,该厂产品平均规格达不到 120. 但是,由于该厂产品质量波动太大,所测得的数据尚不能很有把握认为其平均规格确与 120 有差距,而非随机性影响所致,就是说,现有数据可能太少了些.

所以,对乙厂我们首先认为其产品质量波动太大应当改进. 至于其平均规格是否与 120 有差距的问题,可以再补充一些数据再检定,最好是先能采取措施把方差缩小些再解决这个问题.

§8.4 检验的 p 值

本节内容概要

1. 检验的 p 值

在一个假设检验问题中,利用观测值能够作出拒绝原假设的最小显著性水平称为观测值关于原假设的 p 值,简称为检验的 p 值.

2. p 值检验的结论

(1) 若 $\alpha \geq p$,则在显著性水平 α 下拒绝 H_0;

(2) 若 $\alpha < p$,则在显著性水平 α 下接受 H_0.

p 值是假设检验的另一种方法,该方法目前在实际中应用较多,许多统计软件中对于检验问题都会给出 p 值. 下面我们通过一个例子来引入 p 值.

例 8.14 某环保部门规定,废水处理后水中有毒物质的平均浓度不得超过 9 mol/L, 现从某废水处理厂随机抽取 100 L 处理后的水,测得平均浓度 $\overline{x} = 9.5$ mol/L,假定废水处理后有毒物质含量服从正态分布 $N(\mu, 2.5)$,试判断该厂处理后的水是否合格?

解 这是一个单侧假设检验问题,原假设 $H_0: \mu \leq 9$,备择假设 $H_1: \mu > 9$, 由于总体的标准差已知,故采用 u 检验,由数据

$$u = \frac{\bar{x} - \mu_0}{\sigma/\sqrt{n}} = \frac{9.5 - 9}{2.5/\sqrt{100}} = 2,$$

对于一些显著性水平,表 8.5 列出了相应的拒绝域和检验结论.

表 8.5　例题 8.14 中的拒绝域

显著性水平	拒绝域	$u = 2$ 对应的检验结论
$\alpha = 0.05$	$u \geqslant 1.645$	拒绝 H_0
$\alpha = 0.025$	$u \geqslant 1.96$	拒绝 H_0
$\alpha = 0.01$	$u \geqslant 2.33$	不拒绝 H_0
$\alpha = 0.005$	$u \geqslant 2.58$	不拒绝 H_0

我们看到,不同的 α 将有不同的结论.

现在换一个角度来看,在 $\mu = 9$ 时,u 的分布是 $N(0,1)$. 此时可以算得 $P(u \geqslant 2) = 0.0228$,若以 0.0228 为基准来看上述检验问题,可得

① 当 $\alpha < 0.0228$ 时,$u_\alpha > 2$. 于是 2 就不在 $\{u \geqslant u_\alpha\}$ 中,此时不能拒绝 H_0.

② 当 $\alpha \geqslant 0.0228$ 时,$u_\alpha \leqslant 2$. 于是 2 就落在 $\{u \geqslant u_\alpha\}$ 中,此时应拒绝 H_0.

由此可以看出,0.0228 是能用观测值 2 作出"拒绝 H_0"的最小显著性水平,这便是 p 值.

> **定义**　在一个假设检验问题中,利用观测值能够作出拒绝原假设的最小显著性水平称为观测值关于原假设的 p 值,简称为 **检验的 p 值**.

检验的 p 值的引进比较客观,研究人员容易将其与自己心目中的显著性水平进行比较,进而作出检验的结论. 下面再看一道例题,以体会检验的 p 值方法的便利.

设 $x_1, \cdots, x_n$ 是来自 $b(1, \theta)$ 的容量为 n 的一个样本,要检验如下假设:

$$H_0 : \theta \leqslant \theta_0, H_1 : \theta > \theta_0.$$

若取检验的显著性水平为 α,则我们可以给出检验的拒绝域形式为 $W = \{\sum x_i \geqslant c\}$,这里很难对一般的 n 和 α 确定出 c 的表达式,只能说 c 是满足 $P_{\theta_0}\{\sum x_i \geqslant c\} \leqslant \alpha$ 的最小正整数,这样的叙述总觉得不是很自然. 事实上,并不需要确定出 c,在得到观测值 $\sum x_i = t_0$ 后,只需要计算如下的概率即可

$$p = P_{\theta_0}\{\sum x_i \geqslant t_0\},$$

这就是检验的 p 值. 譬如,$n = 40, \theta_0 = 0.1, t_0 = 8$,则

$$p = 1 - 0.9^{40} - C_{40}^{1} \times 0.1 \times 0.9^{39} - \cdots - C_{40}^{7} \times 0.1^{7} \times 0.9^{33} = 0.0419.$$

于是,若取 $\alpha = 0.05$,由于 $p < \alpha$,作出拒绝原假设的决定.

关于 p 值检验一般有如下检验法则:

(1) 若 $\alpha \geqslant p$,则在显著性水平 α 下拒绝 H_0;

(2) 若 $\alpha < p$,则在显著性水平 α 下接受 H_0.

通过观测值关于原假设的 p 值小于等于 α 的方法拒绝原假设与用观测值落入显著性水平为 α 的拒绝域的方法是等效的. 但 p 值的方法比用观测值的拒绝域的方法显得有更大的灵活性,它能告诉人们更多的信息. 例如,对于某部门主管,在统计人员作出的市场前景分析的统计报表中,他看到了某个原假设在 0.05 的显著性水平下被拒绝. 而他还想进一步知道,如果将显著性水平降低一些,是否还能拒绝原假设,最低能降低到多少. 拒绝域的方法就不能提供这些信息,而 p 值的方法却能显示这些信息. 事实上,观测值的 p 值是显著性水平能够降低到的最低值.

国外的概率统计教材中在讲授假设检验理论时以 p 值方法为主,而以拒绝域方法为辅,因为在各领域的实践中,人们不仅想知道原假设是否被拒绝,还想知道观测值关于原假设的 p 值.

§8.5 分布拟合检验

> **本节内容概要**
> **1. 拟合检验**
> 假设检验问题
> $$H_0: F(x) = F_0(x); \quad H_1: F(x) \neq F_0(x),$$
> 对 H_0 作显著性检验,通常称之为分布函数的拟合检验.
>
> **2. 皮尔逊 χ^2 检验**
> 不论 $F_0(x)$ 是什么分布,当 H_0 正确时,则由
> $$Y \overset{\Delta}{=} \sum_{i=1}^{m} \frac{(v_i - np_i)^2}{np_i} = \sum_{i=1}^{n} \frac{v_i^2}{np_i} - n$$
> 建立的统计量 Y 以自由度 $m-1$ 的 χ^2 分布为极限分布,其中 $F_0(x)$ 不带有未知参数.

现在,讨论非参数的假设检验,有两方面的问题,一是总体 X 的分布函数 $F(x)$ 的拟合检验,二是随机变量之间的独立性与相关性的检验. 本节仅介绍分布函数的拟合检验.

考虑如下假设检验问题
$$H_0: F(x) = F_0(x); H_1: F(x) \neq F_0(x),$$
对 H_0 作显著性检验,通常称之为分布函数的拟合检验. 在此,$F_0(x)$ 为需要检验的某个已知的分布函数,$F_0(x;\theta)$ 中也可以含有未知参数 θ. 假定 Y 服从泊松分布 $P(x,\lambda)$ 的话,那么 $F_0(x)$ 就是泊松分布函数,λ 为参数. 关于总体的分布函数,怎样才能得到较为准确的假设,即 $F_0(x)$ 的函数表达式怎样才是较为准确的,这可以从由子样 $X_1,\cdots,X_n$ 构造的经验分布函数 $F_n(x)$ 中得到启发,也可以从常用的概率分布的物理模型中得到启发.

对 H_0 作显著性检验,按不同的具体问题,可建立不同的检验统计量. 在这里,我们将介绍皮尔逊定理,它是利用子样建立的一种统计量,这个统计量的渐近分布为 χ^2 分布,该统计量的极限分布是确定的并可计算的,因而用这种统计量作显著性检验的检验统计量时,需要子样的容量 n 比较大,即所谓适用于大样问题. 一般情况下,可以认为当 $n > 30$ 即为样本容量较大.

例 8.15 某工厂生产一种 220 伏 25 瓦的白炽灯泡,其光通量(单位:lm)用 X 表示,X 为一随机变量,假设 X 服从正态分布 $N(\mu,\sigma^2)$,试问这个假设是否正确.

解 现在从总体 X 中抽取容量为 $n = 120$ 的子样(对于有限总体,即个体是有限的情形,一定要用有返回抽取方式,随机地独立抽取子样),进行观察得光通量 X 的 120 个观察值,亦即随机地抽取 120 个灯泡测得其光通量的数据,见表 8.6.

表 8.6　白炽灯泡测试数据

单位:lm

216	203	197	208	206	209	206	208	202	203
206	213	218	207	208	202	194	203	213	211
193	213	208	208	204	206	204	206	208	209
213	203	206	207	196	201	208	207	213	208
210	208	211	211	214	220	211	203	216	224
211	209	218	214	219	211	208	221	211	218
218	190	219	211	208	199	214	207	207	214
206	217	214	201	212	213	211	212	216	206
210	216	204	221	208	209	214	214	199	204
211	201	216	211	209	208	209	202	211	207
202	205	206	216	206	213	206	207	200	198
200	202	203	208	216	206	222	213	209	219

考察如下假设检验问题

$$H_0:F(x)=F_0(x);H_1:F(x)\neq F_0(x),$$

其中 $F_0(x)$ 为正态分布 $N(\mu,\sigma^2)$ 的分布函数.

分析　先作直方图.

把子样 $X_1,\cdots,X_n$ 的观察值 $x_1,\cdots,x_n$ 分成 m 个小组,分组的办法是:将包含 $x_1,\cdots,x_n$ 在内的某个适当的区间 (y_0,y_m) 分为互不相交的 m 个子区间,$\delta_i=(y_{i-1},y_i),i=1,\cdots,m$,使得

$$y_0<y_1<\cdots<y_{m-1}<y_m,$$

以 v_i 记作子样的观察值落入第 i 个小区间的频数,$i=1,\cdots,m$. 显然,$\sum_{i=1}^{m}v_i=n$,称 v_i/n 为子样观察值落入第 i 个小区间的频率,以子样观察值作横坐标,以相应的频数为纵坐标,作出直方图如图 8.2 所示.

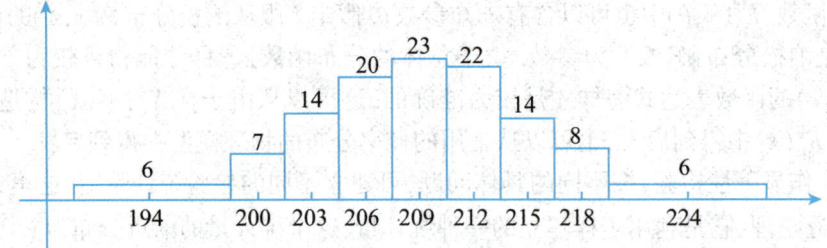

图 8.2　频数直方图

对于表 8.6 中的 120 个数据,可取 189.5 为下界,228.5 为上界,将 (189.5,228.5) 按等间距为 3 划分成 13 个小区间.

不难发现前三个小区间及后三个小区间的 v_i 值(频数值)都太小,应适当合并小区间,使得每个小区间的 v_i 值都不小于 5. 经适当合并小区间后,成为 9 个小区间(表 8.7),第一个小区间为 (189.5,198.5],第 9 个小区间为 (219.5,228.5]. 第 2 至 8 这 7 个小区间的间距为 3. 这里假定测量精确度为个位的 1,小区间端点都带 0.5 是为了计算频数方便.

表 8.7　频数及累积频数表

编号	小区间	频数	累积频数	累积频率(%)
1	(189.5, 198.5]	6	6	5
2	(198.5, 201.5]	7	13	10.83
3	(201.5, 204.5]	14	27	22.5
4	(204.5, 207.5]	20	47	39.17
5	(207.5, 210.5]	23	70	58.33
6	(210.5, 213.5]	22	92	76.66
7	(213.5, 216.5]	14	106	88.33
8	(216.5, 219.5]	8	114	95
9	(219.5, 228.5]	6	120	100

从表8.7看到,v_i为子样$X_1,\cdots,X_n$中落入第i个小区间的频数(个数),称v_i为观察频数. 如果H_0成立,由给定的分布函数$F_0(x)$,计算得

$$p_i = F_0(y_i) - F_0(y_{i-1}),$$

其中$0 < p_i < 1, \sum_{i=1}^{m} p_i = 1 (i=1,\cdots,m)$,称$np_i$为子样$X_1,\cdots,X_n$落入第$i$个小区间的理论频数. 由此可见,$v_i$依赖于子样$X_1,\cdots,X_n$的观察值. 考察统计量

$$Y \overset{\Delta}{=} \sum_{i=1}^{m} \frac{(v_i - np_i)^2}{np_i} = \sum_{i=1}^{n} \frac{v_i^2}{np_i} - n, \tag{8.1}$$

其中Y依赖于v_i及p_i,因而它与$F_0(x)$建立了一定的关系,它可作为判断H_0的检验统计量.

分析式(8.1)所建立的统计量Y的实际意义. 当H_0成立时,由大数定律知道,$v_i/n \to p_i$(依概率),即当n足够大时$v_i \approx np_i$,则Y取值应该较小,因而由式(8.1)所建立的统计量Y可以用来判断$F(x)$与$F_0(x)$之间的差异性是否显著. 正因为这样,这个统计量Y(它不带有未知参数)可作为判断H_0的检验统计量. 试问,统计量Y服从什么分布?由于统计量Y依赖于m及n,如果固定m,当$n \to \infty$时Y的极限分布是什么?皮尔逊于1900年提出并证明了皮尔逊定理,该定理所建立的统计量的极限分布为χ^2分布,不论总体X的分布函数$F(x)$是什么类型,定理的结论都适用于作检验判断,这种检验法称为皮尔逊χ^2检验.

定理(皮尔逊定理)　不论$F_0(x)$是什么分布,当H_0正确时,则由式(8.1)建立的统计量Y以自由度$m-1$的χ^2分布为极限分布,其中$F_0(x)$不带有未知参数.

证明略.

给定了显著性水平α,对于式(8.1)建立的检验统计量Y,怎样选择临界值确定H_0的拒绝域?由于Y的精确分布不知道,我们是用它的极限分布χ^2_{m-1}近似地选择临界值. 同时还应注意到,式(8.1)的χ^2检验同双侧检验选择临界值及拒绝域是有所不同的. 粗略地看到,若式(8.1)计算统计量Y的观察值很大,H_0很可能被否定. 因此,应该这样选择临界值$\chi^2_{m-1}(\alpha)$,使得

$$P[Y > \chi^2_{m-1}(\alpha)] = \alpha,$$

即使用单侧检验其拒绝域为区间$[\chi^2_{m-1}(\alpha), +\infty]$. 就是说,由式(8.1)计算得到的统计量$Y$的观察值,若大于临界值$\chi^2_{m-1}(\alpha)$,则在显著性水平下否定$H_0$. 好处是保证在不增加第一

类错误的前提下可以有效地降低犯第二类错误的概率.

如果 H_0 中的 $F_0(x;\theta_1,\cdots,\theta_k)$ 含有 k 个未知参数,则首先用这 k 个未知参数的最大似然估计量 $\hat{\theta}_1,\cdots,\hat{\theta}_k$ 来代替 $\theta_1,\cdots,\theta_k$,使 $F_0(x;\theta_1,\cdots,\theta_k)$ 不含未知参数,然后应用式(8.1)建立的统计量 $Y(\hat{\theta}_1,\cdots,\hat{\theta}_k)$,再用上面介绍的方法进行显著性检验. 但注意此时以分布为其极限分布,其中 $m > 1 + k$. 证明较繁从略.

针对本例应用皮尔逊 χ^2 检验. 此时

$$H_0:F(x) = F_0(x), H_1:F(x) \neq F(x_0).$$

其中 $F_0(x) = \int_{-\infty}^{x} \frac{1}{\sqrt{2\pi}\sigma} e^{-\frac{(u-\mu_0)^2}{2\sigma^2}} du$, μ 及 σ^2 都是未知参数.

利用表8.7中的数据,由式(8.1)计算统计量 Y 的观察值,判断 H_0 是否成立. 关键在于计算 np_i,其中

$$p_i = F_0(y_i) - F_0(y_{i-1}) (i = 1,\cdots,m).$$

我们知道,对于正态分布,μ 及 σ^2 的最大似然估计量为

$$\hat{\mu} = \overline{X}, \hat{\sigma}^2 = S^{*2} = \frac{1}{n}\sum_{i=1}^{n}(X_i - \overline{X})^2.$$

现在用表8.6中的数据 x_i,求出 $\overline{X}$ 及 S^{*2} 的观察值 $\bar{x}$ 及 s^{*2} 作为 μ 及 σ^2 的估计值.

计算得

$$\hat{\mu} = \bar{x} \approx 209, \hat{\sigma}^2 = s^{*2} \approx 42.77, \hat{\sigma} \approx 6.5.$$

因此 $F_0(x)$ 为正态 $N(209, 6.5^2)$ 分布函数,可算得

$$p_1 = F_0(198.5) - F_0(-\infty) = p(-\infty < X \leq 198.5)$$
$$= p\left\{-\infty < \frac{X - 209}{6.5} \leq -1.62\right\} = \Phi(-1.62) - \Phi(-\infty)$$
$$= 1 - \Phi(1.62) = 1 - 0.94738 = 0.05262;$$
$$p_2 = F_0(210.5) - F_0(198.5) = P(198.5 < X \leq 201.5)$$
$$= P\left\{-1.62 < \frac{X - 209}{6.5} \leq -1.15\right\} = \Phi(-1.15) - \Phi(-1.62)$$
$$= \Phi(1.62) - \Phi(1.15) = 0.94738 - 0.87493 = 0.07245,$$

其中 $\Phi(x)$ 为标准正态分布 $N(0,1)$ 的分布函数,类似于 p_1 及 p_2 的算法,可逐一计算 $p_3,\cdots,p_9$,各值见表8.8.

表8.8 np_i 的理论值

编号	$[y_{i-1}, y_i)$	v_i	v_i^2	np_i	v_i^2/np_i
1	$(-\infty, 198.5]$	6	36	6.1	5.701
2	$[198.5, 201.5)$	7	49	8.7	5.568
3	$[201.5, 204.5)$	14	196	14.5	13.517
4	$[204.5, 207.5)$	20	400	19.7	20.305
5	$[207.5, 210.5)$	23	529	21.8	24.266
6	$[210.5, 213.5)$	22	484	19.7	24.568
7	$[213.5, 216.5)$	14	196	14.5	13.448
8	$[216.5, 219.5)$	8	64	8.8	7.273
9	$[219.5, +\infty)$	6	36	6.1	5.701

因而统计量 Y 的观察值为

$$Y = \sum_{i=1}^{9} \left(\frac{v_i^2}{np_i}\right) - 120 \approx 0.347.$$

给定显著性水平 $\alpha = 0.05$,由于自由度等于 $9 - 1 - 2 = 6$,查得临界值为 $\chi_6^2(0.05) = 12.59$,由于 $0.347 < 12.59$,所以不否定 H_0,在实际工作中可认为光通量 X 服从正态分布 $N(209, 6.5^2)$.

如果 $F_0(x)$ 为不带有未知参数的已知分布,皮尔逊 χ^2 检验法的**具体步骤如下**:

(1) 将总体 X 的值域划分成 k 个不交的区间 $A_i(i = 1, 2, \cdots, k)$,使得每个区间包含的理论频数满足 $np_i \geqslant 5$,否则将区间适当调整;

(2) 在 H_0 成立时,计算各理论频率即概率 p_i 的值:

$$p_i = P(A_i) = F_0(y_i) - F_0(y_{i-1}) \quad (i = 1, 2, \cdots, k).$$

这里 y_{i-1} 与 y_i 为区间 A_i 的端点,即 $A_i = [y_{i-1}, y_i]$;

(3) 数出 A_i 中含有样本值的个数,即 A_i 的频数 f_i,并计算统计量

$$\chi^2 = \sum_{i=1}^{k} \frac{(f_i - np_i)^2}{np_i}$$

的值 χ^2;

(4) 由 χ^2 分布,对于给定的显著性水平 α,找出临界值 $\chi_\alpha^2(k-1)$;

(5) 判断:若 $\chi^2 > \chi_\alpha^2(k-1)$,则拒绝 H_0,否则可接受 H_0.

如果总体 X 是离散型的,则假设 H_0 相当于假设总体 X 的概率分布

$$H_0: P\{X = x_i\} = P_{i0} \quad (i = 1, 2, \cdots).$$

如果总体 X 是连续型的,则假设 H_0 相当于

$$H_0: f(x) = f_0(x),$$

这里 $f(x)$ 为总体的概率密度.

例 8.16 至 1984 年年底,南京市开办有奖储蓄以来,13 期兑奖号码中诸数码的频数汇总见表 8.9.

表 8.9 兑奖号码频数汇总

数码 i	0	1	2	3	4	5	6	7	8	9	总数
频数 f_i	21	28	37	36	31	45	30	37	33	52	350

试检验器械或操作方法是否有问题 ($\alpha = 0.05$).

解 设抽取的数码为 X,它可能的取值为 $i = 0, 1, 2, \cdots, 9$,如果检验器械或操作方法没有问题,则 $i = 0, 2, 3, \cdots, 9$ 出现是等可能的,即检验假设 $H_0: p_i = \frac{1}{10}, i = 0, 1, 2, \cdots, 9$,这里 $p_i = P\{X = i\}$.

依题意知 $k = 10$,令 $A_i = \{i\}, i = 0, 1, 2, \cdots, 9, n = 350$,则理论频数 $np_i = 35$. 统计量

$$\chi^2 = \sum_{i=0}^{9} \frac{(f_i - np_i)^2}{np_i} = \frac{688}{35} = 19.657$$

给定显著性水平 $\alpha = 0.05$,查 χ^2 分布表,得临界值 $\chi_\alpha^2(k-1) = \chi_{0.05}^2(9) = 16.9$. 由于 $19.675 > 16.9$,故拒绝 H_0,即认为器械或操作方法有问题.

如果 $F_0(x)$ 为带有未知参数的已知分布,未知参数为 $\theta_1, \theta_2, \cdots, \theta_r$,这时用这 r 个未知参数的最大似然估计量 $\hat{\theta}_1, \hat{\theta}_2, \cdots, \hat{\theta}_r$ 来代替 $F_0(x)$ 中的参数 $\theta_1, \theta_2, \cdots, \theta_r$,得到分布函数

$\hat{F}_0(x)$,然后建立统计量 $\chi^2 = \sum_{i=1}^{k} \frac{(f_i - n\hat{p_i})^2}{n\hat{p_i}}$,这里 $\hat{p_i}$ 是由 $\hat{F}_0(x)$ 计算出来的理论频率,再用以上检验步骤进行检验,但此时检验统计量 χ^2 近似服从 $\chi^2(k-r-1)$ 分布(这里 $k > r+1$).

例8.17 某箱子中盛有10种球,现在从中有返回地随机抽取200个,其中第 i 种球共取得 v_i 个 ($i=1,\cdots,10$),数据记录见表8.10.

表8.10 在箱子中取球的情况

编号	v_i	v_i^2	np_i	v_i^2/np_i
1	35	1 225	20	61.25
2	16	256	20	12.8
3	15	225	20	11.25
4	17	289	20	14.45
5	17	289	20	14.45
6	19	361	20	18.05
7	11	121	20	6.05
8	16	256	20	12.8
9	30	900	20	45
10	24	576	20	28.8
$\sum_{i=1}^{10}$	200	—	200	224.9

令 H_0:箱子中各种球的个数相同;H_1:至少有两种球的个数不同. 检验这个假设是否正确.

解 此时 $m=10, y_0 = -\infty, y_i = i(i=1,\cdots,10), y_{11} = \infty$. 若 H_0 正确,采用有返回抽取方式抽得每种球的概率都相同,皆为 $1/10$,亦即用有返回抽取方式抽取一球为第 i 种球的概率 $p_i = 1/10$ ($i = 1,\cdots,10$). 又 $n = 200$,则 $np_i = 20$ ($i = 1,\cdots,10$),并记录在表8.10中.

给定显著性水平 $\alpha = 0.05$,由自由度为 $10-1=9$ 的 χ^2 分布表查得临界值 $\chi^2(9) = 16.92$. 由于 Y 的观察值为 $224.9 - 200 = 24.9 > 16.92$,所以否定 H_0. 事实上,从表8.10中 v_i 的观察数据看到,第1及第9这两种的个数明显较多.

例8.18 芦瑟福(Rutherford)与盖革(Geiger)做了一个著名的实验,他们观察了长为7.5秒的时间间隔里到达某个计数器的由某块放射物质放出的 α 质点数,共观察了 $n = 2608$ 次. 表8.11中的第1列给出的是质点数 i,第2列表示有 i 个质点到达计数器的时间间隔数 v_i(每个时间间隔都是7.5秒). 试问这种分布规律是否服从泊松分布?即考察如下检验问题:

$$H_0: F(x) = F_0(x); H_1: F(x) \neq F_0(x),$$

其中 $F_0(x)$ 是泊松分布

$$P(X=k) = \frac{\lambda^k}{k!} e^{-\lambda} \ (k = 0,1,2,\cdots)$$

的分布函数,$\lambda > 0$ 为其参数.

表 8.11 α 粒子散射实验数据

i	v_i	v_i^2	np_i	$v_i^2/(np_i)$
0	57	3 249	54.309	59.82
1	203	41 209	210.523	195.75
2	383	146 689	407.361	360.10
3	525	275 625	525.496	524.50
4	532	283 024	508.418	556.68
5	408	166 464	393.515	423.02
6	273	74 529	253.817	293.63
7	139	19 321	140.325	137.69
8	45	2 025	67.882	29.83
9	27	729	29.189	24.98
≥10	16	256	17.075	14.99
$\sum_i$	2 608	—	2 608.000	2 620.99

解 设原假设 H_0 是正确的. 现利用 χ^2 检验法对 H_0 作出判断, 主要看一看理论频数 np_i 与观察频数 v_i 之间的差异性是大还是小. 参数 λ 的最大似然估计值为

$$\hat{\lambda} = \frac{1}{n}\sum_i iv_i = \frac{10\ 086}{2\ 608} = 3.87.$$

表 8.11 中第 3 列的数值 np_i, 利用泊松分布表计算 p_i 值而得到, 其中

$$p_i = \frac{(3.87)^i}{i!}e^{-3.87}\ (i=0,1,2,\cdots).$$

如 $p_0 = 0.020\ 824, np_0 = 54.309$.

用 χ^2 检验法, 自由度为 $11-1-1=9$. 在给定显著性水平 $\alpha = 0.05$ 的时候, 查自由度 9 所对应的临界值 $\chi_9^2(\alpha) = 16.919, H_0$ 的拒绝域为 $[\chi_9^2(\alpha), +\infty) = [19.919, +\infty)$.

于是

$$Y = \sum_{i=1}^{n}(v_i^2/np_i) - n = 2\ 620.99 - 2\ 608 \approx 13 < 16.919,$$

故不拒绝 H_0, 可以认为这种分布规律服从泊松分布.

虽然皮尔逊 χ^2 检验是检验总体分布的一般方法, 但是对于正态总体的检验, 我们一般不用它. 常用的是"偏度、峰度检验法", 在此不做介绍, 感兴趣的同学可参见相关书籍.

§8.6 非正态总体参数的大样本检验

本节讨论一般总体参数的检验.

设总体 X 的均值为 μ, 方差为 σ^2, $X_1, X_2, \cdots, X_n$ 为总体 X 的一个样本. 由中心极限定理可知, 当样本容量 n 足够大时, $u = \dfrac{\overline{X}-\mu}{\sigma/\sqrt{n}}$ 近似地服从标准正态分布. 因此, 可以用正态分

布去近似. 如果对均值 μ 进行检验, 方差 σ^2 未知时, 可以用样本方差 s^2 代替 σ^2; 如果对方差 σ^2 进行检验, 均值 μ 未知时, 可以用样本均值 $\bar{X}$ 代替 μ. 下面举两个例子.

例 8.19 设某段高速公路上汽车限速为 104.6 km/h, 现检验 85 辆汽车的样本, 测出的平均车速为 106.7 km/h, 已知总体标准差为 $\sigma = 13.4$ km/h, 但不知总体是否服从正态分布. 在显著性水平 $\alpha = 0.05$ 下, 试检验高速公路上的汽车是否比限制速度 104.6 km/h 显著地快?

解 依题意, 检验假设
$$H_0: \mu \leq \mu_0 = 104.6; H_1: \mu > \mu_0,$$

由于 $\sigma = 13.4$ 已知, $n = 85$ 足够大, 选择检验统计量 $U = \dfrac{\bar{X} - \mu_0}{\sigma/\sqrt{n}}$ 近似地服从 $N(0,1)$. 其拒绝域 $W = \{U > u_\alpha\}$, 其中 $u_\alpha = u_{0.05} = 1.65$. 计算 U 的值 $u = \dfrac{106.7 - 104.6}{13.4/\sqrt{85}} = 1.4449$,

由于 $u < u_\alpha$, 因此接受 H_0, 没有理由认为高速公路上的汽车比限制速度 104.6 km/h 显著地快.

例 8.20 为比较甲乙两种小麦植株的高度(单位:cm), 分别抽得甲、乙小麦各 100 穗, 在相同条件下进行高度测定, 算得甲乙小麦样本均值和样本方差分别为 $\bar{x} = 28$, $s_1^2 = 35.8$, $\bar{y} = 26$, $s_2^2 = 32.3$, 问这两种小麦的株高有无显著差异 ($\alpha = 0.05$)?

解 依题意, 检验假设
$$H_0: \mu_1 = \mu_2; H_1: \mu_1 \neq \mu_2,$$

选取
$$U = \dfrac{(\bar{X} - \bar{Y}) - (\mu_1 - \mu_2)}{\sqrt{\dfrac{\sigma_1^2}{n_1} + \dfrac{\sigma_2^2}{n_2}}},$$

这里两个方差用样本方差代替. 当 H_0 成立时, 检验统计量 $U = \dfrac{\bar{X} - \bar{Y}}{\sqrt{\dfrac{s_1^2}{n_1} + \dfrac{s_2^2}{n_2}}}$ 近似地服从 $N(0,1)$. 给定显著性水平 $\alpha = 0.05$, 查附表, 得临界值 $u_{\alpha/2} = u_{0.025} = 1.96$, 得拒绝域 $W = \{|U| > u_{\alpha/2}\}$.

计算 U 的值 $u = \dfrac{28 - 26}{\sqrt{\dfrac{35.8 + 32.3}{100}}} = 2.4236$, 由于 $u > u_\alpha$, 因此拒绝 H_0, 认为这两种小麦的株高有显著差异.

当总体服从 0-1 分布 $b(1, p)$ 时, 由于只有一个参数 p, 总体均值 p 和方差 $p(1-p)$ 均只与 p 有关, 这时对参数 p 进行假设检验时, 检验统计量可以直接用样本和参数 p 表示出来.

例 8.21 某厂有一批产品须经检验后方可出厂. 按规定二级品率不得超过 10%, 从中随机抽取 100 件产品进行检验, 发现有二级品 14 件, 问这批产品是否可以出厂 ($\alpha = 0.05$)?

解 这里 $n = 100, \bar{x} = 0.14$, 检验假设
$$H_0: p \leq p_0 \leq 0.1; H_1: p > p_0,$$

选取检验统计量 $U = \dfrac{\bar{X} - p_0}{\sqrt{\dfrac{p_0(1-p_0)}{n}}}$ 近似地服从 $N(0,1)$. 由显著性水平 $\alpha = 0.05$,可以得到拒绝域 $W = \{U > u_\alpha\}$,其中 $u_\alpha = u_{0.05} = 1.65$,计算 U 的值 $u = \dfrac{0.14 - 0.1}{\sqrt{\dfrac{0.1 \times 0.9}{100}}} = 1.3333$,

由于 $u < u_\alpha$,因此接受 H_0,认为这批产品二级品率没有超过 10%,可以出厂.

习　题

1. 某玩具厂随机选取的 20 只泰迪熊玩具的装配时间(单位:min)为 9.8,10.4,10.6, 9.6,9.7,9.9,10.9,11.1,9.6,10.2,10.3,9.6,9.9,11.2,10.6,9.8,10.5,10.1,10.5, 9.7. 设装配时间总体服从正态分布 $N(\mu,\sigma^2)$,μ,σ^2 均未知. 是否可以认为装配时间的均值 μ 显著大于 10(取 $\alpha = 0.05$)？

2. 某种产品质量(单位:g)$X \sim N(12,1)$,更新设备后,从新生产的产品中,随机抽取 100 个,测得样本均值 $\bar{x} = 12.5$ g,若方差没有变化,问设备更新后,产品的平均质量是否有显著变化($\alpha = 0.1$)？

3. 某厂商声称他们生产的某种型号的装潢材料抗断强度(单位:MPa)服从正态分布,平均抗断强度为 3.25 MPa,方差 $\sigma^2 = 1.21$,今从中随机抽取 9 件进行检验,测得平均抗断强度为 3.05 MPa,问能否接受厂商的说法($\alpha = 0.05$)？

4. 一支香烟中尼古丁含量 X(单位:mg)服从正态分布 $N(\mu,1)$,质量标准规定 μ 不能超过 1.5 mg. 现从某厂生产的香烟中随机抽取 20 支测得其中平均每支香烟的尼古丁含量为 $\bar{x} = 1.97$ mg,试问该厂生产的香烟尼古丁含量是否符合质量标准的规定.

5. 设总体 X 的密度函数为
$$f(x;\theta) = \begin{cases} \dfrac{1}{\theta} e^{-x/\theta}, & 0 < x < \infty, 0 < \theta < \infty, \\ 0, & 其他, \end{cases}$$
$X_1, X_2, \cdots, X_n$ 为其子样,分别试求:(1) $H_0: \theta = 2, H_1: \theta = 4$;(2) $H_0: \theta = 2, H_1: \theta = 1$. 犯第二类错误的概率,给定显著性水平 $\alpha = 0.05$.

6. 设总体 X 服从参数为 λ 的泊松分布
$$P(k;\lambda) = \dfrac{\lambda^k}{k!} e^{-\lambda} \ (k = 0,1,2,\cdots),$$
其中 $\lambda > 0$,$X_1, \cdots, X_{10}$ 是容量为 10 的子样,试求 $H_0: \lambda = 0.1, H_1: \lambda = 1$ 在显著性水平 $\alpha = 0.05$ 下犯第二类错误的概率.

7. 在某地抽查了 100 个家庭,其中有 15 家使用 H 牌洗衣粉,问 H 牌洗衣粉在该地的占有率是否不低于 $1/6$($\alpha = 0.05$)？

8. 今有两台机床加工同一种零件,分别取 6 个及 9 个零件测其口径,数据记为 $(x_1, \cdots, x_6)$ 及 $(y_1, \cdots, y_9)$,计算得
$$\sum_{i=1}^{6} x_i = 204.6, \sum_{i=1}^{6} x_i^2 = 6978.93,$$

$$\sum_{j=1}^{9} y_j = 370.8, \sum_{j=1}^{9} y_j^2 = 15\ 280.173.$$

假定零件口径 X 服从正态分布,给定显著性水平 $\alpha = 0.05$,问是否可认为这两台机床加工零件口径的方差无显著性差异?

9. 某厂生产的铜丝,要求其折断力的方差不超过 16,今从某日生产的铜丝中随机抽取容量为 9 的一个样本,测得折断力(单位:N)数据为 289,286,285,286,284,285,286,298,292. 设总体服从正态分布,问该日生产的铜丝的折断力的方差是否合乎标准 ($\alpha = 0.05$)?

10. 根据设计要求,某零件的内径标准差不得超过 0.30(单位:cm),现从该产品中随机抽验了 25 件,测得样本标准差为 0.36,问该批产品是否合格?

11. 某厂三车间生产铜丝的折断力服从正态分布,生产一直比较稳定,今从产品中随机抽出 9 根检验折断力,测得数据(单位:kg)为 289,268,285,284,286,285,286,298,292. 问是否可相信该车间的铜丝折断力的方差为 20($\alpha = 0.05$)?

12. 某电工器材厂生产一种保险丝,保险丝的熔化时间(单位:h)服从正态分布,按规定,熔化时间的方差不得超过 400 h,今从一批产品中随机抽取 25 个样品,测得熔化时间的方差为 410 h,问在显著性水平 $\alpha = 0.05$ 下,能认为这批产品的方差显著偏大吗?

13. 用老工艺生产的机械零件方差较大,抽查了 25 个,得 $s_1^2 = 6.37$,现改用新工艺生产,随机抽查 25 个零件,得 $s_2^2 = 3.19$,设这两种生产过程皆服从正态分布,问新工艺的精度是否比老工艺显著地好($\alpha = 0.05$)?

14. 一名教师教 A 和 B 两个班级的同一门课程,从 A 班随机抽取 16 名学生,从 B 班随机抽取 26 名学生. 在同一次测验中,A 班成绩的样本标准差 $s_1 = 9$,B 班成绩的样本标准差 $s_2 = 12$,假设 A,B 两班测验成绩分别服从正态分布 $N(\mu_1, \sigma_1^2)$,$N(\mu_2, \sigma_2^2)$. 在显著性水平 $\alpha = 0.01$ 下,能否认为 B 班成绩的标准差比 A 班大?

15. 某烟草公司宣称他们生产的每包香烟平均尼古丁含量为 1.83(单位:mg),取 8 包香烟的简单随机样本,测其尼古丁含量分别为 2.0,1.7,2.1,1.9,2.2,2.1,2.0,1.6,你会同意公司的说法吗?(设尼古丁含量服从正态分布)

16. 某厂家称其用于电动玩具的电池可持续使用 30(单位:h),为此每月测试 16 个电池,假如算出的 t 值在区间 $(-t_{0.025}, t_{0.025})$ 内,就合格,若一样本,测得其样本均值 $\bar{x} = 27.5$ h,标准差 $s = 5$ h,会得出什么结论?(电池寿命为正态分布)

总 复 习

典型 38 道例题解析

【例1】设 A,B,C 为三个事件,用 A,B,C 的运算关系表示下列各事件:

(1) 仅 A 发生;　　　　　　　　(2) A 与 C 都发生,而 B 不发生;

(3) 所有三个事件都不发生;　　　(4) 至少有一个事件发生;

(5) 至多有两个事件发生;　　　　(6) 至少有两个事件发生;

(7) 恰有两个事件发生;　　　　　(8) 恰有一个事件发生.

分析:利用事件的运算关系及性质来描述事件.

解　(1) $A\bar{B}\bar{C}$; (2) $A\bar{B}C$; (3) $\bar{A}\bar{B}\bar{C}$ 或 $\overline{A \cup B \cup C}$;

(4) $A \cup B \cup C$ 或 $AB\bar{C} \cup \bar{A}B\bar{C} \cup \bar{A}\bar{B}C \cup ABC \cup A\bar{B}C \cup \bar{A}BC \cup AB\bar{C}$;

(5) $\bar{A} \cup \bar{B} \cup \bar{C}$ 或 $A\bar{B}\bar{C} \cup \bar{A}B\bar{C} \cup \bar{A}\bar{B}C \cup AB\bar{C} \cup A\bar{B}C \cup \bar{A}BC \cup \bar{A}\bar{B}\bar{C}$;

(6) $AB \cup AC \cup BC$ 或 $ABC \cup AB\bar{C} \cup A\bar{B}C \cup \bar{A}BC$;

(7) $AB\bar{C} \cup A\bar{B}C \cup \bar{A}BC$; (8) $A\bar{B}\bar{C} \cup \bar{A}B\bar{C} \cup \bar{A}\bar{B}C$.

【例2】把 n 个不同的球随机地放入 $N(N \geq n)$ 个盒子中,求下列事件的概率:

(1) 某指定的 n 个盒子中各有一个球;

(2) 任意 n 个盒子中各有一个球;

(3) 指定的某个盒子中恰有 $m(m < n)$ 个球.

分析:这是古典概率的一个典型问题,许多古典概率的计算问题都可归结为这一类型. 每个球都有 N 种放法,n 个球共有 N^n 种不同的放法."某指定的 n 个盒子中各有一个球"相当于 n 个球在 n 个盒子中的全排列;与(1)相比,(2)相当于先在 N 个盒子中选 n 个盒子,再放球;(3)相当于先从 n 个球中取 m 个球放入某指定的盒中,再把剩下的 $n-m$ 个球放入 $N-1$ 个盒中.

解　样本空间中所含的样本点数为 N^n.

(1) 该事件所含的样本点数是 $n!$,故 $p = \dfrac{n!}{N^n}$;

(2) 在 N 个盒子中选 n 个盒子有 C_N^n 种选法,故所求事件的概率为 $p = C_N^n \cdot \dfrac{n!}{N^n}$;

(3) 从 n 个球中取 m 个有 C_n^m 种选法,剩下的 $n-m$ 个球中的每一个球都有 $N-1$ 种放法,故所求事件的概率为 $p = \dfrac{C_n^m \cdot (N-1)^{n-m}}{N^n}$.

【例3】设事件 A 与 B 互不相容,且 $P(A) = p, P(B) = q$,求下列事件的概率:$P(AB), P(A \cup B), P(A\bar{B}), P(\bar{A}\bar{B})$.

分析:按概率的性质进行计算.

解　A 与 B 互不相容,所以 $AB = \Phi, P(AB) = P(\Phi) = 0$,因此
$$P(A+B) = P(A) + P(B) = p+q,$$
由于 A 与 B 互不相容,这时 $A\bar{B} = A$,从而 $P(A\bar{B}) = P(A) = p$;由于 $\bar{A}\bar{B} = \overline{A \cup B}$,从而 $P(\bar{A}\bar{B}) = P(\overline{A \cup B}) = 1 - P(A \cup B) = 1 - (p+q)$.

【例4】某住宅楼共有三个孩子,已知其中至少有一个是女孩,求至少有一个是男孩的概率(假设一个小孩为男或为女是等可能的).

分析:在已知"至少有一个是女孩"的条件下求"至少有一个是男孩"的概率,所以是条件概率问题.根据公式 $P(B\mid A) = \dfrac{P(AB)}{P(A)}$,必须求出 $P(AB), P(A)$.

解 设 $A = \{$至少有一个女孩$\}$, $B = \{$至少有一个男孩$\}$,则 $\overline{A} = \{$三个全是男孩$\}$,$\overline{B} = \{$三个全是女孩$\}$,于是 $P(\overline{A}) = \dfrac{1}{2^3} = \dfrac{1}{8} = P(\overline{B})$,事件 AB 为"至少有一个女孩且至少有一个男孩",因为 $\overline{AB} = \overline{A} \cup \overline{B}$,且 $\overline{A}\,\overline{B} = \Phi$,所以

$$P(AB) = 1 - P(\overline{AB}) = 1 - P(\overline{A} \cup \overline{B}) = 1 - \left[P(\overline{A}) + P(\overline{B})\right]$$
$$= 1 - \left(\dfrac{1}{8} + \dfrac{1}{8}\right) = \dfrac{3}{4},\ P(A) = 1 - P(\overline{A}) = \dfrac{7}{8},$$

从而,在已知至少有一个为女孩的条件下,求至少有一个是男孩的概率为

$$P(B\mid A) = \dfrac{P(AB)}{P(A)} = \dfrac{\dfrac{3}{4}}{\dfrac{7}{8}} = \dfrac{6}{7}.$$

【例5】某电子设备制造厂所用的晶体管是由三家元件制造厂提供的.根据以往的记录有以下的数据见表1.

表1

元件制造厂	次品率	提供晶体管的份额
1	0.02	0.15
2	0.01	0.80
3	0.03	0.05

设这三家工厂的产品在仓库中是均匀混合的,且无区别的标志.(1) 在仓库中随机地取一只晶体管,求它是次品的概率.(2) 在仓库中随机地取一只晶体管,若已知取到的是次品,为分析此次品出自何厂,需求出此次品由三家工厂生产的概率分别是多少.试求这些概率.

分析:(1) 事件"取出的一只晶体管是次品"可分解为下列三个事件的和:"这只次品是一厂提供的""这只次品是二厂提供的""这只次品是三厂提供的",这三个事件互不相容,可用全概率公式进行计算.一般地,当直接计算某一事件 A 的概率 $P(A)$ 比较困难,而 $P(B_i), P(A\mid B_i)$ 比较容易计算,且 $\sum_i B_i = S$ 时,可考虑用全概率公式计算 $P(A)$.(2) 为条件概率,可用贝叶斯公式进行计算.

解 设 A 表示"取到的是一只次品",$B_i(i=1,2,3)$ 表示"所取到的产品是由第 i 家工厂提供的".易知,B_1, B_2, B_3 是样本空间 S 的一个划分,且有

$$P(B_1) = 0.15, P(B_2) = 0.80, P(B_3) = 0.05,$$
$$P(A\mid B_1) = 0.02, P(A\mid B_2) = 0.01, P(A\mid B_3) = 0.03.$$

(1) 由全概率公式得 $P(A) = \sum\limits_{i=1}^{3} P(B_i)P(A\mid B_i) = 0.012\,5.$

(2) 由贝叶斯公式得 $P(B_1\mid A) = \dfrac{P(A\mid B_1)P(B_1)}{P(A)} = 0.24, P(B_2\mid A) = 0.64, P(B_3\mid A) = 0.12.$

以上结果表明,这只次品来自第二家工厂的可能性最大.

【例6】一名工人照看 A, B, C 三台机床,已知在 1 小时内三台机床各自不需要工人照看的概率为 $P(\overline{A}) = 0.9, P(\overline{B}) = 0.8, P(\overline{C}) = 0.7$.求 1 小时内三台机床至多有一台需要照看的概率.

分析：每台机床是否需要照看是相互独立的，这样，可根据事件的独立性性质及加法公式进行计算．

解 各台机床需要照看的事件是相互独立的，而三台机床至多有一台需要照看的事件 D 可写成 $D = \bar{A}\bar{B}\bar{C} + A\bar{B}\bar{C} + \bar{A}B\bar{C} + \bar{A}\bar{B}C$，则由加法公式与独立性性质得

$$P(D) = P(\bar{A}\bar{B}\bar{C} + A\bar{B}\bar{C} + \bar{A}B\bar{C} + \bar{A}\bar{B}C) = P(\bar{A}\bar{B}\bar{C}) + P(A\bar{B}\bar{C}) + P(\bar{A}B\bar{C}) + P(\bar{A}\bar{B}C)$$
$$= P(\bar{A})P(\bar{B})P(\bar{C}) + P(A)P(\bar{B})P(\bar{C}) + P(\bar{A})P(B)P(\bar{C}) + P(\bar{A})P(\bar{B})P(C) = 0.902.$$

【例7】 分析下列函数是否是分布函数．若是分布函数，判断是哪类随机变量的分布函数．

(1) $F(x) = \begin{cases} 0, & x < -2, \\ \dfrac{1}{2}, & -2 \leq x < 0, \\ 1, & x \geq 0. \end{cases}$ (2) $F(x) = \begin{cases} 0, & x < 0, \\ \sin x, & 0 \leq x < \pi, \\ 1, & x \geq \pi. \end{cases}$

(3) $F(x) = \begin{cases} 0, & x < 0, \\ x + \dfrac{1}{2}, & 0 \leq x < \dfrac{1}{2}, \\ 1, & x \geq \dfrac{1}{2}. \end{cases}$

分析：可根据分布函数的定义及性质进行判断．

解 (1) $F(x)$ 在 $(-\infty, +\infty)$ 上单调不减且右连续．同时，$\lim\limits_{x \to -\infty} F(x) = 0, \lim\limits_{x \to +\infty} F(x) = 1$．故 $F(x)$ 是随机变量的分布函数．由 $F(x)$ 的图形可知是阶梯形曲线，故 $F(x)$ 是离散型随机变量的分布函数．

(2) 由于 $F(x)$ 在 $\left[\dfrac{\pi}{2}, \pi\right]$ 上单调下降，故 $F(x)$ 不是随机变量的分布函数．但只要将 $F(x)$ 中的 π 改为 $\dfrac{\pi}{2}$，$F(x)$ 就满足单调不减右连续，且 $\lim\limits_{x \to -\infty} F(x) = 0, \lim\limits_{x \to +\infty} F(x) = 1$，这时 $F(x)$ 就是随机变量的分布函数．由 $F(x)$ 可求得

$$f(x) = F'(x) = \begin{cases} 0, & \text{其他}, \\ \cos x, & 0 < x \leq \dfrac{\pi}{2}. \end{cases}$$ 显然，$F(x)$ 是连续型随机变量的分布函数．

(3) $F(x)$ 在 $(-\infty, +\infty)$ 上单调不减且右连续，且 $F(-\infty) = 0, F(+\infty) = 1$，是随机变量的分布函数．但 $F(x)$ 在 $x = 0$ 和 $x = \dfrac{1}{2}$ 处不可导，故不存在密度函数 $f(x)$，使得 $\int_{-\infty}^{x} f(x)\mathrm{d}x = F(x)$．同时，$F(x)$ 的图形也不是阶梯形曲线，因而 $F(x)$ 既非连续型也非离散型随机变量的分布函数．

【例8】 盒中装有大小相等的球 10 个，编号分别为 $0, 1, 2, \cdots, 9$．从中任取 1 个，观察号码是"小于 5""等于 5""大于 5"的情况．试定义一个随机变量，求其分布律和分布函数．

分析："任取 1 球的号码"是随机变量，它随着试验的不同结果而取不同的值．根据号码是"小于 5""等于 5""大于 5"的三种情况，可定义该随机变量的取值．进一步，可由随机变量的分布律与分布函数的定义，求出其分布律与分布函数．

解 分别用 $\omega_1, \omega_2, \omega_3$ 表示试验的三种结果"小于 5""等于 5""大于 5"，这时试验的样本空间为 $S = \{\omega_1, \omega_2, \omega_3\}$，定义随机变量 X 为

$$X = X(\omega) = \begin{cases} 0, \omega = \omega_1, \\ 1, \omega = \omega_2, \\ 2, \omega = \omega_3, \end{cases}$$

X 取每个值的概率为

$$P\{X = 0\} = \dfrac{5}{10}, P\{X = 1\} = \dfrac{1}{10}, P\{X = 2\} = \dfrac{4}{10},$$

故 X 的分布律见表 2．

表 2

X	0	1	2
P_k	$\dfrac{5}{10}$	$\dfrac{1}{10}$	$\dfrac{4}{10}$

当 $x < 0$ 时, $F(x) = P\{X \leq x\} = 0$;

当 $0 \leq x < 1$ 时, $F(x) = P\{X \leq x\} = P\{X = 0\} = \dfrac{5}{10}$;

当 $1 \leq x < 2$ 时, $F(x) = P\{X \leq x\} = P\{X = 0\} + P\{X = 1\} = \dfrac{6}{10}$;

当 $2 \leq x$ 时, $F(x) = P\{X \leq x\} = P\{X = 0\} + P\{X = 1\} + P\{X = 2\} = 1$;

由此求得分布函数为 $F(x) = P\{X \leq x\} = \begin{cases} 0, & x < 0, \\ \dfrac{5}{10}, & 0 \leq x < 1, \\ \dfrac{6}{10}, & 1 \leq x < 2, \\ 1, & x \geq 2. \end{cases}$

【例9】 设1小时内进入某图书馆的读者人数服从泊松分布. 已知1小时内无人进入图书馆的概率为0.01. 求1小时内至少有2个读者进入图书馆的概率.

分析: 1小时内进入图书馆的人数是一个随机变量 X, 且 $X \sim P(\lambda)$. 这样, $\{X = 0\}$ 表示在1小时内无人进入图书馆, $\{X \geq 2\}$ 表示在1小时内至少有2人进入图书馆. 通过求参数 λ, 进一步求 $P\{X \geq 2\}$.

解 设 X 为在1小时内进入图书馆的人数, 则 $X \sim P(\lambda)$, 这时 $P\{X = k\} = \dfrac{\lambda^k e^{-\lambda}}{k!}(k = 0,1,\cdots)$, 已知 $P\{X = 0\} = e^{-\lambda} = 0.01$, 故 $\lambda = 2\ln 10$. 所求概率为

$$P\{X \geq 2\} = 1 - e^{-\lambda} - \lambda e^{-\lambda} = 1 - 0.01(1 + 2\ln 10) = 0.944.$$

【例10】 设随机变量 X 的密度函数为

$$f(x) = \begin{cases} \dfrac{c}{\sqrt{1-x^2}}, & |x| < 1, \\ 0, & \text{其他}, \end{cases}$$

试求: (1) 常数 c; (2) $P\left\{0 \leq X \leq \dfrac{1}{2}\right\}$; (3) X 的分布函数.

分析: 由密度函数的性质 $\int_{-\infty}^{+\infty} f(x)\mathrm{d}x = 1$ 可求得常数 c; 对密度函数在 $\left[0, \dfrac{1}{2}\right]$ 上积分, 即得 $P\left\{0 \leq X \leq \dfrac{1}{2}\right\}$; 根据连续型随机变量分布函数的定义可求 X 的分布函数.

解 (1) 由 $1 = \int_{-\infty}^{+\infty} f(x)\mathrm{d}x = \int_{-1}^{+1} \dfrac{c}{\sqrt{1-x^2}}\mathrm{d}x = c \cdot \arcsin x \Big|_{-1}^{+1} = c\pi$ 得 $c = \dfrac{1}{\pi}$;

(2) $P\left\{0 \leq X \leq \dfrac{1}{2}\right\} = \int_0^{\frac{1}{2}} \dfrac{1}{\pi} \dfrac{1}{\sqrt{1-x^2}}\mathrm{d}x = \dfrac{1}{\pi}\arcsin x \Big|_0^{\frac{1}{2}} = \dfrac{1}{6}$;

(3) 当 $x \leq -1$ 时, $\{X \leq x\}$ 是不可能事件, 所以 $F(x) = P\{X \leq x\} = 0$;

当 $|x| < 1$ 时, $F(x) = \int_{-\infty}^{x} f(x)\mathrm{d}x = \int_{-1}^{x} \dfrac{1}{\pi} \dfrac{1}{\sqrt{1-x^2}}\mathrm{d}x = \dfrac{1}{\pi}\arcsin x \Big|_{-1}^{x} = \dfrac{1}{\pi}\arcsin x + \dfrac{1}{2}$;

当 $x \geq 1$ 时, $F(x) = \int_{-\infty}^{x} f(x)\mathrm{d}x = \int_{-1}^{1} \dfrac{1}{\pi} \dfrac{1}{\sqrt{1-x^2}}\mathrm{d}x = 1$; 所以 X 的分布函数为

$$F(x) = \begin{cases} 0, & x \leq -1, \\ \dfrac{1}{\pi}\arcsin x + \dfrac{1}{2}, & |x| < 1, \\ 1, & x \geq 1. \end{cases}$$

【例 11】 设顾客在某银行窗口等待服务的时间 X(单位:min)服从指数分布,其概率密度为 $f_X(x) = \begin{cases} \dfrac{1}{5}\mathrm{e}^{-\frac{x}{5}}, & x > 0, \\ 0, & \text{其他}, \end{cases}$ 某顾客在窗口等待服务,若超过 10 min,他就离开. 他一个月要到银行 5 次,以 Y 表示一个月内他未等到服务而离开窗口的次数,写出 Y 的分布律,并求 $P\{Y \geq 1\}$.

分析:显然,Y 为随机变量,取值为 $0,1,2,3,4,5$,且 $Y \sim B(5,p)$. 由 $p = P\{X > 10\}$ 及分布律的定义,可求得 Y 的分布律,进而求 $P\{Y \geq 1\}$.

解 Y 的取值为 $0,1,2,3,4,5,Y \sim B(5,p)$. 由题意得

$$p = P\{X > 10\} = \int_{10}^{+\infty} f_X(x)\mathrm{d}x = \int_{10}^{+\infty} \frac{1}{5}\mathrm{e}^{-\frac{x}{5}}\mathrm{d}x = \mathrm{e}^{-2},$$

故 Y 的分布律为

$$P\{X = k\} = C_5^k \mathrm{e}^{-2k}(1-\mathrm{e}^{-2})^{5-k} \ (k=0,1,2,3,4,5),$$

即见表 3.

表 3

Y	0	1	2	3	⋯ 5
P_k	$(1-\mathrm{e}^{-2})^5$	$5\mathrm{e}^{-2}(1-\mathrm{e}^{-2})^4$	$10\mathrm{e}^{-4}(1-\mathrm{e}^{-2})^3$	$10\mathrm{e}^{-6}(1-\mathrm{e}^{-2})^2$	⋯e^{-10}

所以,$P\{Y \geq 1\} = 1 - P\{Y < 1\} = 1 - P\{X = 0\} = 0.516\ 7$.

【例 12】 某单位招聘 2 500 人,按考试成绩从高分到低分依次录用,共有 10 000 人报名,假设报名者的成绩 $X \sim N(\mu,\sigma^2)$,已知 90 分以上有 359 人,60 分以下有 1 151 人,问被录用者中最低分为多少分?

分析:已知成绩 $X \sim N(\mu,\sigma^2)$,但不知 μ,σ 的值,所以本题的关键是求 μ,σ,再进一步根据正态分布标准化方法进行求解.

解 根据题意 $P\{X > 90\} = \dfrac{359}{10\ 000} = 0.035\ 9$,故

$$P\{X \leq 90\} = 1 - P\{X > 90\} = 0.964\ 1,$$

而

$$P\{X \leq 90\} = P\left\{\frac{X-\mu}{\sigma} \leq \frac{90-\mu}{\sigma}\right\} = \varPhi\left(\frac{90-\mu}{\sigma}\right) = 0.964\ 1,$$

反查标准正态分布表,得

$$\frac{90-\mu}{\sigma} = 1.8, \tag{1}$$

同样,$P\{X < 60\} = \dfrac{1\ 151}{10\ 000} = 0.115\ 1$,而

$$P\{X < 60\} = P\{X \leq 60\} = P\left\{\frac{X-\mu}{\sigma} \leq \frac{60-\mu}{\sigma}\right\} = \varPhi\left(\frac{60-\mu}{\sigma}\right) = 0.115\ 1,$$

通过反查标准正态分布表,得

$$\frac{60-\mu}{\sigma} = 1.2. \tag{2}$$

由式(1)、式(2)解得 $\mu = 72, \sigma = 10$,所以 $X \sim N(72,10^2)$;

已知录用率为 $\dfrac{2\ 500}{10\ 000} = 0.25$,设被录用者中最低分为 x_0,则

$$P\{X \leq x_0\} = 1 - P\{X \geq x_0\} = 0.75,$$

而

$$P\{X \leq x_0\} = P\left\{\frac{X-72}{10} \leq \frac{x_0-72}{10}\right\} = \varPhi\left(\frac{x_0-72}{10}\right) = 0.75,$$

反查标准正态分布表,得

$$\frac{x_0 - 72}{10} \approx 0.675,$$

解得 $x_0 \approx 78.75$,故被录用者中最低分为 79 分.

【例 13】 设 X 的分布律见表 4.

表 4

X	1	2	3	4	5	6
P	$\frac{1}{4}$	$\frac{1}{6}$	$\frac{1}{12}$	$\frac{1}{8}$	$\frac{5}{24}$	$\frac{1}{6}$

求 $Y = \cos\frac{\pi}{2}X$ 的分布律.

分析: X 是离散型随机变量,Y 也是离散型随机变量. 当 X 取不同值时,将 Y 那些取相等的值分别合并,并把相应的概率相加. 从而得到 Y 的分布律.

解 X 与 Y 的对应关系见表 5.

表 5

X	1	2	3	4	5	6
Y	0	-1	0	1	0	-1
P	$\frac{1}{4}$	$\frac{1}{6}$	$\frac{1}{12}$	$\frac{1}{8}$	$\frac{5}{24}$	$\frac{1}{6}$

由上表可知,Y 的取值只有 $-1,0,1$ 三种可能,由于

$$P\{Y = -1\} = P\{X = 2\} + P\{X = 6\} = \frac{1}{6} + \frac{1}{6} = \frac{1}{3},$$

$$P\{Y = 0\} = P\{X = 1\} + P\{X = 3\} + P\{X = 5\} = \frac{1}{4} + \frac{1}{12} + \frac{5}{24} = \frac{13}{24},$$

$$P\{Y = 1\} = P\{X = 4\} = \frac{1}{8},$$

所以,$Y = \cos\frac{\pi}{2}X$ 的分布律见表 6.

表 6

Y	-1	0	1
P	$\frac{1}{3}$	$\frac{13}{24}$	$\frac{1}{8}$

【例 14】 设随机变量 X 服从正态分布 $N(\mu, \sigma^2)$,求随机变量函数 $Y = e^X$ 的概率密度.

分析: 由于函数 $y = e^x$ 在 $(-\infty, +\infty)$ 上单调增加,且可导,故可按公式法求 Y 的概率密度.

解 由 $f_X(x) = \frac{1}{\sqrt{2\pi}\sigma}e^{-\frac{(x-\mu)^2}{2\sigma^2}} (-\infty < x < +\infty)$ 知 $y = e^x > 0$,所以 Y 的取值区间为 $(0, +\infty)$. 当 $y \leq 0$ 时,$f_Y(y) = 0$;当 $y > 0$ 时,有反函数 $x = \ln y$,从而

$$f_Y(y) = \frac{1}{\sqrt{2\pi}\sigma}e^{-\frac{(\ln y - \mu)^2}{2\sigma^2}} \cdot \frac{1}{y} = \frac{1}{\sqrt{2\pi}\sigma y}e^{-\frac{(\ln y - \mu)^2}{2\sigma^2}},$$

由此得随机变量 Y 的概率密度为

$$f_Y(y) = \begin{cases} \frac{1}{\sqrt{2\pi}\sigma y}e^{-\frac{(\ln y - \mu)^2}{2\sigma^2}}, & y > 0, \\ 0, & y \leq 0. \end{cases}$$

【例 15】已知 $X \sim N(0,1)$,求 $Y = X^2$ 的概率密度.

分析:根据分布函数的定义,先求 $Y = X^2$ 的分布函数,然后对其求导,即可得到 Y 的概率密度.

解 若 $y \leq 0$,则 $\{Y \leq y\}$ 是不可能事件,因而 $F_Y(y) = P\{Y \leq y\} = 0$;

若 $y > 0$,则有

$$F_Y(y) = P\{Y \leq y\} = P\{X^2 \leq y\} = P\{-\sqrt{y} \leq X \leq \sqrt{y}\} = \Phi(\sqrt{y}) - 1,$$

$$f_Y(y) = F_Y'(y) = 2[\Phi(\sqrt{y})]' = 2\varphi(\sqrt{y}) \cdot \frac{1}{2\sqrt{y}} = \frac{1}{\sqrt{2\pi}} y^{-\frac{1}{2}} e^{-\frac{y}{2}},$$

从而,Y 的概率密度为

$$f_Y(y) = \begin{cases} \frac{1}{\sqrt{2\pi}} y^{-\frac{1}{2}} e^{-\frac{y}{2}}, & y > 0, \\ 0, & y \leq 0. \end{cases}$$

【例 16】设一盒内有 2 件次品,3 件正品,进行有放回的抽取和无放回的抽取.设 X 为第一次抽取所得次品个数,Y 为第二次抽取所得次品个数.试分别求出两种抽取方式下

(1) (X,Y) 的联合分布律;

(2) 二维随机变量 (X,Y) 的边缘分布律;

(3) X 与 Y 是否相互独立.

分析:求二维随机变量 (X,Y) 的边缘分布律,仅需求出概率 $P\{X=i, Y=j\}$.由二维随机变量 (X,Y) 的边缘分布律的定义,$p_{i\cdot} = \sum_j p_{ij}, p_{\cdot j} = \sum_i p_{ij}$;将联合分布律表中各列的概率相加,即得关于 X 的边缘分布律;将联合分布律表中各行的概率相加,即得关于 Y 的边缘分布律.关于 X 与 Y 是否相互独立问题可由二维离散型随机变量 X 与 Y 相互独立的充要条件来验证.

解 X、Y 都服从 $0-1$ 分布,分别记

$$X = \begin{cases} 0, & \text{第一次取得正品,} \\ 1, & \text{第一次取得次品.} \end{cases} \quad Y = \begin{cases} 0, & \text{第二次取得正品,} \\ 1, & \text{第二次取得次品.} \end{cases}$$

(1) 在有放回抽样时,联合分布律为

$$P\{X=0, Y=0\} = \frac{3}{5} \times \frac{3}{5} = \frac{9}{25}, \quad P\{X=0, Y=1\} = \frac{3}{5} \times \frac{2}{5} = \frac{6}{25},$$

$$P\{X=1, Y=0\} = \frac{2}{5} \times \frac{3}{5} = \frac{6}{25}, \quad P\{X=1, Y=1\} = \frac{2}{5} \times \frac{2}{5} = \frac{4}{25},$$

可列成表,见表 7.

在不放回抽样时,联合分布律为

$$P\{X=0, Y=0\} = \frac{3}{5} \times \frac{2}{4} = \frac{3}{10}, \quad P\{X=0, Y=1\} = \frac{3}{5} \times \frac{2}{4} = \frac{3}{10},$$

$$P\{X=1, Y=0\} = \frac{2}{5} \times \frac{3}{4} = \frac{3}{10}, \quad P\{X=1, Y=1\} = \frac{2}{5} \times \frac{1}{4} = \frac{1}{10},$$

可列成表,见表 8.

表 7

Y	X	
	0	1
0	9/25	6/25
1	6/25	4/25

表 8

Y	X	
	0	1
0	3/10	3/10
1	3/10	1/10

(2) 在有放回抽样时,对表 7,按各列、各行相加,得关于 X,Y 的边缘分布律为表 9、表 10. 在不放回抽样

时,对表8,按各列、各行相加,得关于X,Y的边缘分布律见表11、表12.

表9

X	0	1
$P_{i\cdot}$	3/5	2/5

表10

Y	0	1
$P_{\cdot j}$	3/5	2/5

表11

X	0	1
$P_{i\cdot}$	3/5	2/5

表12

Y	0	1
$P_{\cdot j}$	3/5	2/5

(3) 在有放回抽样时,因为$p_{ij}=p_{i\cdot}p_{\cdot j}(i,j=0,1)$,所以$X$与$Y$相互独立;在不放回抽样时,因为$p_{1\cdot}p_{\cdot 1}=\frac{2}{5}\times\frac{2}{5}=\frac{4}{25}\neq p_{11}=\frac{1}{10}$,所以$X$与$Y$不相互独立.

【例17】 设(X,Y)的联合密度函数为
$$f(x,y)=\begin{cases}Cxy, & 0<x<1,0<y<1,\\ 0, & 其他,\end{cases}$$
试求:(1) 常数C;(2) $f_X(x),f_Y(y)$;(3) X与Y是否相互独立.

分析: 由联合密度函数$f(x,y)$的性质$\int_{-\infty}^{+\infty}\int_{-\infty}^{+\infty}f(x,y)\mathrm{d}x\mathrm{d}y=1$确定常数$C$,由边缘密度函数的定义$f_X(x)=\int_{-\infty}^{+\infty}f(x,y)\mathrm{d}y,f_Y(y)=\int_{-\infty}^{+\infty}f(x,y)\mathrm{d}x$,计算广义积分得$f_X(x),f_Y(y)$.关于$X$与$Y$是否相互独立的问题,可用二维连续型随机变量$X$与$Y$相互独立的充要条件来验证.

解 (1) 因为$1=\int_{-\infty}^{+\infty}\int_{-\infty}^{+\infty}f(x,y)\mathrm{d}x\mathrm{d}y=\int_0^1\int_0^1Cxy\mathrm{d}x\mathrm{d}y=\frac{C}{4}$,因此$C=4$;

(2) 因为$f_X(x)=\int_{-\infty}^{+\infty}f(x,y)\mathrm{d}y$,当$0<y<1,0<x<1$时,$f_X(x)=\int_0^1 4xy\mathrm{d}y=2x$,当$x,y$为其他情况时,$f_X(x)=0$,所以$f_X(x)=\begin{cases}2x, & 0<x<1,\\ 0, & 其他;\end{cases}$同理$f_Y(y)=\begin{cases}2y, & 0<y<1,\\ 0, & 其他;\end{cases}$

(3) $f_X(x)f_Y(y)=\begin{cases}4xy, & 0<x<1,0<y<1,\\ 0, & 其他,\end{cases}$则$\forall x,y$,有$f(x,y)=f_X(x)f_Y(y)$,因此,$X$与$Y$相互独立.

【例18】 设二维随机变量(X,Y)的密度函数为
$$f(x,y)=\begin{cases}[\sin(x+y)]/2, & 0\leq x<\pi/2,0\leq y<\pi/2,\\ 0, & 其他,\end{cases}$$
求(X,Y)的分布函数$F(x,y)$.

分析: 根据密度函数的定义可以看出分布函数$F(x,y)=\int_{-\infty}^x\int_{-\infty}^y f(x,y)\mathrm{d}x\mathrm{d}y$与$(x,y)$所在的区域有关,可分区域分别进行讨论.

解 当$x<0,y<0$时,$f(x,y)=0$,于是$F(x,y)=0$;

当$0\leq x<\pi/2,0\leq y<\pi/2$时,$f(x,y)=[\sin(x+y)]/2$,
$$F(x,y)=\int_{-\infty}^x\int_{-\infty}^y f(x,y)\mathrm{d}x\mathrm{d}y=\frac{1}{2}\int_0^x\int_0^y\sin(x+y)\mathrm{d}x\mathrm{d}y$$
$$=[\sin x+\sin y-\sin(x+y)]/2;$$

当$x\geq\pi/2,0\leq y<\pi/2$时,
$$F(x,y)=\frac{1}{2}\int_0^{\pi/2}\int_0^y\sin(x+y)\mathrm{d}x\mathrm{d}y=(1+\sin y-\cos y)/2;$$

当 $0 \leq x < \pi/2, y \geq \pi/2$ 时,
$$F(x,y) = \frac{1}{2}\int_0^x \int_0^{\pi/2} \sin(x+y) \mathrm{d}x\mathrm{d}y = (1 + \sin x - \cos x)/2;$$
当 $x \geq \pi/2, y \geq \pi/2$ 时,
$$F(x,y) = \frac{1}{2}\int_0^{\pi/2} \int_0^{\pi/2} \sin(x+y)\mathrm{d}x\mathrm{d}y = 1;$$
所以
$$F(x,y) = \begin{cases} 0, & x < 0, y < 0, \\ [\sin x + \sin y - \sin(x+y)]/2, & 0 \leq x < \pi/2, 0 \leq y < \pi/2, \\ (1 + \sin y - \cos y)/2, & x \geq \pi/2, 0 \leq y < \pi/2, \\ (1 + \sin x - \cos x)/2, & 0 \leq x < \pi/2, y \geq \pi/2, \\ 1, & x \geq \pi/2, y \geq \pi/2. \end{cases}$$

【例19】随机变量 (X,Y) 的密度函数为
$$f(x,y) = \begin{cases} 2/(1+x+y)^3, & x > 0, y > 0, \\ 0, & 其他, \end{cases}$$
求 $X = 1$ 条件下 Y 的条件分布密度.

分析: 通过 (X,Y) 的联合密度和边缘密度函数, 求在 $X = 1$ 条件下 Y 的条件分布密度.

解 当 $x > 0$ 时,有 $f_X(x) = \int_0^\infty 2/(1+x+y)^3 \mathrm{d}y = 1/(1+x)^2$,
故
$$f_{Y|X}(y|x=1) = f(1,y)/f_X(1) = \begin{cases} 8/(2+y)^3, & y > 0, \\ 0, & y \leq 0. \end{cases}$$

【例20】随机变量 (X,Y) 的密度函数为
$$f(x,y) = \begin{cases} \mathrm{e}^{-y}, & x > 0, \ y > x, \\ 0, & 其他, \end{cases}$$
求 $P\{X > 2 | Y < 4\}$.

分析: 先求得边缘密度函数, 再根据条件概率的定义进行求解.

解 因为
$$f_X(x) = \begin{cases} \int_x^{+\infty} \mathrm{e}^{-y}\mathrm{d}y = \mathrm{e}^{-x}, & x > 0, \\ 0, & x \leq 0. \end{cases} \quad f_Y(y) = \begin{cases} \int_0^y \mathrm{e}^{-y}\mathrm{d}x = y\mathrm{e}^{-y}, & y > 0, \\ 0, & y \leq 0. \end{cases}$$
故
$$P\{X > 2, Y < 4\} = \iint_G f(x,y)\mathrm{d}x\mathrm{d}y = \int_2^4 \int_2^y \mathrm{e}^{-y}\mathrm{d}x = \int_2^4 (y-2)\mathrm{e}^{-y}\mathrm{d}y = \mathrm{e}^{-2} - 3\mathrm{e}^{-4}.$$
又 $P(Y < 4) = \int_{y<4} f_Y(y)\mathrm{d}y = \int_0^4 y\mathrm{e}^{-y}\mathrm{d}y = 1 - 5\mathrm{e}^{-4}$,所以
$$P\{X > 2 | Y < 4\} = (\mathrm{e}^{-2} - 3\mathrm{e}^{-4})/(1 - 5\mathrm{e}^{-4}).$$

【例21】设随机变量 X 和 Y 相互独立,有
$$f_X(x) = \begin{cases} 1, & 0 \leq x \leq 1, \\ 0, & 其他, \end{cases} \quad f_Y(y) = \begin{cases} 2y, & 0 \leq y \leq 1, \\ 0, & 其他, \end{cases}$$
求随机变量 $Z = X + Y$ 的概率密度函数 $f_Z(z)$.

分析: 可按分布函数的定义先求得 $F_Z(z) = P\{Z \leq z\}$, 再进一步求得概率密度函数 $f_Z(z)$; 在计算累次积分时要分各种情况进行讨论.

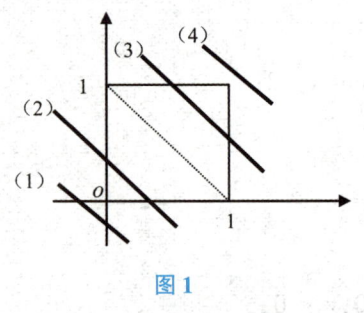

图 1

解 $F_Z(z) = P\{X+Y \leq z\} = \iint\limits_{x+y \leq z} f(x,y)dxdy$, 积分仅当 $f(x,y) > 0$ 时才不为 0, 考虑 $f(x,y) > 0$ 的区域与 $x+y \leq z$ 的取值, 分四种情况计算 (图 1).

当 $z < 0$ 时, $F_Z(z) = 0$;

当 $0 \leq z \leq 1$ 时, $F_Z(z) = \int_0^z \int_0^{z-x} 2y dy = z^3/3$;

当 $1 < z \leq 2$ 时, $F_Z(z) = \int_0^{z-1}\int_0^1 2ydy + \int_{z-1}^1 \int_0^{z-x} 2ydy = z^2 - z^3/3 - 1/3$;

当 $z > 2$ 时, $F_Z(z) = 1$; 所以

$$F_Z(z) = \begin{cases} 0, & z < 0, \\ z^3/3, & 0 \leq z \leq 1, \\ z^2 - z^3/3 - 1/3, & 1 < z \leq 2, \\ 1, & z > 2. \end{cases} \quad f_Z(z) = F_Z'(z) = \begin{cases} z^2, & 0 \leq z \leq 1, \\ 2z - z^2, & 1 \leq z \leq 2, \\ 0, & \text{其他}. \end{cases}$$

【例 22】 设随机变量 X 的分布律为 $P\{X = k\} = \alpha^k/(1+\alpha)^{k+1}, \alpha > 0, k = 0, 1, \cdots$, 求 $E(X)$ 和 $D(X)$.

分析: 可直接按离散型随机变量的期望和方差的定义进行计算.

解 $E(X) = \sum_{k=0}^{\infty} k \cdot \alpha^k/(1+\alpha)^{k+1} = \alpha/(1+\alpha)^2 \cdot \sum_{k=1}^{\infty} k\left(\frac{\alpha}{1+\alpha}\right)^{k-1} = \alpha.$

同理

$$E(X^2) = \sum_{k=1}^{\infty} k^2 \cdot \alpha^k/(1+\alpha)^{k+1} = \alpha/(1+\alpha)^2 \cdot \sum_{k=1}^{\infty} k^2\left(\frac{\alpha}{1+\alpha}\right)^{k-1} = \alpha(1+2\alpha).$$

所以

$$D(X) = E(X^2) - [E(X)]^2 = \alpha(1+\alpha).$$

【例 23】 设 (X,Y) 的概率密度函数为

$$f(x,y) = \begin{cases} 3xy/16, & 0 \leq x \leq 2, 0 \leq y \leq x^2, \\ 0, & \text{其他}. \end{cases}$$

求: (1) $E(X), E(Y)$; (2) $D(X), D(Y)$; (3) $\text{Cov}(X,Y), \rho_{XY}$.

分析: 由数学期望的定义及方差、协方差、相关系数的计算公式, 首先须求出关于 X, Y 的边缘密度函数 $f_X(x), f_Y(y)$, 然后再分别求数学期望、方差、协方差、相关系数等.

解 (1) $f_X(x) = \int_0^{x^2} 3xy/16 dy = 3x^5/32, 0 \leq x \leq 2,$

$f_Y(y) = \int_{\sqrt{y}}^2 3xy/16 dx = 3y(4-y)/32, 0 \leq y \leq 4,$

所以

$$E(X) = \int_0^2 x \cdot 3x^5/32 dx = 12/7, E(Y) = \int_0^4 y \cdot 3y(4-y)/32 dy = 2;$$

(2) $E(X^2) = \int_0^2 x^2 \cdot 3x^5/32 dx = 3, E(Y^2) = \int_0^4 y^2 \cdot 3y(4-y)/32 dy = 24/5,$

所以

$$D(X) = 3 - (12/7)^2 = 3/49, D(Y) = 24/5 - 2^2 = 4/5;$$

(3) $E(XY) = \int_0^2 \int_0^{x^2} xy \cdot 3xy/16 dxdy = 32/9,$

所以

$$\text{Cov}(X,Y) = E(XY) - E(X)E(Y) = 8/63,$$

$$\rho_{XY} = \text{Cov}(X,Y)/[\sqrt{DX}\sqrt{DY}] = 4\sqrt{15}/27 \approx 0.574.$$

【例 24】 设事件 A 在第 i 次试验中出现的概率为 $p_i(i=1,2,\cdots,n)$，X 表示在 n 次独立试验中 A 出现的次数，求 $E(X)$ 和 $D(X)$.

分析： 可先求出随机变量的分布，再依公式计算数字特征.

解 设
$$X_i = \begin{cases} 0, & \text{第 } i \text{ 次试验 } A \text{ 不出现}, \\ 1, & \text{第 } i \text{ 次试验 } A \text{ 出现}. \end{cases}$$

于是 $X = X_1 + X_2 + \cdots + X_n$. 又因为
$$P\{X_i = 1\} = p_i, P\{X_i = 0\} = q_i \ (i=1,2,\cdots,n),$$
故
$$E(X_i) = p_i, E(X) = \sum_{i=1}^n E(X_i) = \sum_{i=1}^n p_i; D(X_i) = E(X_i^2) - [E(X_i)]^2 = p_i q_i.$$

由于各 X_i 相互独立，所以
$$D(X) = \sum_{i=1}^n D(X_i) = \sum_{i=1}^n p_i q_i. \ (\text{式中 } p_i + q_i = 1)$$

【例 25】 设 $X \sim N(\mu, \sigma^2)$，$Y \sim N(\mu, \sigma^2)$，且 X,Y 相互独立，试求 $Z_1 = \alpha X + \beta Y$ 和 $Z_2 = \alpha X - \beta Y$ 的相关系数. α, β 为不等于零的常数.

分析： 求函数的数字特征，可有以下三种方法：(1) 先求函数的概率分布，再依公式计算数字特征；(2) 直接依随机变量函数数字特征的公式计算；(3) 利用数字特征的有关定理计算.

解
$$\begin{aligned} \text{Cov}(Z_1, Z_2) &= \text{Cov}(\alpha X + \beta Y, \alpha X - \beta Y) \\ &= \alpha^2 \text{Cov}(X,X) - \alpha\beta \text{Cov}(X,Y) + \alpha\beta \text{Cov}(X,Y) - \beta^2 \text{Cov}(Y,Y) \\ &= \alpha^2 D(X) - \beta^2 D(Y) \\ &= (\alpha^2 - \beta^2)\sigma^2; \end{aligned}$$

而 $D(Z_1) = D(\alpha X + \beta Y) = \alpha^2 \sigma^2 + \beta^2 \sigma^2 = D(Z_2)$，所以
$$\rho_{Z_1 Z_2} = \frac{(\alpha^2 - \beta^2)\sigma^2}{(\alpha^2 + \beta^2)\sigma^2} = \frac{\alpha^2 - \beta^2}{\alpha^2 + \beta^2}.$$

【例 26】 设 $X_1, X_2, \cdots, X_n$ 是相互独立的随机变量，且 $E(X_i) = \mu$，$D(X_i) = \sigma^2 (i=1,2,\cdots,n)$. 记 $\overline{X} = \frac{1}{n}\sum_{i=1}^n X_i$，$S^2 = \frac{1}{n-1}\sum_{i=1}^n (X_i - \overline{X})^2$. 证明 (1) $E(\overline{X}) = \mu$，$D(\overline{X}) = \frac{\sigma^2}{n}$；(2) $E(S^2) = \sigma^2$.

分析： 运用随机变量数字特征的某些性质及一定的技巧进行证明.

证明 (1) $E(\overline{X}) = E\left[\frac{1}{n}\sum_{i=1}^n X_i\right] = \frac{1}{n}\sum_{i=1}^n E(X_i) = \mu$,

$$D(\overline{X}) = D\left[\frac{1}{n}\sum_{i=1}^n X_i\right] = \frac{1}{n^2}\sum_{i=1}^n D(X_i) = \frac{1}{n^2} \cdot n\sigma^2 = \frac{\sigma^2}{n};$$

(2) $E(S^2) = \frac{1}{n-1} E\left\{\sum_{i=1}^n [(X_i - \mu) - (\overline{X} - \mu)]^2\right\}$

$$= \frac{1}{n-1}\sum_{i=1}^n E[(X_i - \mu)^2] - nE(\overline{X} - \mu)^2 = \frac{1}{n-1}\left[n\sigma^2 - n \cdot \frac{\sigma^2}{n}\right] = \sigma^2.$$

【例 27】 设每次试验中某事件 A 发生的概率为 0.8，请用切比雪夫不等式估计：n 需要多大，才能使得在 n 次重复独立试验中事件 A 发生的频率在 $0.79 \sim 0.81$ 的概率至少为 0.95？

分析： 根据切比雪夫不等式进行估计，须记住不等式.

解 设 X 表示 n 次重复独立试验中事件 A 出现的次数，则 $X \sim B(n, 0.8)$. A 出现的频率为 $\frac{X}{n}$，$E(X) = 0.8n$，$D(X) = 0.8 \times 0.2n = 0.16n$. 从而
$$P\left\{0.79 < \frac{X}{n} < 0.81\right\} = P\{|X - 0.8n| < 0.01n\} \geq 1 - \frac{D(X)}{(0.01n)^2}$$

$$= 1 - \frac{0.16n}{0.0001n^2} = 1 - \frac{1600}{n}.$$

由题意得 $1 - \frac{1600}{n} \geq 0.95, n \geq 32\,000$. 可见,做 $32\,000$ 次重复独立试验中可使事件 A 发生的频率在 $0.79 \sim 0.81$ 的概率至少为 0.95.

【例28】 证明:(马尔可夫定理)如果随机变量序列 $X_1, X_2, \cdots, X_n, \cdots$,满足 $\lim\limits_{n \to \infty} \frac{1}{n^2} D\left(\sum\limits_{k=1}^{n} X_k\right) = 0$,则对任给 $\varepsilon > 0$,有 $\lim\limits_{n \to \infty} P\left\{\left|\frac{1}{n}\sum\limits_{k=1}^{n} X_k - \frac{1}{n} E\left(\sum\limits_{k=1}^{n} X_k\right)\right| < \varepsilon\right\} = 1$.

证明 $E\left(\frac{1}{n}\sum\limits_{k=1}^{n} X_k\right) = \frac{1}{n}\sum\limits_{k=1}^{n} E(X_k), D\left(\frac{1}{n}\sum\limits_{k=1}^{n} X_k\right) = \frac{1}{n^2} D\left(\sum\limits_{k=1}^{n} X_k\right)$,由切比雪夫不等式,得

$$\lim_{n \to \infty} P\left\{\left|\frac{1}{n}\sum_{k=1}^{n} X_k - \frac{1}{n} E\left(\sum_{k=1}^{n} X_k\right)\right| < \varepsilon\right\} \geq 1 - \frac{D\left(\sum\limits_{k=1}^{n} X_k\right)}{n^2 \varepsilon^2}.$$

根据题设条件,当 $n \to \infty$ 时,

$$\lim_{n \to \infty} P\left\{\left|\frac{1}{n}\sum_{k=1}^{n} X_k - \frac{1}{n} E\left(\sum_{k=1}^{n} X_k\right)\right| < \varepsilon\right\} \geq 1,$$

但概率小于等于1,故马尔可夫定理成立.

【例29】 一本书共有100万个印刷符号. 排版时每个符号被排错的概率为 0.0001,校对时每个排版错误被改正的概率为 0.9,求校对后错误不多于15个的概率.

分析: 根据题意构造一个独立同分布的随机变量序列,具有有限的数学期望和方差,然后建立一个标准化的随机变量,应用中心极限定理求得结果.

解 设随机变量 $X_n = \begin{cases} 1, & \text{第 } n \text{ 个印刷符号校对后仍印错,} \\ 0, & \text{其他.} \end{cases}$ 则 $X_n(n \geq 1)$ 是独立同分布随机变量序列,有 $p = P\{X_n = 1\} = 0.0001 \times 0.1 = 10^{-5}$.

作 $Y_n = \sum\limits_{k=1}^{n} X_K, (n = 10^6), Y_n$ 为校对后错误总数. 按中心极限定理(棣莫弗 – 拉普拉斯中心极限定理),有

$$P\{Y_n \leq 15\} = P\left\{\frac{Y_n - np}{\sqrt{npq}} \leq \frac{15 - np}{\sqrt{npq}}\right\} = \Phi(5/[10^3 \sqrt{10^{-5}(1-10^{-5})}])$$
$$\approx \Phi(1.58) = 0.9495.$$

【例30】 设 $X_i \sim N(\mu_i, \sigma^2)(i = 1, 2, \cdots 5), (1) \mu_1, \mu_2, \cdots, \mu_5$ 不全等; $(2) \mu_1 = \mu_2 = \cdots = \mu_5$. 问 $X_1, X_2, \cdots, X_5$ 是否为简单随机样本?

分析: 相互独立且与总体同分布的样本是简单随机样本,由此进行验证.

解 (1) 由于 $X_i \sim N(\mu_i, \sigma^2)(i = 1, 2, \cdots, 5)$,且 $\mu_1, \mu_2, \cdots, \mu_5$ 不全等,所以 $X_1, X_2, \cdots, X_5$ 不是同分布,因此 $X_1, X_2, \cdots, X_5$ 不是简单随机样本.

(2) 由于 $\mu_1 = \mu_2 = \cdots = \mu_5$,那么 $X_1, X_2, \cdots, X_5$ 服从相同的分布,但不知道 $X_1, X_2, \cdots, X_5$ 是否相互独立,因此 $X_1, X_2, \cdots, X_5$ 不一定是简单随机样本.

【例31】 设 $X \sim N(\mu, \sigma^2), X_1, X_2, \cdots, X_n$ 是取自总体的简单随机样本,$\overline{X}$ 为样本均值,S^{*2} 为样本二阶中心矩,S^2 为样本方差,问统计量 $(1) \frac{nS^{*2}}{\sigma^2}, (2) \frac{\overline{X} - \mu}{S^* / \sqrt{n-1}}, (3) \frac{\sum\limits_{i=1}^{n}(X_i - \mu)^2}{\sigma^2}$ 各服从什么分布?

分析: 利用已知统计量的分布进行分析.

解 (1) 由于 $\frac{(n-1)S^2}{\sigma^2} \sim \chi^2(n-1)$,又有 $S^{*2} = \frac{1}{n}\sum\limits_{i=1}^{n}(X_i - \overline{X})^2 = \frac{n-1}{n}S^2, nS^{*2} = (n-1)S^2$,因此 $\frac{nS^{*2}}{\sigma^2} \sim \chi^2(n-1)$;

(2) 由于 $\dfrac{\overline{X} - \mu}{S/\sqrt{n}} \sim t(n-1)$,又有 $\dfrac{S}{\sqrt{n}} = \dfrac{S^*}{\sqrt{n-1}}$,因此 $\dfrac{\overline{X} - \mu}{S^*/\sqrt{n-1}} \sim t(n-1)$;

(3) 由 $X_i \sim N(\mu, \sigma^2)(i = 1, 2, \cdots, n)$ 得 $\dfrac{X_i - \mu}{\sigma} \sim N(0,1)(i = 1, 2, \cdots, n)$,由 χ^2 分布的定义得
$\dfrac{\sum_{i=1}^{n}(X_i - \mu)^2}{\sigma^2} \sim \chi^2(n).$

【例 32】 设总体服从参数为 λ 的指数分布,分布密度为
$$f(x;\lambda) = \begin{cases} \lambda e^{-\lambda x}, & x > 0, \\ 0, & x \leq 0, \end{cases}$$
求 $E\overline{X}, D\overline{X}$ 和 ES^2.

分析: 利用已知指数分布的期望、方差和它们的性质进行计算.

解 由于 $EX_i = 1/\lambda, DX_i = 1/\lambda^2(i = 1, 2, \cdots, n)$,所以
$$E\overline{X} = E\left(\dfrac{1}{n}\sum_{i=1}^{n} X_i\right) = \dfrac{1}{n}\sum_{i=1}^{n} E(X_i) = \dfrac{1}{\lambda};$$
$$D\overline{X} = D\left(\dfrac{1}{n}\sum_{i=1}^{n} X_i\right) = \dfrac{1}{n^2}\sum_{i=1}^{n} D(X_i) = \dfrac{1}{n\lambda^2};$$
$$ES^2 = E\left[\dfrac{1}{n-1}\sum_{i=1}^{n}(X_i - \overline{X})^2\right] = \dfrac{1}{n-1}\sum_{i=1}^{n} D(X_i) = \dfrac{n}{n-1} \cdot \dfrac{1}{n\lambda^2} = \dfrac{1}{(n-1)\lambda^2}.$$

【例 33】 设总体 X 服从几何分布,分布律为 $P\{X = x\} = (1-p)^{x-1}p, x = 1, 2, \cdots$,其中 p 为未知参数,且 $0 \leq p \leq 1$. 设 $X_1, X_2, \cdots, X_n$ 为 X 的一个样本,求 p 的矩估计与最大似然估计.

分析: 根据矩估计与最大似然估计方法直接进行估计.

解 (1) 因为 $E(X) = 1/p$,所以 p 的矩估计为 $\hat{p} = 1/\overline{X}$;

(2) 似然函数为
$$L(x_1, x_2, \cdots x_n; p) = \prod_{i=1}^{n}\left[p(1-p)^{x_i-1}\right] = (1-p)^{\sum_{i=1}^{n} x_i - n} p^n,$$
上式两端取对数得
$$\ln L = \left(\sum_{i=1}^{n} x_i - n\right)\ln(1-p) + n\ln p,$$
再对 p 求导,令
$$\dfrac{\mathrm{d}\ln L}{\mathrm{d}p} = \dfrac{-\left(\sum_{i=1}^{n} x_i - n\right)}{1-p} + \dfrac{n}{p} = 0,$$
解得,p 的最大似然估计为 $\hat{p} = 1/\overline{X}$.

【例 34】 设 $\hat{\theta}$ 是参数 θ 的无偏估计,且有 $D(\hat{\theta}) > 0$,试证明 $\hat{\theta}^2$ 不是 θ^2 的无偏估计.

分析: 证明无偏性,可直接按定义 $E(\hat{\theta}) = \theta$ 进行证明.

证明 由 $D(\hat{\theta}) = E(\hat{\theta}^2) - (E\hat{\theta})^2$,及由题意知 $E(\hat{\theta}) = \theta$,而 $D(\hat{\theta}) > 0$,可以得出 $E(\hat{\theta}^2) = D(\hat{\theta}) + (E\hat{\theta})^2 = \theta^2 + D(\hat{\theta}) \neq \theta^2$. 因此,$\hat{\theta}^2$ 不是 θ^2 的无偏估计.

【例 35】 某厂生产的钢丝,其抗拉强度 $X \sim N(\mu, \sigma^2)$,其中 μ, σ^2 均未知,从中任取 9 根钢丝,测得其强度(单位:kg)为:
$$578, 582, 574, 568, 596, 572, 570, 584, 578$$
求总体方差 σ^2、均方差 σ 的置信度为 0.99 的置信区间.

分析: 由于参数 μ, σ^2 均未知,故取统计量 $\dfrac{(n-1)S^2}{\sigma^2} \sim \chi^2(n-1)$,从而得 σ^2, σ 置信度为 $1 - \alpha$ 的置信区

间分别为 $\left(\dfrac{(n-1)S^2}{\chi^2_{\frac{\alpha}{2}}(n-1)}, \dfrac{(n-1)S^2}{\chi^2_{1-\frac{\alpha}{2}}(n-1)}\right)$, $\left(\sqrt{\dfrac{(n-1)S^2}{\chi^2_{\frac{\alpha}{2}}(n-1)}}, \sqrt{\dfrac{(n-1)S^2}{\chi^2_{1-\frac{\alpha}{2}}(n-1)}}\right)$.

解 经计算得

$$\bar{x} = \frac{1}{9}\sum_{i=1}^{9} x_i = 578, \quad S^2 = \frac{1}{8}\sum_{i=1}^{9}(x_i - \bar{x})^2 = \frac{1}{8} \times 592 = 74,$$

$$\alpha = 0.01, \quad \chi^2_{\frac{\alpha}{2}}(n-1) = \chi^2_{0.005}(8) = 21.955, \quad \chi^2_{1-\frac{\alpha}{2}}(n-1) = \chi^2_{0.995}(8) = 1.344,$$

所以方差 σ^2 的置信度为 0.99 的置信区间为 $\left(\dfrac{592}{21.955}, \dfrac{592}{1.344}\right)$,即 $(26.96, 440.48)$;

均方差 σ 的置信度为 0.99 的置信区间为 $\left(\sqrt{\dfrac{592}{21.955}}, \sqrt{\dfrac{592}{1.344}}\right)$,即 $(5.19, 20.99)$.

【例36】 设有两个正态总体,$X \sim N(\mu_1, \sigma_1^2), Y \sim N(\mu_2, \sigma_2^2)$.分别从 X 和 Y 抽取容量为 $n_1 = 25$ 和 $n_2 = 8$ 的两个样本,并求得 $S_1 = 8, S_2 = 7$.试求两正态总体方差比 $\dfrac{\sigma_1^2}{\sigma_2^2}$ 的置信度为 0.98 的置信区间.

分析:由于 μ_1, μ_2 均未知,故取统计量 $\dfrac{S_1^2/\sigma_1^2}{S_2^2/\sigma_2^2} \sim F(n_1-1, n_2-1)$,$\dfrac{\sigma_1^2}{\sigma_2^2}$ 的置信度为 $1-\alpha$ 的置信区间为

$$\left(\frac{S_1^2}{S_2^2 \cdot F_{\frac{\alpha}{2}}(n_1-1, n_2-1)}, \frac{S_1^2}{S_2^2 \cdot F_{1-\frac{\alpha}{2}}(n_1-1, n_2-1)}\right).$$

解 由 $\alpha = 0.02$,查表得

$$F_{0.01}(24,7) = 6.07, \quad F_{0.99}(24,7) = \frac{1}{F_{0.01}(7,24)} = 0.2857,$$

所以,$\dfrac{\sigma_1^2}{\sigma_2^2}$ 的置信度为 0.98 的置信区间为 $(0.2152, 4.5714)$.

【例37】 根据长期资料分析,钢筋强度服从正态分布.今测得六炉钢生产出钢的强度分别为 $48.5, 49.0, 53.5, 49.5, 56.0, 52.5$,能否认为其强度的均值为 52.0 ($\alpha = 0.05$)?

分析:问题为在 σ^2 未知的条件下,检验 $\mu = 52.0$.

解 检验假设 $H_0: \mu = 52.0$,取统计量 $T = \dfrac{\bar{X} - \mu_0}{S/\sqrt{n}} \sim t(6-1)$,当 $\alpha = 0.05$,自由度 $n-1 = 5$,查 t 分布表得临界值 $t_{0.025} = 2.57$.

由题意得统计量 T 的观察值 $t = -0.41$.由于 $|t| = 0.41 < 2.57 = t_{0.025}$,所以接受假设 H_0,即认为钢筋的强度的均值为 52.0.

【例38】 两台机床加工同一种零件,分别取 6 个和 9 个零件测量其长度,计算得 $S_1^2 = 0.345$,$S_2^2 = 0.357$,假设零件长度服从正态分布,问:是否认为两台机床加工的零件长度的方差无显著差异($\alpha = 0.05$)?

分析:问题为在 μ_1, μ_2 未知的条件下,检验 $\sigma_1^2 = \sigma_2^2$.

解 检验假设 $H_0: \sigma_1^2 = \sigma_2^2$.选择统计量 $F = \dfrac{S_1^2}{S_2^2} \sim F(n_1-1, n_2-1)$,因为

$$F_0 = \frac{0.345}{0.357} = 0.9664,$$

而

$$F_{0.975}(5,8) = 1/F_{0.025}(8,5) = 0.1479, \quad F_{0.05}(5,8) = 4.82,$$

所以 $F_{0.975}(5,8) < F_0 < F_{0.05}(5,8)$,故接受 H_0,即认为两台机床加工的零件长度的方差无显著差异.

附 录

附录一 重要分布表

附表1 泊松分布概率值表

$$P(X=k) = \frac{\lambda^k}{k!}e^{-\lambda}$$

k	λ						
	0.1	0.2	0.3	0.4	0.6	0.7	0.8
0	0.904 8	0.818 7	0.740 8	0.670 3	0.548 8	0.496 6	0.449 3
1	0.090 5	0.163 7	0.222 2	0.268 1	0.329 3	0.347 6	0.359 5
2	0.004 5	0.016 4	0.033 3	0.053 6	0.098 8	0.121 7	0.143 8
3	0.000 2	0.001 1	0.003 3	0.007 2	0.019 8	0.028 4	0.038 3
4		0.000 1	0.000 3	0.000 7	0.003 0	0.005 0	0.007 7
5				0.000 1	0.000 4	0.000 7	0.001 2
6						0.000 1	0.000 2

k	λ							
	0.9	1.0	1.5	2.0	2.5	3.0	3.5	4.0
0	0.406 6	0.367 9	0.223 1	0.135 3	0.082 1	0.049 8	0.030 2	0.018 3
1	0.365 9	0.367 9	0.334 7	0.270 7	0.205 2	0.149 4	0.105 7	0.073 3
2	0.164 7	0.183 9	0.251 0	0.270 7	0.256 5	0.224 0	0.185 0	0.146 5
3	0.049 4	0.061 3	0.125 5	0.180 4	0.213 8	0.224 0	0.215 8	0.195 4
4	0.011 1	0.015 3	0.047 1	0.090 2	0.133 6	0.168 0	0.188 8	0.195 4
5	0.002 0	0.003 1	0.014 1	0.036 1	0.066 8	0.100 8	0.132 2	0.156 3
6	0.000 3	0.000 5	0.003 5	0.012 0	0.027 8	0.050 4	0.077 1	0.104 2
7		0.000 1	0.000 8	0.003 4	0.009 9	0.021 6	0.038 5	0.059 5
8			0.000 1	0.000 9	0.003 1	0.008 1	0.016 9	0.029 8
9				0.000 2	0.000 9	0.002 7	0.006 6	0.013 2
10					0.000 2	0.000 8	0.002 3	0.005 3
11						0.000 2	0.000 7	0.001 9
12						0.000 1	0.000 2	0.000 6
13						0.000 0	0.000 1	0.000 2
14								0.000 1

附表1 续表

k	λ							
	4.5	5.0	5.5	6.0	6.5	7.0	7.5	8.0
0	0.011 1	0.006 7	0.004 1	0.002 5	0.001 5	0.000 9	0.000 6	0.000 3
1	0.050 0	0.033 7	0.022 5	0.014 9	0.009 8	0.006 4	0.004 1	0.002 7
2	0.112 5	0.084 2	0.061 8	0.044 6	0.031 8	0.022 3	0.015 6	0.010 7
3	0.168 7	0.140 4	0.113 3	0.089 2	0.068 8	0.052 1	0.038 9	0.028 6
4	0.189 8	0.175 5	0.155 8	0.133 9	0.111 8	0.091 2	0.072 9	0.057 3
5	0.170 8	0.175 5	0.171 4	0.160 6	0.145 4	0.127 7	0.109 4	0.091 6
6	0.128 1	0.146 2	0.157 1	0.160 6	0.157 5	0.149 0	0.136 7	0.122 1
7	0.082 4	0.104 4	0.123 4	0.137 7	0.146 2	0.149 0	0.146 5	0.139 6
8	0.046 3	0.065 3	0.084 9	0.103 3	0.118 8	0.130 4	0.137 3	0.139 6
9	0.023 2	0.036 3	0.051 9	0.068 8	0.085 8	0.101 4	0.114 4	0.124 1
10	0.010 4	0.018 1	0.028 5	0.041 3	0.055 8	0.071 0	0.085 8	0.099 3
11	0.004 3	0.008 2	0.014 3	0.022 5	0.033 0	0.045 2	0.058 5	0.072 2
12	0.001 6	0.003 4	0.006 5	0.011 3	0.017 9	0.026 3	0.036 6	0.048 1
13	0.000 6	0.001 3	0.002 8	0.005 2	0.008 9	0.014 2	0.021 1	0.029 6
14	0.000 2	0.000 5	0.001 1	0.002 2	0.004 1	0.007 1	0.011 2	0.016 9
15	0.000 1	0.000 2	0.000 4	0.000 9	0.001 8	0.003 3	0.005 7	0.009 0
16			0.000 1	0.000 3	0.000 7	0.001 4	0.002 6	0.004 5
17				0.000 1	0.000 3	0.000 6	0.001 2	0.002 1
18					0.000 1	0.000 2	0.000 5	0.000 9
19						0.000 1	0.000 2	0.000 4
20							0.000 1	0.000 2
21								0.000 1
22								
23								
24								
25								
26								
27								
28								
29								

附表1 续表

k	λ 8.5	λ 9.0	λ 9.5	λ 10.0	k	λ 20.0	k	λ 30.0
0	0.000 2	0.000 1	0.000 1		5	0.000 1	12	0.000 1
1	0.001 7	0.001 1	0.000 7	0.000 5	6	0.000 2	13	0.000 2
2	0.007 4	0.005 0	0.003 4	0.002 3	7	0.000 5	14	0.000 5
3	0.020 8	0.015 0	0.010 7	0.007 6	8	0.001 3	15	0.001 0
4	0.044 3	0.033 7	0.025 4	0.018 9	9	0.002 9	16	0.001 9
5	0.075 2	0.060 7	0.048 3	0.037 8	10	0.005 8	17	0.003 4
6	0.106 6	0.091 1	0.076 4	0.063 1	11	0.010 6	18	0.005 7
7	0.129 4	0.117 1	0.103 7	0.090 1	12	0.017 6	19	0.008 9
8	0.137 5	0.131 8	0.123 2	0.112 6	13	0.027 1	20	0.013 4
9	0.129 9	0.131 8	0.130 0	0.125 1	14	0.038 7	21	0.019 2
10	0.110 4	0.118 6	0.123 5	0.125 1	15	0.051 6	22	0.026 1
11	0.085 3	0.097 0	0.106 7	0.113 7	16	0.064 6	23	0.034 1
12	0.060 4	0.072 8	0.084 4	0.094 8	17	0.076 0	24	0.042 6
13	0.039 5	0.050 4	0.061 7	0.072 9	18	0.084 4	25	0.051 1
14	0.024 0	0.032 4	0.041 9	0.052 1	19	0.088 8	26	0.059 0
15	0.013 6	0.019 4	0.026 5	0.034 7	20	0.088 8	27	0.065 5
16	0.007 2	0.010 9	0.015 7	0.021 7	21	0.084 6	28	0.070 2
17	0.003 6	0.005 8	0.008 8	0.012 8	22	0.076 9	29	0.072 6
18	0.001 7	0.002 9	0.004 6	0.007 1	23	0.066 9	30	0.072 6
19	0.000 8	0.001 4	0.002 3	0.003 7	24	0.055 7	31	0.070 3
20	0.000 3	0.000 6	0.001 1	0.001 9	25	0.044 6	32	0.065 9
21	0.000 1	0.000 3	0.000 5	0.000 9	26	0.034 3	33	0.059 9
22	0.000 1	0.000 1	0.000 2	0.000 4	27	0.025 4	34	0.052 9
23			0.000 1	0.000 2	28	0.018 1	35	0.045 3
24				0.000 1	29	0.012 5	36	0.037 8
25					30	0.008 3	37	0.030 6
26					31	0.005 4	38	0.024 2
27					32	0.003 4	39	0.018 6
28					33	0.002 0	40	0.013 9
29					34	0.001 2	41	0.010 2

附表2　正态分布表

$$\Phi(x) = \frac{1}{\sqrt{2\pi}} \int_{-\infty}^{x} e^{\frac{t^2}{2}} dt$$

x	0.00	0.01	0.02	0.03	0.04	0.05	0.06	0.07	0.08	0.09
0.0	0.500 000	0.503 989	0.507 978	0.511 967	0.515 953	0.519 939	0.523 922	0.527 903	0.531 881	0.535 856
0.1	0.539 828	0.543 795	0.547 758	0.551 717	0.555 670	0.559 618	0.563 559	0.567 495	0.571 424	0.575 345
0.2	0.579 260	0.583 166	0.587 064	0.590 954	0.594 835	0.598 706	0.602 568	0.606 420	0.610 261	0.614 092
0.3	0.617 911	0.621 719	0.625 516	0.629 300	0.633 072	0.636 831	0.640 576	0.644 309	0.648 027	0.651 732
0.4	0.655 422	0.659 097	0.662 757	0.666 402	0.670 031	0.673 645	0.677 242	0.680 822	0.684 386	0.687 933
0.5	0.691 462	0.694 974	0.698 468	0.701 944	0.705 402	0.708 840	0.712 260	0.715 661	0.719 043	0.722 405
0.6	0.725 747	0.729 069	0.732 371	0.735 653	0.738 914	0.742 154	0.745 373	0.748 571	0.751 748	0.754 903
0.7	0.758 036	0.761 148	0.764 238	0.767 305	0.770 350	0.773 373	0.776 373	0.779 350	0.782 305	0.785 236
0.8	0.788 145	0.791 030	0.793 892	0.796 731	0.799 546	0.802 338	0.805 106	0.807 850	0.810 570	0.813 267
0.9	0.815 940	0.818 589	0.821 214	0.823 814	0.826 391	0.828 944	0.831 472	0.833 977	0.836 457	0.838 913
1.0	0.841 345	0.843 752	0.846 136	0.848 495	0.850 830	0.853 141	0.855 428	0.857 690	0.859 929	0.862 143
1.1	0.864 334	0.866 500	0.868 643	0.870 762	0.872 857	0.874 928	0.876 698	0.878 999	0.881 000	0.882 977
1.2	0.884 930	0.886 860	0.888 767	0.890 651	0.892 512	0.894 350	0.896 165	0.897 958	0.899 727	0.901 475
1.3	0.903 199	0.904 902	0.906 582	0.908 241	0.909 877	0.911 492	0.913 085	0.914 656	0.916 207	0.917 736
1.4	0.919 243	0.920 730	0.922 196	0.923 641	0.925 066	0.926 471	0.927 855	0.929 219	0.930 563	0.931 888
1.5	0.933 193	0.934 478	0.935 744	0.936 992	0.938 220	0.939 429	0.940 620	0.941 792	0.942 947	0.944 083
1.6	0.945 201	0.946 301	0.947 384	0.948 449	0.949 497	0.950 529	0.951 543	0.952 540	0.953 521	0.954 486
1.7	0.955 435	0.956 367	0.957 284	0.958 185	0.959 071	0.959 941	0.960 796	0.961 636	0.962 462	0.963 273
1.8	0.964 070	0.964 852	0.965 621	0.966 375	0.967 116	0.967 843	0.968 557	0.969 258	0.969 946	0.970 621
1.9	0.971 284	0.971 933	0.972 571	0.973 197	0.973 810	0.974 412	0.975 002	0.975 581	0.976 148	0.976 705

附表 2 续表

x	0.00	0.01	0.02	0.03	0.04	0.05	0.06	0.07	0.08	0.09
2.0	0.977 250	0.977 784	0.978 308	0.978 822	0.979 325	0.979 818	0.980 301	0.980 774	0.981 237	0.981 691
2.1	0.982 136	0.982 571	0.982 997	0.983 414	0.983 823	0.984 222	0.984 614	0.984 997	0.985 371	0.985 738
2.2	0.986 097	0.986 447	0.986 791	0.987 126	0.987 455	0.987 776	0.988 089	0.988 396	0.988 696	0.988 989
2.3	0.989 276	0.989 556	0.989 830	0.990 097	0.990 358	0.990 613	0.990 863	0.991 106	0.991 344	0.991 576
2.4	0.991 802	0.992 024	0.992 240	0.992 451	0.992 656	0.992 857	0.993 053	0.993 244	0.993 431	0.993 613
2.5	0.993 790	0.993 963	0.994 132	0.994 297	0.994 457	0.994 614	0.994 766	0.994 915	0.995 060	0.995 201
2.6	0.995 339	0.995 473	0.995 603	0.995 731	0.995 855	0.995 975	0.996 093	0.996 207	0.996 319	0.996 427
2.7	0.996 533	0.996 636	0.996 736	0.996 833	0.996 928	0.997 020	0.997 110	0.997 197	0.997 282	0.997 365
2.8	0.997 445	0.997 523	0.997 599	0.997 673	0.997 744	0.997 814	0.997 882	0.997 948	0.998 012	0.998 074
2.9	0.998 134	0.998 193	0.998 250	0.998 305	0.998 359	0.998 411	0.998 462	0.998 511	0.998 559	0.998 605
3.0	0.998 650	0.998 694	0.998 736	0.998 777	0.998 817	0.998 856	0.998 893	0.998 930	0.998 965	0.998 999
3.1	0.999 032	0.999 064	0.999 096	0.999 126	0.999 155	0.999 184	0.999 211	0.999 238	0.999 264	0.999 289
3.2	0.999 313	0.999 336	0.999 359	0.999 381	0.999 402	0.999 423	0.999 443	0.999 462	0.999 481	0.999 499
3.3	0.999 517	0.999 533	0.999 550	0.999 566	0.999 581	0.999 596	0.999 610	0.999 624	0.999 638	0.999 650
3.4	0.999 663	0.999 675	0.999 687	0.999 698	0.999 709	0.999 720	0.999 730	0.999 740	0.999 749	0.999 758
3.5	0.999 767	0.999 776	0.999 784	0.999 792	0.999 800	0.999 807	0.999 815	0.999 821	0.999 828	0.999 835
3.6	0.999 841	0.999 847	0.999 853	0.999 858	0.999 864	0.999 869	0.999 874	0.999 879	0.999 883	0.999 888
3.7	0.999 892	0.999 896	0.999 900	0.999 904	0.999 908	0.999 912	0.999 915	0.999 918	0.999 922	0.999 925
3.8	0.999 928	0.999 930	0.999 933	0.999 936	0.999 938	0.999 941	0.999 943	0.999 946	0.999 948	0.999 950
3.9	0.999 952	0.999 954	0.999 956	0.999 958	0.999 959	0.999 961	0.999 963	0.999 996	0.999 966	0.999 967
4.0	0.999 968	0.999 970	0.999 971	0.999 972	0.999 973	0.999 974	0.999 975	0.999 976	0.999 977	0.999 978
4.1	0.999 979	0.999 980	0.999 981	0.999 982	0.999 983	0.999 983	0.999 984	0.999 985	0.999 985	0.999 986
4.2	0.999 987	0.999 987	0.999 988	0.999 988	0.999 989	0.999 989	0.999 990	0.999 990	0.999 991	0.999 991
4.3	0.999 991	0.999 992	0.999 992	0.999 993	0.999 993	0.999 993	0.999 993	0.999 994	0.999 994	0.999 994
4.4	0.999 995	0.999 995	0.999 995	0.999 995	0.999 995	0.999 996	0.999 996	0.999 996	0.999 996	0.999 996

附表3 χ^2分布上侧分位数表

$$P(\chi^2 > \chi^2_\alpha(n)) = \alpha$$

n	α					
	0.995	0.99	0.975	0.95	0.90	0.75
1	0.000 039	0.000 157	0.000 982	0.003 932	0.015 791	0.101 531
2	0.010 025	0.020 100	0.050 636	0.102 586	0.210 721	0.575 364
3	0.071 723	0.114 832	0.215 795	0.351 846	0.584 375	1.212 532
4	0.206 984	0.297 107	0.484 419	0.710 724	1.063 624	1.922 558
5	0.411 751	0.554 297	0.831 209	1.145 477	1.610 309	2.674 604
6	0.675 733	0.872 083	1.237 342	1.635 380	2.204 130	3.454 598
7	0.989 251	1.239 032	1.689 864	2.167 349	2.833 105	4.254 852
8	1.344 403	1.646 506	2.179 725	2.732 633	3.489 537	5.070 742
9	1.734 911	2.087 889	2.700 389	3.325 115	4.168 156	5.898 823
10	2.155 845	2.558 199	3.246 963	3.940 295	4.865 178	6.737 199
11	2.603 202	3.053 496	3.815 742	4.574 809	5.577 788	7.584 145
12	3.073 785	3.570 551	4.403 778	5.226 028	6.303 796	8.438 419
13	3.565 042	4.106 900	5.008 738	5.891 861	7.041 500	9.299 063
14	4.074 659	4.660 415	5.628 724	6.570 632	7.789 538	10.165 31
15	4.600 874	5.229 356	6.262 123	7.260 935	8.546 753	11.036 54
16	5.142 164	5.812 197	6.907 664	7.961 639	9.312 235	11.912 22
17	5.697 274	6.407 742	7.564 179	8.671 754	10.085 18	12.791 92
18	6.264 766	7.014 903	8.230 737	9.390 448	10.864 94	13.675 29
19	6.843 923	7.632 698	8.906 514	10.117 01	11.650 91	14.562 00
20	7.433 811	8.260 368	9.590 772	10.850 80	12.442 60	15.451 77
21	8.033 602	8.897 172	10.282 91	11.591 32	13.239 60	16.344 39
22	83 642 681	9.542 494	10.982 33	12.338 01	14.041 49	17.239 62
23	9.260 383	10.195 69	11.688 53	13.090 51	14.847 95	18.137 29
24	9.886 199	10.856 35	12.401 15	13.848 42	15.658 68	19.037 25
25	10.519 65	11.523 95	13.119 71	14.611 40	16.473 41	19.939 34
26	11.160 22	12.198 18	13.843 88	15.379 16	17.291 88	20.843 43
27	11.807 65	12.878 47	14.573 37	16.151 39	18.113 89	21.749 40
28	12.461 28	13.564 67	15.307 85	16.927 88	18.939 24	22.657 16
29	13.121 07	14.256 41	16.047 05	17.708 38	19.767 74	23.566 59
30	13.786 68	14.953 46	16.790 76	18.492 67	20.599 24	24.477 60

附表 3 续表

n	α					
	0.995	0.99	0.975	0.95	0.90	0.75
31	14.457 74	15.655 47	17.538 12	19.280 56	21.433 57	25.390 14
32	15.134 02	16.362 20	18.290 79	20.071 91	22.270 59	26.304 11
33	15.815 18	17.073 48	19.046 66	20.866 52	23.110 19	27.219 44
34	16.501 30	17.789 10	19.806 24	21.664 28	23.952 25	28.136 08
35	17.191 73	18.508 87	20.569 38	22.465 01	24.796 65	29.053 96
36	17.886 75	19.232 63	21.335 87	23.268 62	25.643 29	29.973 05
37	18.585 88	19.960 27	22.105 62	24.074 94	26.492 09	30.893 26
38	19.288 82	20.691 41	22.878 49	24.883 89	27.342 96	31.814 56
39	19.995 83	21.426 14	23.654 30	25.695 38	28.195 79	32.736 92
40	20.706 58	22.164 20	24.433 06	26.509 30	29.050 52	33.660 29
41	21.420 75	22.905 56	25.214 52	27.325 56	29.907 08	34.584 63
42	22.138 38	23.650 14	25.998 66	28.144 05	30.765 42	35.509 92
43	22.859 57	24.397 57	26.785 37	28.964 71	31.625 46	36.436 08
44	23.583 62	25.148 01	27.574 54	29.787 50	32.487 13	37.363 13
45	24.310 98	25.901 20	28.366 18	30.612 26	33.350 38	38.291 01
46	25.041 30	26.657 19	29.160 02	31.439 00	34.215 17	39.219 71
47	25.774 50	27.415 82	29.956 16	32.267 61	35.081 42	40.149 19
48	26.510 67	28.176 97	30.754 50	33.098 07	35.949 14	41.079 43
49	27.249 37	28.940 59	31.554 93	33.930 29	36.818 23	42.010 40
50	27.990 82	29.706 73	32.357 38	34.764 24	37.688 64	42.942 08
51	28.734 74	30.475 01	33.161 80	35.599 86	38.560 37	43.874 45
52	29.481 08	31.245 69	33.968 13	36.437 08	39.433 37	44.807 50
53	30.230 02	32.018 55	34.776 30	37.275 89	40.307 61	45.741 20
54	30.981 12	32.793 43	35.586 33	39.116 20	41.183 04	46.675 52
55	31.734 89	33.570 52	36.398 11	38.958 05	42.059 62	47.610 47
56	32.490 63	34.349 54	37.211 57	39.801 27	42.937 33	48.546 00
57	33.248 23	35.130 56	38.026 72	40.645 92	43.816 16	49.482 12
58	34.008 47	35.913 51	38.843 52	41.499 20	44.696 02	50.418 81
59	34.770 38	36.698 18	39.661 85	42.339 30	45.576 94	51.356 05
60	35.534 40	37.484 80	40.481 71	43.187 97	46.458 88	52.293 81
120	83.851 71	86.923 31	91.572 60	95.704 62	100.623 6	109.219 7

附录3 续表

n	α					
	0.10	0.05	0.025	0.01	0.005	0.0025
1	2.705 541	3.841 455	5.023 903	6.634 891	7.879 400	9.140 438
2	4.605 176	5.991 476	7.377 790	9.210 351	10.596 53	11.982 72
3	6.251 394	7.814 725	9.348 404	11.344 88	12.838 07	14.320 16
4	7.779 434	9.487 728	11.143 26	13.276 70	14.860 17	16.423 80
5	9.236 349	11.070 48	12.832 49	15.086 32	16.749 65	18.385 37
6	10.644 64	12.591 58	14.449 35	16.811 87	18.547 51	20.249 12
7	12.017 03	14.067 13	16.012 77	18.475 32	20.277 74	22.040 21
8	13.361 56	15.507 31	17.534 54	20.090 16	21.954 86	23.774 23
9	14.683 66	16.918 96	19.022 78	21.666 05	23.589 27	25.462 51
10	15.987 17	18.307 03	20.483 20	23.209 29	25.188 05	27.111 93
11	17.275 01	19.675 15	21.920 02	24.725 02	26.756 86	28.729 07
12	18.549 34	21.026 06	23.336 66	26.216 96	28.299 66	30.318 15
13	19.811 93	22.362 03	24.735 58	27.688 18	29.819 32	31.882 98
14	21.064 14	23.684 78	26.118 93	29.141 16	31.319 43	33.426 20
15	22.307 12	24.995 80	27.488 36	30.577 95	32.801 49	34.949 35
16	23.541 82	26.296 22	28.845 32	31.999 86	34.267 05	36.455 53
17	24.769 03	27.587 10	30.190 98	33.408 72	35.718 38	37.946 16
18	25.989 42	28.869 32	31.526 41	34.805 24	37.156 39	39.422 03
19	27.203 56	30.143 51	32.852 34	36.190 77	38.582 12	40.884 70
20	28.411 97	31.410 42	34.169 58	37.566 27	39.996 86	42.335 82
21	29.615 09	32.670 56	35.478 86	38.932 23	41.400 94	43.774 95
22	30.813 29	33.924 46	36.780 68	40.289 45	42.795 66	45.204 14
23	32.006 89	35.172 46	38.075 61	41.638 33	44.181 39	46.623 09
24	33.196 24	36.415 03	39.364 06	42.979 78	45.558 36	48.033 64
25	34.381 58	37.652 49	40.646 50	44.314 01	46.927 97	49.435 06
26	35.563 16	38.885 13	41.923 14	45.641 64	48.289 78	50.829 08
27	36.741 23	40.113 27	43.194 52	46.962 84	49.645 04	52.215 22
28	37.915 91	41.337 15	44.460 79	48.278 17	50.993 56	53.593 92
29	39.087 48	42.556 95	45.722 28	49.587 83	52.335 50	54.966 15
30	40.256 02	43.772 95	46.979 22	50.892 18	53.671 87	56.332 45

附表3 续表

n	α					
	0.10	0.05	0.025	0.01	0.005	0.0025
31	41.42175	44.98534	48.23192	52.19135	55.00248	57.69210
32	42.58473	46.19424	49.48044	53.48566	56.32799	59.04612
33	43.74518	47.39990	50.72510	54.77545	57.64831	60.39532
34	44.90316	48.60236	51.96602	56.06085	58.96371	61.73825
35	46.05877	49.80183	53.20331	57.34199	60.27459	63.07601
36	47.21217	50.99848	54.43726	58.61915	61.58107	64.40965
37	48.36339	52.19229	55.66798	59.89256	62.88317	65.73841
38	49.51258	53.38351	56.89549	61.16202	64.18123	67.06276
39	50.65978	54.57224	58.12005	62.42809	65.47532	68.38296
40	51.80504	55.75849	59.34168	63.69077	66.76605	69.69865
41	52.94850	56.94240	60.56055	64.94998	68.05263	71.01108
42	54.09019	58.12403	61.77672	66.20629	69.33604	72.31945
43	55.23018	59.30352	62.99031	67.45929	70.61573	73.62414
44	56.36852	60.48090	64.20141	68.70964	71.89234	74.92534
45	57.50529	61.65622	65.41013	69.95690	73.16604	76.22287
46	58.64053	62.82961	66.61647	71.20150	74.43671	77.51684
47	59.77429	64.00113	67.82064	72.44317	75.70385	78.80814
48	60.90661	65.17076	69.02257	73.68256	76.96892	80.09634
49	62.03753	66.33865	70.22236	74.91939	78.23055	81.38158
50	63.16711	67.50481	71.42019	76.15380	79.48984	82.66370
51	64.29539	68.66932	72.61603	77.38601	80.74645	83.94300
52	65.42242	69.83216	73.80992	78.61563	82.00062	85.21969
53	66.54818	70.99343	75.00190	79.84336	83.25251	86.49387
54	67.67277	72.15321	76.19206	81.06878	84.50176	87.76517
55	68.79621	73.31148	77.38044	82.29198	52.74906	89.03444
56	69.91852	74.46829	78.56713	83.51355	86.99398	90.30093
57	71.03970	75.62372	79.75218	84.73265	88.23656	91.56480
58	72.15983	76.77778	80.93560	85.95015	89.47699	92.82679
59	73.27891	77.93049	82.11737	87.16583	90.71533	94.08618
60	74.39700	79.08195	83.29771	88.37943	91.95181	95.34428
120	140.2326	146.5673	152.2113	158.9500	163.6485	168.0814

附表 4 t 分布双侧分位数表

$$P(|T| > t_\alpha(n)) = \alpha$$

n	α					
	0.90	0.80	0.70	0.60	0.50	0.40
1	0.158 385	0.324 919	0.509 525	0.726 543	1.000 001	1.376 382
2	0.142 134	0.288 675	0.444 750	0.617 214	0.816 497	1.060 660
3	0.136 598	0.276 671	0.424 202	0.584 390	0.764 892	0.978 472
4	0.133 830	0.270 722	0.414 163	0.568 649	0.740 697	0.940 964
5	0.132 175	0.267 181	0.408 229	0.559 430	0.726 687	0.919 543
6	0.131 076	0.264 835	0.404 314	0.553 381	0.717 558	0.905 703
7	0.130 293	0.263 167	0.401 539	0.549 110	0.711 142	0.896 030
8	0.129 708	0.261 921	0.399 469	0.545 934	0.706 386	0.888 890
9	0.129 253	0.260 956	0.397 868	0.543 480	0.702 722	0.883 404
10	0.128 890	0.260 185	0.396 591	0.541 528	0.699 812	0.879 057
11	0.128 594	0.259 556	0.395 551	0.539 937	0.697 445	0.875 530
12	0.128 347	0.259 033	0.394 685	0.538 618	0.695 483	0.872 609
13	0.128 139	0.258 591	0.393 956	0.537 504	0.693 830	0.870 151
14	0.127 961	0.258 212	0.393 330	0.536 552	0.692 417	0.868 055
15	0.127 806	0.257 885	0.392 790	0.535 729	0.691 197	0.866 245
16	0.127 671	0.257 599	0.392 318	0.535 010	0.690 133	0.864 667
17	0.127 552	0.257 347	0.391 902	0.534 378	0.689 195	0.863 279
18	0.127 446	0.257 123	0.391 533	0.533 815	0.688 364	0.862 049
19	0.127 352	0.256 923	0.391 202	0.533 314	0.687 621	0.860 950
20	0.127 267	0.256 742	0.390 905	0.532 863	0.686 954	0.859 965
21	0.127 190	0.256 580	0.390 637	0.532 455	0.686 352	0.859 075
22	0.127 120	0.256 432	0.390 394	0.532 085	0.685 805	0.858 266
23	0.127 056	0.256 297	0.390 171	0.531 747	0.685 307	0.857 530
24	0.126 998	0.256 173	0.389 967	0.531 438	0.684 850	0.856 855
25	0.126 944	0.256 060	0.389 780	0.531 154	0.684 430	0.856 236
26	0.126 895	0.255 955	0.389 607	0.530 891	0.684 043	0.855 665
27	0.126 849	0.255 858	0.389 448	0.530 649	0.683 685	0.855 138
28	0.126 806	0.255 768	0.389 299	0.530 424	0.683 353	0.854 648
29	0.126 767	0.255 684	0.389 161	0.530 214	0.683 044	0.854 192
30	0.126 730	0.255 606	0.389 032	0.530 019	0.682 755	0.853 768

附表4 续表

n	α					
	0.90	0.80	0.70	0.60	0.50	0.40
31	0.126 695	0.255 532	0.388 912	0.529 836	0.682 486	0.853 370
32	0.126 662	0.255 463	0.388 799	0.529 665	0.682 234	0.852 998
33	0.126 632	0.255 399	0.388 693	0.529 504	0.681 997	0.852 649
34	0.126 603	0.255 338	0.388 593	0.529 353	0.681 774	0.852 322
35	0.126 577	0.255 282	0.388 499	0.529 211	0.681 564	0.852 012
36	0.126 551	0.255 228	0.388 410	0.529 076	0.681 366	0.851 720
37	0.126 527	0.255 176	0.388 326	0.528 949	0.681 179	0.851 444
38	0.126 504	0.255 128	0.388 247	0.528 829	0.681 001	0.851 182
39	0.126 482	0.255 083	0.388 171	0.528 714	0.680 833	0.850 935
40	0.126 462	0.255 039	0.388 100	0.528 606	0.680 673	0.850 699
41	0.126 443	0.254 997	0.388 031	0.528 503	0.680 520	0.850 476
42	0.126 423	0.254 958	0.387 967	0.528 404	0.680 376	0.850 263
43	0.126 406	0.254 920	0.387 905	0.528 311	0.680 238	0.850 060
44	0.126 389	0.254 885	0.387 846	0.528 221	0.680 106	0.849 867
45	0.126 373	0.254 850	0.387 790	0.528 136	0.679 981	0.849 682
46	0.126 357	0.254 818	0.387 736	0.528 054	0.679 861	0.849 506
47	0.126 342	0.254 786	0.387 684	0.527 976	0.679 746	0.849 336
48	0.126 328	0.254 756	0.387 635	0.527 901	0.679 635	0.849 174
49	0.126 314	0.254 727	0.387 587	0.527 830	0.679 530	0.849 018
50	0.126 302	0.254 699	0.387 542	0.527 760	0.679 428	0.848 869
51	0.126 289	0.254 673	0.387 498	0.527 695	0.679 331	0.848 726
52	0.126 277	0.254 647	0.387 456	0.527 631	0.679 237	0.848 588
53	0.126 265	0.254 623	0.387 416	0.527 569	0.679 147	0.848 456
54	0.126 254	0.254 599	0.387 377	0.527 510	0.679 061	0.848 328
55	0.126 243	0.254 576	0.387 339	0.527 453	0.678 976	0.848 205
56	0.126 232	0.254 554	0.387 303	0.527 399	0.678 896	0.848 087
57	0.126 223	0.254 533	0.387 268	0.527 346	0.678 818	0.847 973
58	0.126 213	0.254 512	0.387 234	0.527 295	0.678 743	0.847 863
59	0.126 204	0.254 493	0.387 201	0.527 245	0.678 671	0.847 756
60	0.126 195	0.254 473	0.387 171	0.527 198	0.678 601	0.847 652
120	0.125 927	0.253 909	0.386 244	0.525 797	0.676 540	0.844 627
∞	0.125 695	0.253 418	0.385 437	0.524 576	0.674 748	0.842 000

附表 4 续表

n	α					
	0.30	0.20	0.10	0.05	0.02	0.01
1	1.962 612	3.077 685	6.313 749	12.706 150	31.820 964	63.655 898
2	1.386 206	1.885 619	2.919 987	4.302 656	6.964 547	9.924 988
3	1.249 778	1.637 745	2.353 363	3.182 449	4.540 707	5.840 848
4	1.189 567	1.533 206	2.131 846	2.776 451	3.746 936	4.604 080
5	1.155 768	1.475 885	2.015 049	2.570 578	3.364 930	4.032 117
6	1.134 157	1.439 755	1.943 181	2.446 914	3.142 668	3.707 428
7	1.119 159	1.414 924	1.894 578	2.364 623	2.997 949	3.499 481
8	1.108 145	1.396 816	1.859 548	2.306 006	2.896 468	3.355 381
9	1.099 716	1.383 029	1.833 114	2.262 159	2.821 434	3.249 843
10	1.093 058	1.372 184	1.812 462	2.228 139	2.763 772	3.169 262
11	1.087 667	1.363 430	1.795 884	2.200 986	2.718 079	3.105 815
12	1.083 212	1.356 218	1.782 287	2.178 813	2.680 990	3.054 538
13	1.079 469	1.350 172	1.770 932	2.160 368	2.650 304	3.012 283
14	1.076 280	1.345 031	1.761 309	2.144 789	2.624 492	2.976 849
15	1.073 531	1.340 605	1.753 051	2.131 451	2.602 483	2.946 726
16	1.071 137	1.336 757	1.745 884	2.119 905	2.583 492	2.920 788
17	1.069 034	1.333 379	1.739 606	2.109 819	2.566 940	2.898 232
18	1.067 169	1.330 391	1.734 063	2.100 924	2.552 379	2.878 442
19	1.065 507	1.327 728	1.729 131	2.093 025	2.539 482	2.860 943
20	1.064 016	1.325 341	1.724 718	2.085 962	2.527 977	2.845 336
21	1.062 670	1.323 187	1.720 744	2.079 614	2.517 645	2.831 366
22	1.061 449	1.321 237	1.717 144	2.073 875	2.508 323	2.818 761
23	1.060 337	1.319 461	1.713 870	2.068 655	2.499 874	2.807 337
24	1.059 319	1.317 835	1.710 882	2.063 898	2.492 161	2.796 951
25	1.058 385	1.316 346	1.708 140	2.059 537	2.485 103	2.787 438
26	1.057 523	1.314 972	1.705 616	2.055 531	2.478 628	2.778 725
27	1.056 727	1.313 704	1.703 288	2.051 829	2.472 661	2.770 685
28	1.055 989	1.312 526	1.701 130	2.048 409	2.467 141	2.763 263
29	1.055 303	1.311 435	1.699 127	2.045 231	2.462 020	2.756 387
30	1.054 663	1.310 416	1.697 260	2.042 270	2.457 264	2.749 985

附表 4 续表

n	α					
	0.30	0.20	0.10	0.05	0.02	0.01
31	1.054 065	1.054 065	1.695 519	2.039 515	2.452 825	2.744 036
32	1.053 504	1.053 504	1.693 888	2.036 932	2.448 678	2.738 489
33	1.052 979	1.052 979	1.692 360	2.034 517	2.444 795	2.733 286
34	1.052 485	1.052 485	1.690 923	2.032 243	2.441 147	2.728 393
35	1.052 019	1.052 019	1.689 573	2.030 110	2.437 719	2.723 809
36	1.051 581	1.051 581	1.688 297	2.028 091	2.434 499	2.719 480
37	1.051 164	1.051 164	1.687 094	2.026 190	2.431 443	2.715 406
38	1.050 772	1.050 772	1.685 953	2.024 394	2.428 569	2.711 568
39	1.050 399	1.050 399	1.684 875	2.022 689	2.425 841	2.707 911
40	1.050 046	1.050 046	1.683 852	2.021 075	2.423 258	2.704 455
41	1.049 709	1.049 709	1.682 879	2.019 542	2.420 802	2.701 181
42	1.049 390	1.049 390	1.681 951	2.018 082	2.418 474	2.698 071
43	1.049 084	1.049 084	1.681 071	2.016 691	2.416 255	2.695 106
44	1.048 794	1.048 794	1.680 230	2.015 367	2.414 135	2.692 286
45	1.048 516	1.048 516	1.679 427	2.014 103	2.412 116	2.689 594
46	1.048 249	1.048 249	1.678 659	2.012 894	2.410 188	2.687 011
47	1.047 996	1.047 996	1.677 927	2.011 739	2.408 342	2.684 556
48	1.047 753	1.047 753	1.677 224	2.010 634	2.406 578	2.682 209
49	1.047 518	1.047 518	1.676 551	2.009 574	2.404 886	2.679 953
50	1.047 295	1.047 295	1.675 905	2.008 560	2.403 267	2.677 789
51	1.047 080	1.047 080	1.675 285	2.007 582	2.401 721	2.675 733
52	1.046 873	1.046 873	1.674 689	2.006 645	2.400 229	2.673 733
53	1.046 674	1.046 674	1.674 116	2.005 745	2.398 792	2.671 823
54	1.046 483	1.046 483	1.673 566	2.004 881	2.397 410	2.669 985
55	1.046 299	1.046 299	1.673 064	2.004 044	2.396 082	2.668 221
56	1.046 120	1.046 120	1.672 522	2.003 239	2.394 800	2.666 511
57	1.045 948	1.045 948	1.672 029	2.002 466	2.393 572	2.664 874
58	1.045 784	1.045 784	1.671 553	2.001 716	2.392 380	2.663 292
59	1.045 623	1.045 623	1.671 092	2.000 997	2.391 225	2.661 764
60	1.045 469	1.045 469	1.670 649	2.000 297	2.390 116	2.660 272
120	1.040 931	1.040 931	1.657 650	1.979 929	2.357 829	2.617 417
∞	1.036 999	1.036 999	1.646 458	1.962 462	2.330 280	2.581 019

附表 5　F 分布上侧分位数表

$$P(F > F_\alpha(n_1, n_2)) = \alpha$$

$\alpha = 0.10$

n_2	n_1						
	1	2	3	4	5	6	7
1	39.863 6	49.500 2	53.593 3	55.833 0	57.240 0	58.204 5	98.906 2
2	8.526 3	9.000 0	9.161 8	9.243 4	9.292 6	9.325 5	9.349 1
3	5.538 3	5.462 4	5.390 8	5.342 7	5.309 1	5.284 7	5.266 2
4	4.544 8	4.324 6	4.190 9	4.107 2	4.050 6	4.009 7	3.979 0
5	4.060 4	3.779 7	3.619 5	3.520 2	3.453 0	3.404 5	3.367 9
6	3.776 0	3.463 3	3.288 8	3.180 8	3.107 5	3.054 6	3.014 5
7	3.589 4	3.257 4	3.074 1	2.960 5	2.883 3	2.827 4	2.784 9
8	3.457 9	3.113 1	2.923 8	2.806 4	2.726 4	2.668 3	2.624 1
9	3.360 3	3.006 4	2.812 9	2.692 7	2.610 6	2.550 9	2.505 3
10	3.285 0	2.924 5	2.727 7	2.605 3	2.521 6	2.460 6	2.414 0
11	3.225 2	2.859 5	2.660 2	2.536 2	2.451 2	2.389 1	2.341 6
12	3.176 6	2.806 8	2.605 5	2.480 1	2.394 0	2.331 0	2.282 8
13	3.136 2	2.763 2	2.560 3	2.433 7	2.346 7	2.283 0	2.234 1
14	3.102 2	2.726 5	2.522 2	2.394 7	2.306 9	2.242 6	2.193 1
15	3.073 2	2.695 2	2.489 8	2.361 4	2.273 0	2.208 1	2.158 2
16	3.048 1	2.668 2	2.461 8	2.332 7	2.243 8	2.178 3	2.128 0
17	3.026 2	2.644 6	2.437 4	2.307 7	2.218 3	2.152 4	2.101 7
18	3.007 0	2.623 9	2.416 0	2.285 8	2.195 8	2.129 6	2.078 5
19	2.989 9	2.605 6	2.397 0	2.266 3	2.176 0	2.109 4	2.058 0
20	2.974 7	2.589 3	2.380 1	2.248 9	2.158 2	2.091 3	2.039 7
21	2.961 0	2.574 6	2.364 9	2.233 3	2.142 3	2.075 1	2.023 3
22	2.948 6	2.561 3	2.351 2	2.219 3	2.127 9	2.060 5	2.008 4
23	2.937 4	2.549 3	2.338 7	2.206 5	2.114 9	2.047 2	1.994 9
24	2.927 1	2.538 3	2.327 4	2.194 9	2.103 0	2.035 1	1.982 6
25	2.917 7	2.528 3	2.317 0	2.184 2	2.092 2	2.024 1	1.971 4
26	2.909 1	2.519 1	2.307 5	2.174 5	2.082 2	2.013 9	1.961 0
27	2.901 2	2.510 6	2.298 7	2.165 5	2.073 0	2.004 5	1.951 5
28	2.893 8	2.502 8	2.290 6	2.157 1	2.064 5	1.995 9	1.942 7
29	2.887 0	2.495 5	2.283 1	2.149 4	2.056 6	1.987 8	1.934 5
30	2.880 7	2.488 7	2.276 1	2.142 2	2.049 2	1.980 3	1.926 9

附表 5 续表

$\alpha = 0.10$

n_2	n_1						
	1	2	3	4	5	6	7
31	2.874 8	2.482 4	2.269 5	2.135 5	2.042 4	1.973 4	1.919 8
32	2.869 3	2.476 5	2.263 5	2.129 3	2.036 0	1.966 8	1.913 2
33	2.864 1	2.471 0	2.257 7	2.123 4	2.030 0	1.960 7	1.907 0
34	2.859 2	2.465 8	2.252 4	2.117 9	2.024 4	1.955 0	1.901 2
35	2.854 7	2.460 9	2.247 4	2.112 8	2.019 1	1.949 6	1.895 7
36	2.850 3	2.456 3	2.242 6	2.107 9	2.014 1	1.944 5	1.890 5
37	2.846 3	2.452 0	2.238 1	2.103 3	2.009 5	1.939 8	1.885 6
38	2.842 4	2.447 9	2.233 9	2.099 0	2.005 0	1.935 2	1.881 0
39	2.838 8	2.444 0	2.229 9	2.094 8	2.000 8	1.930 9	1.875 7
40	2.835 3	2.440 4	2.226 1	2.090 9	1.996 8	1.926 9	1.872 5
41	2.832 1	2.436 9	2.222 5	2.087 2	1.993 0	1.923 0	1.868 6
42	2.829 0	2.433 6	2.219 1	2.083 7	1.989 4	1.919 4	1.864 9
43	2.826 0	2.430 4	2.215 8	2.080 4	1.986 0	1.915 9	1.861 3
44	2.823 2	2.427 4	2.212 7	2.077 2	1.982 8	1.912 5	1.857 9
45	2.820 5	2.424 5	2.209 7	2.074 2	1.979 6	1.909 3	1.854 7
46	2.817 9	2.421 8	2.206 9	2.071 2	1.976 7	1.906 3	1.851 6
47	2.815 4	2.419 2	2.204 2	2.068 5	1.973 8	1.903 4	1.848 6
48	2.813 1	2.416 7	2.201 6	2.065 8	1.971 1	1.900 6	1.845 8
49	2.810 8	2.414 3	2.199 1	2.063 3	1.968 5	1.898 0	1.843 1
50	2.808 7	2.412 0	2.196 7	2.060 8	1.966 0	1.895 4	1.840 5
51	2.806 6	2.409 7	2.194 4	2.058 5	1.963 6	1.893 0	1.838 0
52	2.804 6	2.407 6	2.192 3	2.056 2	1.961 3	1.890 6	1.835 6
53	2.802 7	2.405 6	2.190 1	2.054 1	1.959 1	1.888 4	1.833 3
54	2.800 8	2.403 6	2.188 1	2.052 0	1.957 0	1.886 2	1.831 1
55	2.799 0	2.401 7	2.186 2	2.050 0	1.954 9	1.884 1	1.829 0
56	2.797 3	2.399 9	2.184 3	2.048 0	1.952 9	1.882 1	1.826 9
57	2.795 7	2.398 2	2.182 5	2.046 2	1.951 0	1.880 1	1.824 9
58	2.794 1	2.396 5	2.180 7	2.044 4	1.949 2	1.878 3	1.823 0
59	2.792 6	2.394 8	2.179 0	2.042 7	1.947 4	1.876 5	1.821 2
60	2.791 1	2.393 3	2.177 4	2.041 0	1.945 7	1.874 7	1.819 4
120	2.747 8	2.347 3	2.130 0	1.992 3	1.895 9	1.823 8	1.767 5
∞	2.710 6	2.307 9	2.089 3	1.950 5	1.853 0	1.780 0	1.722 7

附表5 续表

$\alpha = 0.10$

n_2	n_1						
	8	9	10	15	20	25	30
1	59.439 1	59.857 5	60.194 9	61.220 4	61.740 1	62.054 8	62.264 9
2	9.366 8	9.380 5	9.391 6	9.424 7	9.441 3	9.451 3	9.457 9
3	5.251 7	5.240 0	5.230 4	5.200 3	5.184 5	5.174 7	5.168 1
4	3.954 9	3.935 7	3.919 9	3.870 4	3.844 3	3.828 3	3.817 4
5	3.339 3	3.316 3	3.297 4	3.238 0	3.206 7	3.187 3	3.174 1
6	2.983 0	2.957 7	2.936 9	2.871 2	2.836 3	2.814 7	2.800 0
7	2.751 6	2.724 7	2.702 5	2.632 2	2.594 7	2.571 4	2.555 5
8	2.589 3	2.561 2	2.538 0	2.464 2	2.424 6	2.399 9	2.383 0
9	2.469 4	2.440 3	2.416 3	2.339 6	2.298 3	2.272 5	2.254 7
10	2.377 1	2.347 3	2.322 6	2.243 5	2.200 7	2.173 9	2.155 4
11	2.304 0	2.273 5	2.248 2	2.167 1	2.123 0	2.095 3	2.076 2
12	2.244 6	2.213 5	2.187 8	2.104 9	2.059 7	2.031 2	2.011 5
13	2.195 3	2.163 8	2.137 6	2.053 2	2.007 0	1.977 8	1.957 6
14	2.153 9	2.122 0	2.095 4	2.009 5	1.962 5	1.932 6	1.911 9
15	2.118 5	2.086 2	2.059 3	1.972 2	1.924 3	1.893 9	1.872 8
16	2.088 0	2.055 3	2.028 1	1.939 9	1.891 3	1.860 3	1.838 8
17	2.061 3	2.028 4	2.000 9	1.911 7	1.862 4	1.830 9	1.809 0
18	2.037 9	2.004 7	1.977 0	1.886 8	1.836 8	1.804 9	1.782 7
19	2.017 1	1.983 6	1.955 7	1.864 7	1.814 2	1.781 8	1.759 2
20	1.998 5	1.964 9	1.936 7	1.844 9	1.793 8	1.761 1	1.738 2
21	1.981 9	1.948 0	1.919 7	1.827 1	1.775 6	1.742 4	1.719 3
22	1.966 8	1.932 7	1.904 3	1.811 1	1.759 0	1.725 5	1.702 1
23	1.953 1	1.918 9	1.890 3	1.796 4	1.743 9	1.710 1	1.686 4
24	1.940 7	1.906 3	1.877 5	1.783 1	1.730 2	1.696 0	1.672 1
25	1.929 2	1.894 7	1.865 8	1.770 8	1.717 5	1.683 1	1.658 9
26	1.918 8	1.884 1	1.855 0	1.759 6	1.705 9	1.671 2	1.646 8
27	1.909 1	1.874 3	1.845 1	1.749 2	1.695 1	1.660 2	1.635 6
28	1.900 1	1.865 2	1.835 9	1.739 5	1.685 2	1.650 0	1.625 2
29	1.891 8	1.856 8	1.827 4	1.730 6	1.675 9	1.640 5	1.615 5
30	1.884 1	1.849 0	1.819 5	1.722 3	1.667 3	1.631 6	1.606 5

附表5 续表

$\alpha = 0.10$

n_2	n_1						
	8	9	10	15	20	25	30
31	1.876 9	1.841 7	1.812 1	1.714 5	1.659 3	1.623 4	1.598 0
32	1.870 2	1.834 8	1.805 2	1.707 2	1.651 7	1.615 6	1.590 1
33	1.863 9	1.828 4	1.798 7	1.700 4	1.644 6	1.608 3	1.582 7
34	1.858 0	1.822 4	1.792 6	1.694 0	1.638 0	1.601 5	1.575 7
35	1.852 4	1.816 8	1.786 9	1.688 0	1.631 7	1.595 0	1.569 1
36	1.847 1	1.811 5	1.781 5	1.682 3	1.625 8	1.589 0	1.562 9
37	1.842 2	1.806 4	1.776 4	1.676 9	1.620 2	1.583 2	1.557 0
38	1.837 5	1.801 7	1.771 6	1.671 8	1.614 9	1.577 8	1.551 4
39	1.833 1	1.797 2	1.767 0	1.667 0	1.609 9	1.572 6	1.546 1
40	1.828 9	1.792 9	1.762 7	1.662 4	1.605 2	1.567 7	1.541 1
41	1.824 9	1.788 8	1.758 6	1.658 1	1.600 6	1.563 0	1.536 3
42	1.821 1	1.785 0	1.754 7	1.653 9	1.596 3	1.558 6	1.531 7
43	1.817 5	1.781 3	1.750 9	1.650 0	1.592 2	1.554 3	1.527 4
44	1.814 0	1.777 8	1.747 4	1.646 2	1.588 3	1.550 3	1.523 2
45	1.810 7	1.774 5	1.744 0	1.642 6	1.584 6	1.546 4	1.519 3
46	1.807 6	1.771 3	1.740 8	1.639 2	1.581 0	1.542 7	1.515 5
47	1.804 6	1.768 2	1.737 7	1.635 9	1.577 6	1.539 2	1.511 8
48	1.801 7	1.765 3	1.734 7	1.632 8	1.574 3	1.535 8	1.508 4
49	1.798 9	1.762 5	1.731 9	1.629 8	1.571 1	1.532 5	1.505 0
50	1.796 3	1.759 8	1.729 1	1.626 9	1.568 1	1.529 4	1.501 8
51	1.793 8	1.757 3	1.726 5	1.624 1	1.565 2	1.526 4	1.498 7
52	1.791 3	1.754 8	1.724 0	1.621 5	1.562 4	1.523 5	1.495 7
53	1.789 0	1.752 4	1.721 6	1.618 9	1.559 7	1.520 7	1.492 9
54	1.786 7	1.750 1	1.719 3	1.616 4	1.557 2	1.518 1	1.490 1
55	1.784 6	1.747 9	1.717 1	1.614 0	1.554 7	1.515 5	1.487 5
56	1.782 5	1.745 8	1.714 9	1.611 8	1.552 3	1.513 0	1.484 9
57	1.780 5	1.743 7	1.712 8	1.609 5	1.550 0	1.510 6	1.482 5
58	1.778 5	1.741 8	1.710 8	1.607 4	1.547 7	1.508 3	1.480 1
59	1.776 6	1.739 9	1.708 9	1.605 4	1.545 6	1.506 1	1.477 8
60	1.774 8	1.738 0	1.707 0	1.603 4	1.543 5	1.503 9	1.475 5
120	1.722 0	1.684 2	1.652 4	1.545 0	1.482 1	1.439 9	1.409 4
∞	1.676 4	1.637 8	1.605 1	1.494 1	1.428 0	1.383 1	1.350 1

附表5 续表

$\alpha = 0.05$

n_2	n_1						
	1	2	3	4	5	6	7
1	161.446 2	199.499 5	215.706 7	224.583 3	230.160 4	233.987 5	236.766 9
2	18.512 8	19.000 0	19.164 2	19.246 7	19.296 3	19.329 5	19.353 1
3	10.128 0	9.552 1	9.276 6	9.117 2	9.013 4	8.940 7	8.886 7
4	7.708 6	6.944 3	6.591 4	6.388 2	6.256 1	6.163 1	6.094 2
5	6.607 9	5.786 1	5.409 4	5.192 2	5.050 3	4.950 3	4.875 9
6	5.987 5	5.143 2	4.757 1	4.533 7	4.387 4	4.283 9	4.206 7
7	5.591 5	4.737 4	4.346 8	4.120 3	3.971 5	3.866 0	3.787 1
8	5.317 6	4.459 0	4.066 2	3.837 9	3.687 5	3.580 6	3.500 5
9	5.117 4	4.256 5	3.862 5	3.633 1	3.481 7	3.373 8	3.292 7
10	4.964 6	4.102 8	3.708 3	3.478 0	3.325 8	3.217 2	3.135 5
11	4.844 3	3.982 3	3.587 4	3.356 7	3.203 9	3.094 6	3.012 3
12	4.747 2	3.885 3	3.490 3	3.259 2	3.105 9	2.996 1	2.913 4
13	4.667 2	3.805 6	3.410 5	3.179 1	3.025 4	2.915 3	2.832 1
14	4.600 1	3.738 9	3.343 9	3.112 2	2.958 2	2.847 7	2.764 2
15	4.543 1	3.682 3	3.287 4	3.055 6	2.901 3	2.790 5	2.706 6
16	4.494 0	3.633 7	3.238 9	3.006 9	2.852 4	2.741 3	2.657 2
17	4.451 3	3.591 5	3.196 8	2.964 7	2.810 0	2.698 7	2.614 3
18	4.413 9	3.554 6	3.159 9	2.927 7	2.772 9	2.661 3	2.576 7
19	4.380 8	3.521 9	3.127 4	2.895 1	2.740 1	2.628 3	2.543 5
20	4.351 3	3.492 8	3.098 4	2.866 1	2.710 9	2.599 0	2.514 0
21	4.324 8	3.466 8	3.072 5	2.840 1	2.684 8	2.572 7	2.487 6
22	4.300 9	3.443 4	3.049 1	2.816 7	2.661 3	2.549 1	2.463 8
23	4.279 3	3.422 1	3.028 0	2.795 5	2.640 0	2.527 7	2.442 2
24	4.259 7	3.402 8	3.008 8	2.776 3	2.620 7	2.508 2	2.422 6
25	4.241 7	3.385 2	2.991 2	2.758 7	2.603 0	2.490 4	2.404 7
26	4.225 2	3.369 0	2.975 2	2.742 6	2.586 8	2.474 1	2.388 3
27	4.210 0	3.354 1	2.960 3	2.727 8	2.571 9	2.459 1	2.373 2
28	4.196 0	3.340 4	2.946 7	2.714 1	2.558 1	2.445 3	2.359 1
29	4.183 0	3.327 7	2.934 0	2.701 4	2.545 4	2.432 4	2.346 3
30	4.170 9	3.315 8	2.922 3	2.689 6	2.533 6	2.420 5	2.334 3

附表 5 续表

$\alpha = 0.05$

n_2	n_1						
	1	2	3	4	5	6	7
31	4.159 6	3.304 8	2.911 3	2.678 7	2.522 5	2.409 4	2.323 2
32	4.149 1	3.294 5	2.901 1	2.668 4	2.512 3	2.399 1	2.312 7
33	4.139 3	3.284 9	2.891 6	2.658 9	2.502 6	2.389 4	2.303 0
34	4.130 0	3.275 9	2.882 6	2.649 9	2.493 6	2.380 3	2.293 8
35	4.121 3	3.267 4	2.874 2	2.641 5	2.485 1	2.371 8	2.285 2
36	4.113 2	3.259 4	2.866 3	2.633 5	2.477 2	2.363 7	2.277 1
37	1.105 5	3.251 9	2.855 8	2.626 1	2.469 6	2.356 2	2.269 5
38	4.098 2	3.244 8	2.851 7	2.619 0	2.462 5	2.349 0	2.262 3
39	4.091 3	3.238 1	2.845 1	2.612 3	2.455 8	2.342 3	2.255 5
40	4.084 7	3.231 7	2.838 7	2.606 0	2.449 5	2.335 9	2.249 0
41	4.078 5	3.225 7	2.832 7	2.600 0	2.443 4	2.329 8	2.242 9
42	4.072 7	3.219 9	2.827 1	2.594 3	2.437 7	2.324 0	2.237 1
43	4.067 0	3.214 5	2.821 6	2.588 8	2.432 2	2.318 5	2.231 5
44	4.061 7	3.209 3	2.816 5	2.583 7	2.427 0	2.313 3	2.226 3
45	4.056 6	3.204 3	2.811 5	2.578 7	2.422 1	2.308 3	2.221 2
46	4.051 7	3.199 6	2.806 8	2.574 0	2.417 4	2.303 5	2.216 4
47	4.047 1	3.195 1	2.802 4	2.569 5	2.412 8	2.299 0	2.211 8
48	4.042 6	3.190 7	2.798 1	2.565 2	2.408 5	2.294 6	2.207 4
49	4.038 4	3.186 6	2.794 0	2.561 1	2.404 4	2.290 4	2.203 2
50	4.034 3	3.182 6	2.790 0	2.557 2	2.400 4	2.286 4	2.199 2
51	4.030 4	3.178 8	2.786 2	2.553 4	2.396 6	2.282 6	2.195 3
52	4.026 6	3.175 1	2.782 6	2.549 8	2.393 0	2.278 9	2.191 6
53	4.023 0	3.171 6	2.779 1	2.546 3	2.389 4	2.275 4	2.188 1
54	4.019 5	3.168 2	2.775 8	2.542 9	2.386 1	2.272 0	2.184 6
55	4.016 2	3.165 0	2.772 5	2.539 7	2.382 8	2.268 7	2.181 3
56	4.013 0	3.161 9	2.769 4	2.536 6	2.379 7	2.265 6	2.178 2
57	4.009 9	3.158 8	2.766 4	2.533 6	2.376 7	2.262 5	2.175 1
58	4.006 9	3.155 9	2.763 6	2.530 7	2.373 8	2.259 6	2.172 1
59	4.004 0	3.153 1	2.760 8	2.527 9	2.371 0	2.256 8	2.169 3
60	4.001 2	3.150 4	2.758 1	2.525 2	2.368 3	2.254 1	2.166 5
120	3.920 1	3.071 8	2.680 2	2.447 2	2.289 9	2.175 0	2.086 8
∞	3.850 8	3.004 7	2.613 8	2.380 8	2.223 1	2.107 6	2.018 7

附表 5 续表

$\alpha = 0.05$

n_2	n_1						
	8	9	10	15	20	25	30
1	238.884 2	240.543 2	241.881 9	245.949 2	248.015 6	249.259 8	250.096 5
2	19.370 9	19.384 7	19.395 9	19.429 1	19.445 7	19.455 7	19.462 5
3	8.845 2	8.812 3	8.785 5	8.702 8	8.660 2	8.634 1	8.616 6
4	6.041 0	5.998 8	5.964 4	5.857 8	5.802 5	5.768 7	5.745 9
5	4.818 3	4.772 5	4.735 1	4.618 8	4.558 1	4.520 9	4.495 7
6	4.146 8	4.099 0	4.060 0	3.938 1	3.874 2	3.834 8	3.808 2
7	3.725 7	3.676 7	3.636 5	3.510 7	3.444 5	3.403 6	3.375 8
8	3.438 1	3.388 1	3.347 2	3.218 4	3.150 3	3.108 1	3.079 4
9	3.229 6	3.178 9	3.137 3	3.066 1	2.936 5	2.893 2	2.863 7
10	3.071 7	3.020 4	2.978 2	2.845 0	2.774 0	2.729 8	2.699 6
11	2.948 0	2.896 2	2.853 6	2.718 6	2.646 4	2.601 4	2.570 5
12	2.848 6	2.796 4	2.753 4	2.616 9	2.543 6	2.497 7	2.466 3
13	2.766 9	2.714 4	2.671 0	2.533 1	2.458 9	2.412 3	2.380 3
14	2.698 7	2.645 8	2.602 2	2.463 0	2.387 9	2.340 7	2.308 2
15	2.640 8	2.587 6	2.543 7	2.403 4	2.327 5	2.279 7	2.246 8
16	2.599 1	2.537 7	2.493 5	2.352 2	2.275 6	2.227 2	2.193 8
17	2.548 0	2.494 3	2.449 9	2.307 7	2.230 4	2.181 5	2.147 7
18	2.510 2	2.456 3	2.411 7	2.268 6	2.190 6	2.141 3	2.107 1
19	2.476 8	2.422 7	2.377 9	2.234 1	2.155 5	2.105 7	2.071 2
20	2.447 1	2.392 8	2.347 9	2.203 3	2.124 2	2.073 9	2.039 1
21	2.420 5	2.366 1	2.321 0	2.175 7	2.096 0	2.045 4	2.010 2
22	2.396 5	2.341 9	2.296 7	2.150 8	2.070 7	2.019 6	1.984 2
23	2.374 8	2.320 1	2.274 7	2.128 2	2.047 6	1.996 3	1.960 5
24	2.355 1	2.300 2	2.254 7	2.107 7	2.026 7	1.975 0	1.939 0
25	2.337 1	2.282 1	2.236 5	2.088 9	2.007 5	1.955 4	1.919 2
26	2.320 5	2.265 5	2.219 7	2.071 6	1.989 8	1.937 5	1.901 0
27	2.305 3	2.250 1	2.204 3	2.055 8	1.973 6	1.921 0	1.884 2
28	2.291 3	2.236 0	2.190 0	2.041 1	1.958 6	1.905 7	1.868 7
29	2.278 2	2.222 9	2.176 8	2.027 5	1.944 6	1.891 5	1.854 3
30	2.266 2	2.210 7	2.164 6	2.014 8	1.931 7	1.878 2	1.840 9

附表 5 续表

$\alpha = 0.05$

n_2	n_1						
	8	9	10	15	20	25	30
31	2.254 9	2.199 4	2.153 2	2.003 0	1.919 6	1.865 9	1.828 3
32	2.244 4	2.188 8	2.142 5	1.992 0	1.908 3	1.854 4	1.816 6
33	2.234 6	2.178 9	2.132 5	1.981 7	1.897 7	1.843 6	1.805 6
34	2.225 3	2.169 6	2.123 1	1.972 0	1.887 7	1.833 4	1.795 3
35	2.216 7	2.160 8	2.114 3	1.962 9	1.878 4	1.823 9	1.785 6
36	2.208 5	2.152 6	2.106 1	1.954 3	1.869 6	1.814 9	1.776 4
37	2.200 8	2.144 9	2.098 2	1.946 2	1.861 2	1.806 4	1.767 8
38	2.193 6	2.137 5	2.090 9	1.938 6	1.853 4	1.798 3	1.759 6
39	2.186 7	2.130 6	2.083 9	1.931 3	1.845 9	1.790 7	1.751 8
40	2.180 2	2.124 0	2.077 3	1.924 5	1.838 9	1.783 5	1.744 4
41	2.174 0	2.117 8	2.071 0	1.917 9	1.832 1	1.776 6	1.737 4
42	2.168 1	2.111 9	2.065 0	1.911 8	1.825 8	1.770 1	1.730 8
43	2.162 5	2.106 2	2.059 3	1.905 9	1.819 7	1.763 8	1.724 4
44	2.157 2	2.100 9	2.053 9	1.900 2	1.813 9	1.757 9	1.718 4
45	2.152 1	2.095 8	2.048 7	1.894 9	1.808 4	1.752 2	1.712 6
46	2.147 3	2.090 9	2.043 8	1.889 8	1.803 1	1.746 8	1.707 0
47	2.142 7	2.086 2	2.039 1	1.884 9	1.798 0	1.741 6	1.701 7
48	2.138 2	2.081 7	2.034 6	1.880 2	1.793 2	1.736 7	1.696 7
49	2.134 0	2.077 4	2.030 3	1.875 7	1.788 6	1.731 9	1.691 8
50	2.129 9	2.073 3	2.026 1	1.871 4	1.784 1	1.727 3	1.687 2
51	2.126 0	2.069 4	2.022 2	1.867 3	1.779 9	1.723 0	1.682 7
52	2.122 3	2.065 6	2.018 4	1.863 3	1.775 8	1.718 8	1.678 4
53	2.118 7	2.062 0	2.014 7	1.859 5	1.771 8	1.714 7	1.674 2
54	2.115 2	2.058 5	2.011 2	1.855 8	1.768 0	1.710 8	1.670 2
55	2.111 9	2.055 2	2.007 8	1.852 3	1.764 4	1.707 1	1.666 4
56	2.108 7	2.051 9	2.004 5	1.848 9	1.760 9	1.703 4	1.662 7
57	2.105 6	2.048 8	2.001 4	1.845 6	1.757 5	1.700 0	1.659 1
58	2.102 6	2.045 8	1.998 3	1.842 4	1.754 2	1.696 6	1.655 7
59	2.099 7	2.042 9	1.995 4	1.839 4	1.751 0	1.693 3	1.652 4
60	2.097 0	2.040 1	1.992 6	1.836 4	1.748 0	1.690 2	1.649 1
120	2.016 4	1.958 8	1.910 5	1.750 5	1.658 7	1.598 0	1.554 3
∞	1.947 6	1.889 2	1.840 2	7.676 4	1.581 1	1.517 1	1.470 6

参考文献

[1] 王松桂,张忠占,程维虎,等. 概率论与数理统计[M]. 2版. 北京:科学出版社,2006.

[2] 茆诗松,程依明,濮晓龙. 概率论与数理统计[M]. 2版. 北京:高等教育出版社,2011.

[3] 盛骤,谢式千,潘承毅. 概率论与数理统计[M]. 4版. 北京:高等教育出版社,2008.

[4] 梁贤,哈金才. 工程数学中典型问题及应用[M]. 长春:吉林大学出版社,2016.

[5] 贾玉心. 概率论与数理统计[M]. 北京:北京邮电大学出版社,2004.

[6] 施雨. 概率论与数理统计应用[M]. 西安:西安交通大学出版社,1998.

[7] 方开泰,许建伦. 统计分布[M]. 北京:科学出版社,1987.

[8] 苏均和. 概率论与数理统计[M]. 上海:上海财经大学出版社,1999.

[9] 魏振军. 概率论与数理统计三十三讲[M]. 北京:中国统计出版社,2000.

[10] 唐生强. 概率论与数理统计复习指导[M]. 北京:科学出版社,1999.

[11] 魏宗舒. 概率论与数理统计[M]. 北京:高等教育出版社,2001.

[12] 洛哈吉 V K. 概率论及数理统计引论[M]. 高尚华,译. 北京:高等教育出版社,1983.